スバラシク伸びると評判の

元気に伸びる 数学III・C 問題集 新課程

馬場敬之（けいし）

マセマ出版社

◆ はじめに ◆

みなさん，こんにちは。マセマの**馬場敬之（ばばけいし）**です。これまで発刊した **「元気が出る数学」シリーズ**は教科書レベルから易しい大学受験問題レベルまで無理なく実力を伸ばせる参考書として，沢山の読者の皆様にご愛読頂き，また数え切れない程の感謝のお便りを頂いて参りました。

しかし，このシリーズで学習した後で，**さらにもっと問題練習をするための問題集を出して欲しい**とのご要望もまたマセマに多数寄せられて参りました。この読者の皆様の強いご要望にお応えするために，今回
「元気に伸びる数学 III・C 問題集 新課程」を発刊することになりました。

これは「元気が出る数学」シリーズの準拠問題集で，**「元気が出る数学 III・C」**で培（つちか）った実力を，着実に定着させ，さらに易しい受験問題を解くための応用力も身に付けることができるように配慮して作成しました。

もちろんマセマの問題集ですから，自作問も含め，**選りすぐりの 142 題の良問ばかり**を疑問の余地がないくらい，分かりやすく親切に解説しています。したがいまして，**「元気が出る数学」**シリーズで，まだあやふやだった知識や理解が不十分だったテーマも，この問題集ですべて解決することができるはずです。

また，この問題集は，授業の補習や中間試験・期末試験，実力テストなどの対策だけでなく，易しい大学なら十分合格できるだけの実践力まで養うことができます。楽しみにして下さい。

数学の実力を伸ばす一番の方法は，体系だった数学の様々な解法パターンをシッカリと身に付けることです。解法の流れが明解に分かるように工夫して作成していますので，問題集ではありますが，物語を読むように，楽しみながら学習していって下さい。

この問題集は，数学 **III·C** の全範囲を網羅する **8** つの章から構成されており，それぞれの章はさらに**「公式＆解法パターン」**と**「問題・解答＆解説編」**に分かれています。

まず，各章の頭にある「公式＆解法パターン」で基本事項や公式，および基本的な考え方を確認しましょう。それから「問題・解答＆解説編」で実際に問題を解いてみましょう。「問題・解答＆解説編」では各問題毎に **3** つのチェック欄がついています。

慣れていない方は初めから解答＆解説を見てもかまいません。そしてある程度自信が付いたら，今度は解答＆解説を見ずに**自力で問題を解いていきましょう。**チェック欄は **3** つ用意していますから，自力で解けたら "○" と所要時間を入れていくと，ご自身の成長過程が分かって良いと思います。**3** つのチェック欄にすべて "○" を入れられるように頑張りましょう！

本当に数学の実力を伸ばすためには，**「良問を繰り返し自力で解く」**ことに限ります。ですから，**3** つのチェック欄を用意したのは，最低でも **3** 回は解いてほしいということであって，間違えた問題や納得のいかない問題は，その後何度でもご自身で納得がいくまで繰り返し解いてみることです。

さらに，問題文だけを見て，解答・解法を見ずに頭の中だけで解答を組み立てる，いわゆる脳内シミュレーションを繰り返し行うことで実力を大幅にアップできます。これは，通学の乗り物の中や休み時間など，いつでも手軽に何度でも行うことができます。是非チャレンジしてみて下さい。面白いように実力がアップしていきます。

マセマの問題集は非常に読みやすく分かりやすく作られていますが，その本質は，大学数学の分野で**「東大生が一番読んでいる参考書」**として知られている程，**その内容は本格的**なものなのです。

（「キャンパス・ゼミ」シリーズ販売実績　2021 年度大学生協東京事業連合会調べによる。）

ですから，安心して，この**「元気に伸びる数学 III·C 問題集 新課程」**で勉強して，是非**自分自身の夢**を実現させて下さい。マセマのスタッフ一同，読者の皆様の成長を心から楽しみにしています…。

マセマ代表　馬場 敬之（けいし）

◆目　次◆

第1章
CHAPTER

1 平面ベクトル

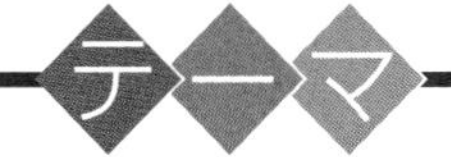

▶ ベクトルの基本
$\left(\overrightarrow{AB} = \overrightarrow{OB} - \overrightarrow{OA}\right)$

▶ ベクトルの成分表示と内積
$\left(\overrightarrow{OA} \cdot \overrightarrow{OB} = x_1 x_2 + y_1 y_2\right)$

▶ 内分点・外分点の公式
$\left(\overrightarrow{OP} = \dfrac{n\overrightarrow{OA} + m\overrightarrow{OB}}{m+n}\right.$ など$\Big)$

▶ ベクトル方程式（円，直線，線分など）
$\left(\left|\overrightarrow{OP} - \overrightarrow{OA}\right| = r\right.$ など$\Big)$

第1章 平面ベクトル ●公式&解法パターン

1. 平面ベクトル

ベクトルとは，大きさと向きをもった量のことで，**平面ベクトル**とは平面上にのみ存在するベクトルのことである。一般に$\vec{a}$や$\vec{b}$，$\overrightarrow{AB}$，…などで表す。

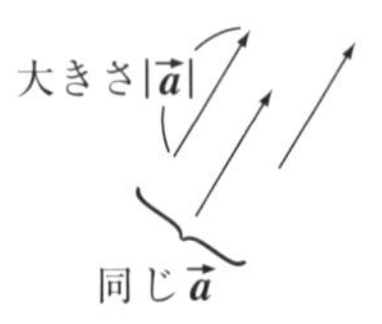

2. ベクトルの実数倍と平行条件

(1) $\vec{a}$を実数k倍したベクトル$k\vec{a}$について，

(i) $k>0$のとき，$k\vec{a}$は，

$\vec{a}$と同じ向きで，その大きさ$|\vec{a}|$をk倍したベクトルになる。

(ii) $k<0$のとき，$k\vec{a}$は，　（たとえば，$k=-2$のとき$-k=2$となる。）

$\vec{a}$と逆向きで，その大きさ$|\vec{a}|$を$-k$倍したベクトルになる。

（特に$k=-1$のとき，$-1\cdot\vec{a}=-\vec{a}$を，$\vec{a}$の**逆ベクトル**という。）

(2) **零ベクトル**$\vec{0}$　大きさが0の特殊なベクトル　($0\cdot\vec{a}=\vec{0}$となる。)

(3) **単位ベクトル**$\vec{e}$　大きさが1のベクトル

(4) 2つのベクトル$\vec{a}$と$\vec{b}$の平行条件も覚えよう。

共に$\vec{0}$でない2つのベクトル$\vec{a}$と$\vec{b}$が$\vec{a}\,/\!/\,\vec{b}$（平行）となるための必要十分条件は，$\vec{a}=k\vec{b}$　である。(k：0でない実数)

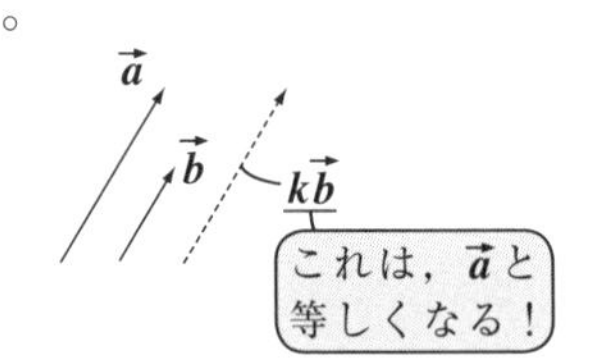

3. まわり道の原理

$\overrightarrow{AB}$に対して何か中継点を"○"とおくと，

(I) たし算形式のまわり道の原理は，

$\overrightarrow{AB}=\overrightarrow{A○}+\overrightarrow{○B}$　となる。

(II) 引き算形式のまわり道の原理は，

$\overrightarrow{AB}=\overrightarrow{○B}-\overrightarrow{○A}$　となる。

（**B**から**A**を引くと覚えよう！）

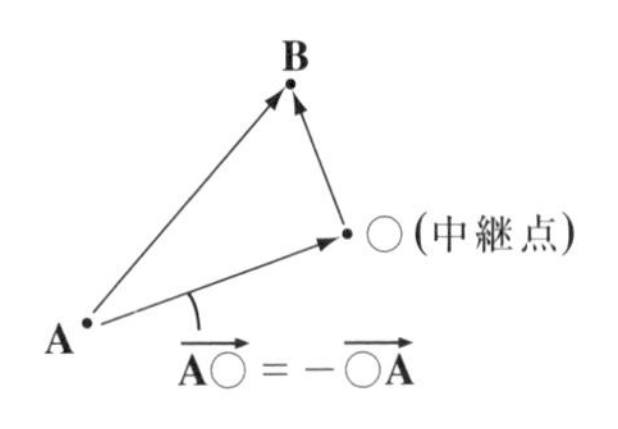

(ex) $\overrightarrow{AB}=\overrightarrow{AP}+\overrightarrow{PB}$，$\overrightarrow{AB}=\overrightarrow{CB}-\overrightarrow{CA}$　などと，変形できる。

4. ベクトルの成分表示と計算公式

$\vec{a}=(x_1,\ y_1)$，$\vec{b}=(x_2,\ y_2)$ のとき，k，l を実数とすると，

(1) $k\cdot\vec{a}=k(x_1,\ y_1)=(kx_1,\ ky_1)$

$\vec{a}$ の x 成分と y 成分のそれぞれに k がかかる！

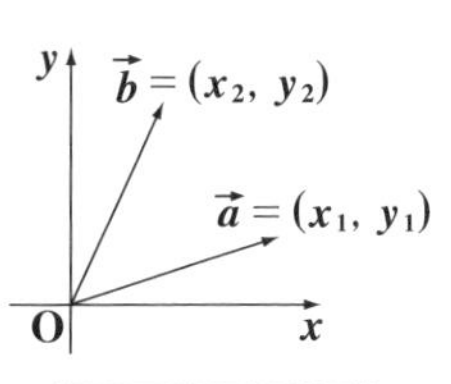

(2) 和 $\vec{a}+\vec{b}=(x_1,\ y_1)+(x_2,\ y_2)=(x_1+x_2,\ y_1+y_2)$

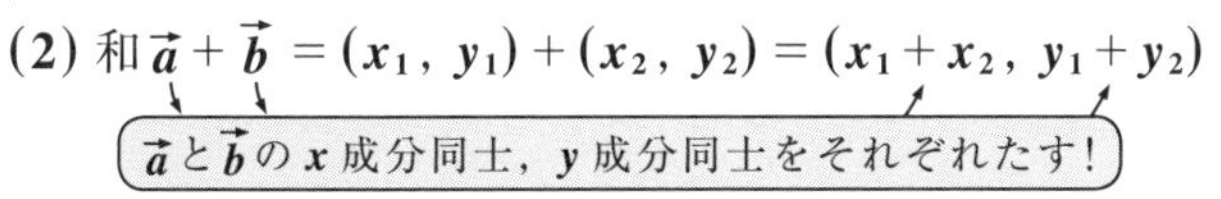

$\vec{a}$ と $\vec{b}$ の x 成分同士，y 成分同士をそれぞれたす！

差 $\vec{a}-\vec{b}=(x_1,\ y_1)-(x_2,\ y_2)=(x_1-x_2,\ y_1-y_2)$

$\vec{a}$ と $\vec{b}$ の x 成分同士，y 成分同士をそれぞれ引く！

(3) $k\vec{a}+l\vec{b}=k(x_1,\ y_1)+l(x_2,\ y_2)$ ← $\vec{a}$ と $\vec{b}$ の1次結合

$=(kx_1,\ ky_1)+(lx_2,\ ly_2)$

$=(kx_1+lx_2,\ ky_1+ly_2)$

始点を原点 O に一致させたときの**終点**の座標がベクトルの成分表示になる。

$|\vec{a}|=\sqrt{x_1^2+y_1^2}$

$|\vec{b}|=\sqrt{x_2^2+y_2^2}$

5. ベクトルの内積の定義と直交条件

2 つのベクトル $\vec{a}$ と $\vec{b}$ のなす角を θ とおくと，

$\vec{a}$ と $\vec{b}$ の**内積** $\vec{a}\cdot\vec{b}$ は次のように定義される。

$\vec{a}\cdot\vec{b}=|\vec{a}||\vec{b}|\cos\theta$

"(大きさ)×(大きさ)×(なす角の cos)" と覚えよう！

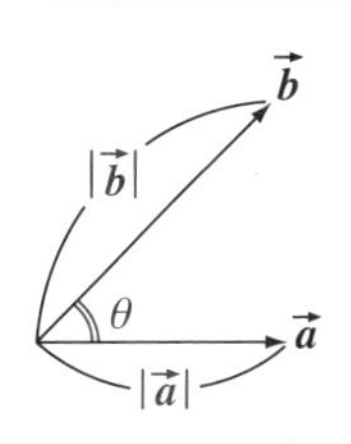

(ただし，$0°\leqq\theta\leqq180°$ とする。)

したがって，$\vec{a}\perp\vec{b}$ (直交) のとき，$\vec{a}\cdot\vec{b}=0$ となる。

(逆に，$\vec{a}\neq\vec{0}$，$\vec{b}\neq\vec{0}$ のとき，$\vec{a}\cdot\vec{b}=0$ ならば，$\vec{a}\perp\vec{b}$ となる。)

6. 内積の成分表示

(1) 内積は，次のように成分で表される。

$\vec{a}=(x_1,\ y_1)$，$\vec{b}=(x_2,\ y_2)$ のとき，

内積 $\vec{a}\cdot\vec{b}$ は，$\vec{a}\cdot\vec{b}=x_1x_2+y_1y_2$ となる。

内積は「x 成分同士，y 成分同士の積の和」と覚えよう！

(2) これから，$\vec{a}$ と $\vec{b}$ のなす角 θ の余弦 $\cos\theta$ も，次のように表される。

共に $\vec{0}$ でない 2 つのベクトル $\vec{a}=(x_1,\ y_1)$，$\vec{b}=(x_2,\ y_2)$ のなす角を θ とおくと，

$|\vec{a}|=\sqrt{x_1^2+y_1^2}$，$|\vec{b}|=\sqrt{x_2^2+y_2^2}$，$\vec{a}\cdot\vec{b}=x_1x_2+y_1y_2$ より，

$$\cos\theta=\frac{\vec{a}\cdot\vec{b}}{|\vec{a}||\vec{b}|}=\frac{x_1x_2+y_1y_2}{\sqrt{x_1^2+y_1^2}\sqrt{x_2^2+y_2^2}}$$ となる。

7. 内分点と外分点の公式

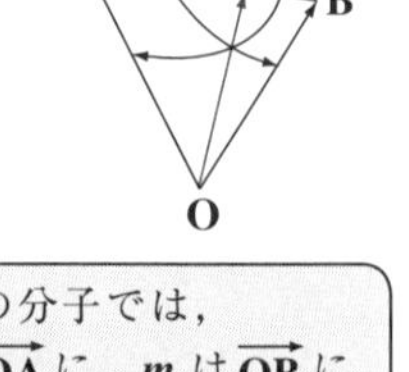

(1) 内分点の公式は“たすきがけ”で覚えよう。

点 **P** が線分 **AB** を $m:n$ に内分するとき，

$$\overrightarrow{OP}=\frac{n\overrightarrow{OA}+m\overrightarrow{OB}}{m+n}$$ となる。

公式の分子では，n は $\overrightarrow{OA}$ に，m は $\overrightarrow{OB}$ に“たすきがけ”でかかる！

（特に，点 **P** が線分 **AB** の中点となるとき，

$$\overrightarrow{OP}=\frac{\overrightarrow{OA}+\overrightarrow{OB}}{2}$$ となる。）

$\overrightarrow{OP}=\underbrace{\frac{n}{m+n}}_{(1-t)}\overrightarrow{OA}+\underbrace{\frac{m}{m+n}}_{t}\overrightarrow{OB}$ とおくと，$\underbrace{\frac{n}{m+n}}_{(1-t)}+\underbrace{\frac{m}{m+n}}_{t}=\frac{m+n}{m+n}=1$ より，

$\frac{m}{m+n}=t$ とおくと，$\frac{n}{m+n}=1-t$ となる。よって，

$\overrightarrow{OP}=(1-t)\overrightarrow{OA}+t\overrightarrow{OB}$ とも表せる。

点 **P** が線分 **AB** を $t:1-t$ に内分するとき

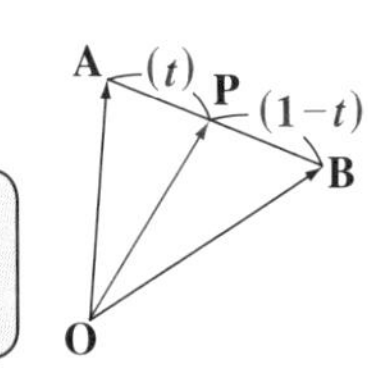

(2) 外分点の公式も同様に覚えよう。

点 **P** が線分 **AB** を $m:n$ に外分するとき，

$$\overrightarrow{OP}=\frac{-n\overrightarrow{OA}+m\overrightarrow{OB}}{m-n}$$ となる。

内分点の公式の n が $-n$ になっている！

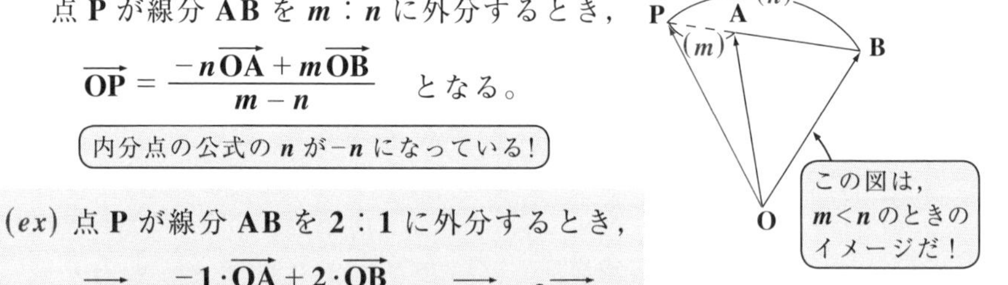

この図は，$m<n$ のときのイメージだ！

(*ex*) 点 **P** が線分 **AB** を **2 : 1** に外分するとき，

$$\overrightarrow{OP}=\frac{-1\cdot\overrightarrow{OA}+2\cdot\overrightarrow{OB}}{2-1}=-\overrightarrow{OA}+2\overrightarrow{OB}$$

8. 円のベクトル方程式

(1) 点 **A** を中心とし，半径 r の円を動点 **P** が描くとき，

円の方程式 $|\overrightarrow{OP}-\overrightarrow{OA}|=r$ となるんだね。

(2) 線分 **AB** を直径にもつ円のベクトル方程式は次式で表される。

$$(\overrightarrow{OP}-\overrightarrow{OA})\cdot(\overrightarrow{OP}-\overrightarrow{OB})=0$$

（直径 **AB** に対する円周角 $\angle APB=90°$ より，$\overrightarrow{AP}\perp\overrightarrow{BP}$ となる。
よって，$\overrightarrow{AP}\cdot\overrightarrow{BP}=0$ から $(\overrightarrow{OP}-\overrightarrow{OA})\cdot(\overrightarrow{OP}-\overrightarrow{OB})=0$ が導けるんだね。）

9. 直線のベクトル方程式

(1) 直線の方程式は，通る点 **A** と**方向ベクトル** $\vec{d}$ で決まる。

点 **A** を通り，方向ベクトル $\vec{d}$ の直線のベクトル方程式は，

“**媒介変数**(ばいかいへんすう)” t を用いて，次式で表される。

$$\overrightarrow{OP} = \overrightarrow{OA} + t\vec{d}$$

(2) 直線の方程式は，成分で表すこともできる。

点 $A(x_1,\ y_1)$ を通り，方向ベクトル $\vec{d} = (l,\ m)$ の直線の方程式は，

(i) 媒介変数 t を用いると，

$$\begin{cases} x = x_1 + tl \\ y = y_1 + tm \end{cases}$$ と表せるし，また，

(ii) $l \neq 0,\ m \neq 0$ のとき，

$$\frac{x - x_1}{l} = \frac{y - y_1}{m}\ (= t)$$ と表せる。

10. 直線，線分，三角形の周と内部のベクトル方程式

(1) 直線 **AB** のベクトル方程式

$$\overrightarrow{OP} = \alpha\overrightarrow{OA} + \beta\overrightarrow{OB} \quad (\alpha + \beta = 1)$$

(2) 線分 **AB** のベクトル方程式

$$\overrightarrow{OP} = \alpha\overrightarrow{OA} + \beta\overrightarrow{OB} \quad (\alpha + \beta = 1,\ \underline{\alpha \geqq 0,\ \beta \geqq 0})$$

直線 **AB** に比べて，これが新たに加わる。

(3) △**OAB** のベクトル方程式

$$\overrightarrow{OP} = \alpha\overrightarrow{OA} + \beta\overrightarrow{OB} \quad (\alpha + \beta \leqq 1,\ \alpha \geqq 0,\ \beta \geqq 0)$$

線分 **AB** に比べて，この不等号が新たに加わる。

(i) 直線 **AB**

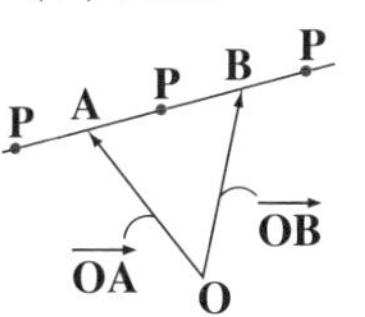

$\overrightarrow{OP} = \alpha\overrightarrow{OA} + \beta\overrightarrow{OB}$
$(\alpha + \beta = 1)$

(ii) 線分 **AB**

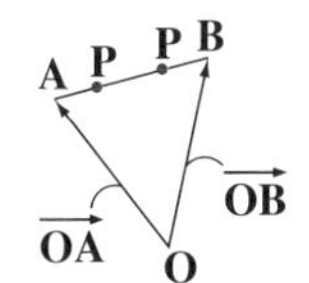

$\overrightarrow{OP} = \alpha\overrightarrow{OA} + \beta\overrightarrow{OB}$
$(\alpha + \beta = 1,\ \alpha \geqq 0,\ \beta \geqq 0)$

(iii) △**OAB**

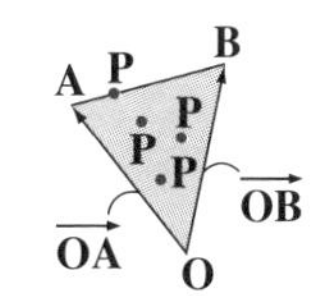

$\overrightarrow{OP} = \alpha\overrightarrow{OA} + \beta\overrightarrow{OB}$
$(\alpha + \beta \leqq 1,\ \alpha \geqq 0,\ \beta \geqq 0)$

まわり道の原理と内分点の公式(Ⅰ)

元気力アップ問題 1　難易度 ★★　CHECK 1　CHECK 2　CHECK 3

△ABC とその内部にある点 P が，$7\overrightarrow{PA}+2\overrightarrow{PB}+3\overrightarrow{PC}=\vec{0}$ ……① を満たしている。このとき，(i) $\overrightarrow{AP}$ を $\overrightarrow{AB}$ と $\overrightarrow{AC}$ で表せ。また，(ii) 直線 AP と辺 BC との交点を Q とおくとき，比 AP：PQ を求めよ。(関西大*)

ヒント！ (i)まわり道の原理を利用して，①より $\overrightarrow{AP}$ を $\overrightarrow{AB}$ と $\overrightarrow{AC}$ の式で表そう。(ii)AP：PQ の比は，$\overrightarrow{AP}=k\overrightarrow{AQ}$ として，定数 k の値が分かれば求まるんだね。

解答&解説

(i) $7\overrightarrow{PA}+2\overrightarrow{PB}+3\overrightarrow{PC}=\vec{0}$ ……① を変形して，

$\overrightarrow{PA}=-\overrightarrow{AP}$，$\overrightarrow{PB}=\overrightarrow{AB}-\overrightarrow{AP}$，$\overrightarrow{PC}=\overrightarrow{AC}-\overrightarrow{AP}$

$$-7\overrightarrow{AP}+2(\overrightarrow{AB}-\overrightarrow{AP})+3(\overrightarrow{AC}-\overrightarrow{AP})=\vec{0}$$

$$2\overrightarrow{AB}+3\overrightarrow{AC}-(7+2+3)\overrightarrow{AP}=\vec{0}$$

$$12\overrightarrow{AP}=2\overrightarrow{AB}+3\overrightarrow{AC}$$

$$\therefore \overrightarrow{AP}=\frac{2\overrightarrow{AB}+3\overrightarrow{AC}}{12}=\frac{1}{6}\overrightarrow{AB}+\frac{1}{4}\overrightarrow{AC}\ \cdots②\cdots(答)$$

(ii) 直線 AP と辺 BC との交点を Q とおくと，②より，

$$\overrightarrow{AP}=\frac{5}{12}\cdot\underbrace{\frac{2\overrightarrow{AB}+3\overrightarrow{AC}}{5}}_{\overrightarrow{AQ}}\ \cdots\cdots③\ となる。$$

ここで，$\overrightarrow{AQ}=\dfrac{2\overrightarrow{AB}+3\overrightarrow{AC}}{3+2}$ より，右図のように，点 Q は辺 BC を 3：2 に内分する点である。

よって，③より，

$\overrightarrow{AP}=\dfrac{5}{12}\overrightarrow{AQ}$ であるから，

AP：AQ = 5：12

よって，求める比 AP：PQ は，右図より，

AP：PQ = 5：7 である。……………………(答)

ココがポイント

⇦ $\overrightarrow{PA}=-\overrightarrow{AP}$
まわり道の原理より，
$\overrightarrow{PB}=\overrightarrow{AB}-\overrightarrow{AP}$
$\overrightarrow{PC}=\overrightarrow{AC}-\overrightarrow{AP}$
となる。

⇦ $\overrightarrow{AQ}=\dfrac{2\overrightarrow{AB}+3\overrightarrow{AC}}{3+2}$ より，
点 Q は辺 BC を 3：2 に内分する点だね。

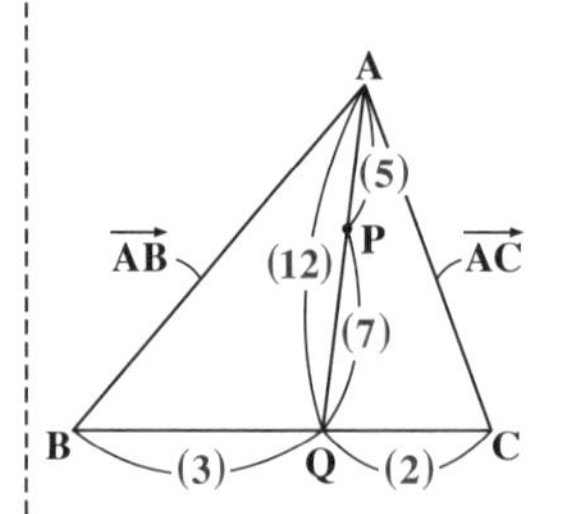

⇦ AP：PQ = AP：(AQ − AP)
= 5：(12 − 5)
= 5：7

まわり道の原理と内分点の公式(Ⅱ)

元気力アップ問題 2　難易度 ★★　CHECK 1　CHECK 2　CHECK 3

平行四辺形 ABCD において，辺 AB の中点を E，辺 BC の中点を F，辺 CD の中点を G とおく。線分 EC と線分 FG の交点を P とおく。$\overrightarrow{AB}=\vec{a}$，$\overrightarrow{AD}=\vec{b}$ とおくとき，$\overrightarrow{AP}$ を $\vec{a}$ と $\vec{b}$ を用いて表せ。（新潟大*）

ヒント！ まず，図を描いて，EP：PC $=s:1-s$，FP：PG $=t:1-t$ とおいて，$\overrightarrow{AP}$ を $\vec{a}$ と $\vec{b}$ を用いて，2 通りに表し，$\vec{a}$ と $\vec{b}$ の各係数を比較して，s（または t）の値を決定すればいいんだね。

解答＆解説

平行四辺形ABCDにおいて，$\overrightarrow{AB}=\vec{a}$，$\overrightarrow{AD}=\vec{b}$ とおくと，

$\overrightarrow{AE}=\frac{1}{2}\vec{a}$ …………①，　$\overrightarrow{AC}=\vec{a}+\vec{b}$ ………②

$\overrightarrow{AF}=\vec{a}+\frac{1}{2}\vec{b}$ ……③，　$\overrightarrow{AG}=\frac{1}{2}\vec{a}+\vec{b}$ ……④

これから，$\overrightarrow{AP}$ を次の 2 通りの方法で表す。

(i) EP：PC $=s:1-s$ とおくと，内分点の公式より，

$$\overrightarrow{AP}=(1-s)\overrightarrow{AE}+s\overrightarrow{AC}$$
$$=(1-s)\frac{1}{2}\vec{a}+s(\vec{a}+\vec{b})\quad(①,\ ②より)$$
$$=\left(\frac{1}{2}+\frac{1}{2}s\right)\vec{a}+s\vec{b}\ \cdots\cdots⑤$$

(ii) FP：PG $=t:1-t$ とおくと，内分点の公式より，

$$\overrightarrow{AP}=(1-t)\overrightarrow{AF}+t\overrightarrow{AG}$$
$$=(1-t)\left(\vec{a}+\frac{1}{2}\vec{b}\right)+t\left(\frac{1}{2}\vec{a}+\vec{b}\right)\quad(③,\ ④より)$$
$$=\left(1-\frac{1}{2}t\right)\vec{a}+\left(\frac{1}{2}+\frac{1}{2}t\right)\vec{b}\ \cdots\cdots⑥$$

$\vec{a}$ と $\vec{b}$ は $\vec{a}\neq\vec{0}$，$\vec{b}\neq\vec{0}$ かつ $\vec{a}\not\parallel\vec{b}$ より，⑤と⑥の各係数を比較して，$s=\frac{2}{3}$ ……⑦　$\left(t=\frac{1}{3}\right)$

⑦を⑤に代入して，

$\overrightarrow{AP}=\left(\frac{1}{2}+\frac{1}{3}\right)\vec{a}+\frac{2}{3}\vec{b}=\frac{5}{6}\vec{a}+\frac{2}{3}\vec{b}$ である。……(答)

ココがポイント

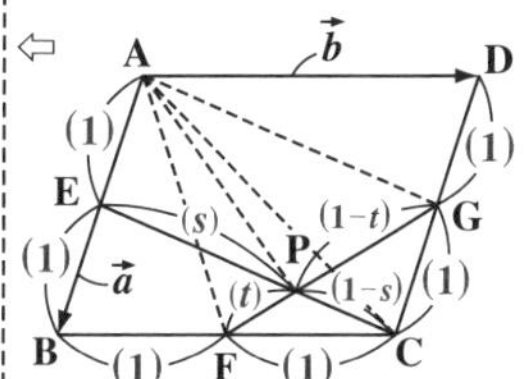

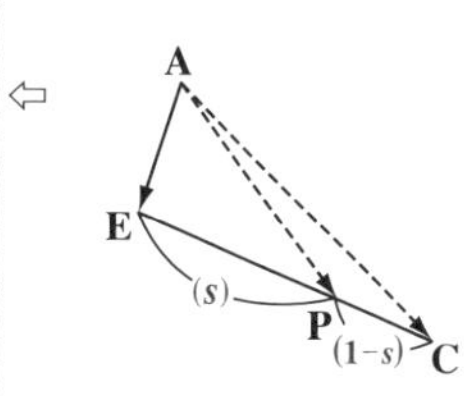

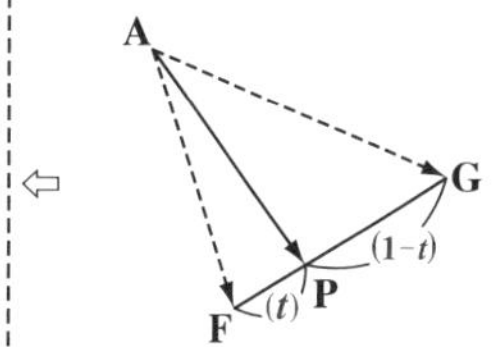

⇦⑤，⑥より各係数を比較して，

$$\begin{cases}\frac{1+s}{2}=\frac{2-t}{2}\\ s=\frac{1+t}{2}\end{cases}$$

よって，$1+\frac{1+t}{2}=2-t$

$2+1+t=4-2t$

$3t=1\quad\therefore t=\frac{1}{3}$

$s=\frac{1}{2}\left(1+\frac{1}{3}\right)=\frac{2}{3}$

チェバ・メネラウスの定理の応用

元気力アップ問題 3	難易度 ★★	CHECK 1	CHECK 2	CHECK 3

△ABC について，線分 AB を 3：1 に内分する点を D，線分 AC を 2：1 に内分する点を E とおく。また，2 つの線分 CD と BE の交点を P とおき，直線 AP と辺 BC との交点を Q とおく。このとき，

(i) $\overrightarrow{AQ}$ を $\overrightarrow{AB}$ と $\overrightarrow{AC}$ で表せ。　(ii) $\overrightarrow{AP}$ を $\overrightarrow{AB}$ と $\overrightarrow{AC}$ で表せ。

ヒント！ (i) チェバの定理により，BQ：QC が分かり，(ii) メネラウスの定理により，AP：PQ が分かる。チェバ・メネラウスの定理を使って解く，典型的な平面ベクトルの問題なので，この解法パターンをシッカリ頭に入れておこう！

解答＆解説

(i) △ABC において，BQ：QC $= m : n$ とおくと，
AD：DB＝3：1，CE：EA＝1：2 より，
右図から，チェバの定理を用いて，

$$\frac{n}{m}\times\frac{2}{1}\times\frac{1}{3}=1 \quad \therefore \frac{n}{m}=\frac{3}{2} \text{ より，} m:n=2:3$$

点 Q は，BC を 2：3 に内分する。

∴ $\overrightarrow{AQ}$ を $\overrightarrow{AB}$ と $\overrightarrow{AC}$ で表すと，

$$\overrightarrow{AQ}=\frac{3\overrightarrow{AB}+2\overrightarrow{AC}}{2+3}=\frac{3}{5}\overrightarrow{AB}+\frac{2}{5}\overrightarrow{AC} \cdots ① \cdots\cdots (答)$$

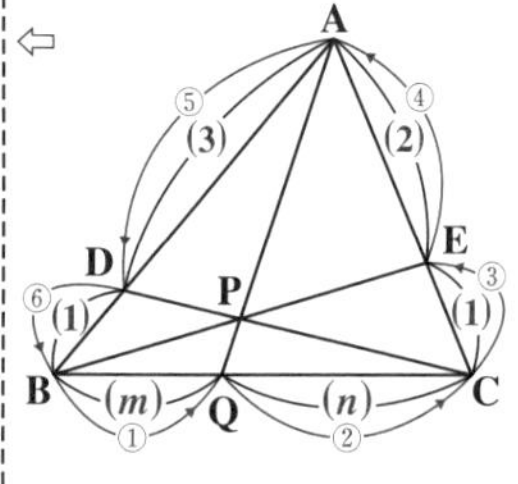

チェバの定理

$$\frac{②}{①}\times\frac{④}{③}\times\frac{⑥}{⑤}=1$$

(ii) △ABC において，AP：PQ $= s : t$ とおくと，
BQ：QC $= m : n =$ 2：3，BD：DA＝1：3 より，
右図から，メネラウスの定理を用いて，

$$\frac{5}{\cancel{3}}\times\frac{\cancel{3}}{1}\times\frac{t}{s}=1 \quad \therefore \frac{t}{s}=\frac{1}{5} \text{ より，} s:t=5:1$$

∴ AP：AQ＝5：(5＋1)＝5：6 より，① を用いて，

$\overrightarrow{AP}$ を $\overrightarrow{AB}$ と $\overrightarrow{AC}$ で表すと，

$$\overrightarrow{AP}=\frac{5}{6}\overrightarrow{AQ}=\frac{5}{6}\left(\frac{3}{5}\overrightarrow{AB}+\frac{2}{5}\overrightarrow{AC}\right) \quad (①より)$$

$$=\frac{1}{2}\overrightarrow{AB}+\frac{1}{3}\overrightarrow{AC} \cdots\cdots (答)$$

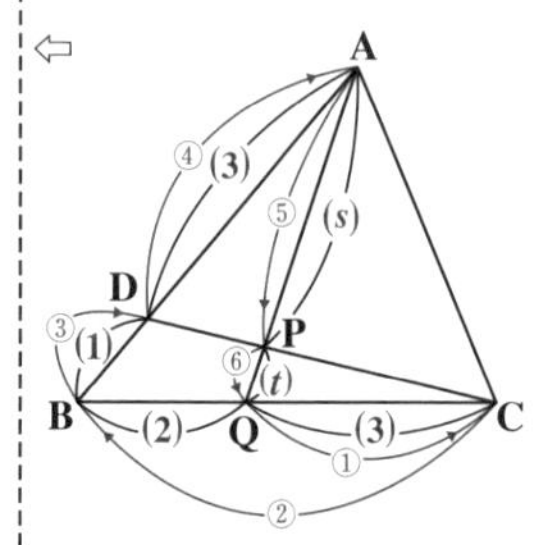

メネラウスの定理

$$\frac{②}{①}\times\frac{④}{③}\times\frac{⑥}{⑤}=1$$

ベクトルの成分表示

元気力アップ問題 4　難易度 ★★　CHECK 1　CHECK 2　CHECK 3

(1) $\vec{a}=(\alpha,\ -5)$, $\vec{b}=(-2,\ 3)$ がある。このとき，(i) $\vec{a}\,/\!/\,\vec{b}$ となるような，α の値を求めよ。(ii) $\vec{a}\perp\vec{b}$ となるような，α の値を求めよ。

(2) $\vec{a}=(-7,\ 4)$, $\vec{b}=(2,\ -3)$ と実数 t に対して，$|\vec{a}+t\vec{b}|$ の最小値と，そのときの t の値を求めよ。　（成蹊大）

ヒント！ (1)(i) $\vec{a}\,/\!/\,\vec{b}$（平行）のとき，$\vec{a}=k\vec{b}$ となり，(ii) $\vec{a}\perp\vec{b}$（垂直）のとき，$\vec{a}\cdot\vec{b}=0$ となるんだね。(2) $\vec{p}=(x_1,\ y_1)$ のとき，$|\vec{p}|^2=x_1^2+y_1^2$ となるのも大丈夫だね。

解答＆解説

(1) $\vec{a}=(\alpha,\ -5)$, $\vec{b}=(-2,\ 3)$ について，

(i) $\vec{a}\,/\!/\,\vec{b}$ となるとき，$\vec{a}=k\vec{b}$（k：実数）より，

$$(\alpha,\ -5)=k(-2,\ 3)=(-2k,\ 3k)$$

$\therefore \alpha=-2k$, $-5=3k$ より，$\alpha=\dfrac{10}{3}$ ………（答）

(ii) $\vec{a}\perp\vec{b}$ となるとき，$\vec{a}\cdot\vec{b}=|\vec{a}||\vec{b}|\underbrace{\cos 90^\circ}_{0}=0$ より，

$$\alpha\cdot(-2)+(-5)\cdot 3=0 \qquad 2\alpha=-15$$

$\therefore \alpha=-\dfrac{15}{2}$ ………………………………（答）

(2) $\vec{a}=(-7,\ 4)$, $\vec{b}=(2,\ -3)$ より，

$$\vec{a}+t\vec{b}=(-7,\ 4)+t(2,\ -3)=(2t-7,\ -3t+4)$$

ここで，$Y=|\vec{a}+t\vec{b}|^2$ とおくと，

$$Y=\underbrace{(2t-7)^2}_{4t^2-28t+49}+\underbrace{(-3t+4)^2}_{9t^2-24t+16}=13t^2-52t+65$$

$$=13(t-2)^2+13$$

よって，$t=2$ のとき，

$Y=|\vec{a}+t\vec{b}|^2$ は最小値 13 をとる。

$\therefore t=2$ のとき，$\underbrace{|\vec{a}+t\vec{b}|}_{0\text{以上}}$ は最小値 $\sqrt{13}$ をとる。…（答）

ココがポイント

⇦ $\vec{a}$, $\vec{b}$（イメージ）

⇦ $k=-\dfrac{5}{3}$ より，$\alpha=-2\cdot\left(-\dfrac{5}{3}\right)=\dfrac{10}{3}$

⇦ $\vec{b}$, $\vec{a}$（イメージ）

⇦ $\vec{a}=(x_1,\ y_1)$, $\vec{b}=(x_2,\ y_2)$ について，$\vec{a}\perp\vec{b}$ のとき，$\vec{a}\cdot\vec{b}=x_1x_2+y_1y_2=0$

⇦ $\vec{p}=(x_1,\ y_1)$ のとき，$|\vec{p}|^2=x_1^2+y_1^2$ だからね。

⇦ $13(t^2-4t+4)+65-52$（2で割って2乗）

$=13(t-2)^2+13$

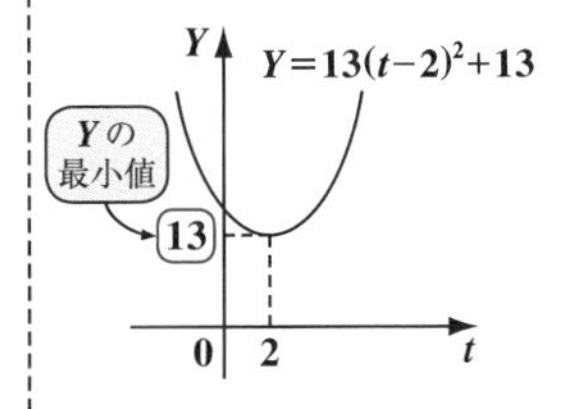

内積と成分表示

元気力アップ問題 5　難易度 ★★　CHECK 1　CHECK 2　CHECK 3

$\vec{a}=(2,\ -1)$ と $\vec{b}=(x,\ 4)$ のなす角を θ とおくと，$\cos\theta=\dfrac{2}{5\sqrt{5}}$ である。このとき，内積 $\vec{a}\cdot\vec{b}$ を求めよ。

ヒント！ $\vec{a}=(x_1,\ y_1)$，$\vec{b}=(x_2,\ y_2)$ のとき，$\vec{a}$ と $\vec{b}$ のなす角を θ とおくと，$\vec{a}\cdot\vec{b}=|\vec{a}||\vec{b}|\cos\theta$ より，$x_1x_2+y_1y_2=\sqrt{x_1^2+y_1^2}\sqrt{x_2^2+y_2^2}\cos\theta$ となるんだね。

解答＆解説

$\vec{a}=(2,\ -1)$ と $\vec{b}=(x,\ 4)$ とのなす角を θ とおくと，

$\cos\theta=\dfrac{2}{5\sqrt{5}}$ であり，また，

$$\begin{cases} |\vec{a}|=\sqrt{2^2+(-1)^2}=\sqrt{4+1}=\sqrt{5} \cdots\cdots ① \\ |\vec{b}|=\sqrt{x^2+4^2}=\sqrt{x^2+16} \cdots\cdots ② \\ \vec{a}\cdot\vec{b}=2\cdot x+(-1)\cdot 4=2x-4 \cdots\cdots ③ \end{cases}$$

となる。よって，

①，②，③を内積の式 $\vec{a}\cdot\vec{b}=|\vec{a}|\cdot|\vec{b}|\cos\theta$ に代入すると，

$$2(x-2)=\sqrt{5}\cdot\sqrt{x^2+16}\cdot\frac{2}{5\sqrt{5}}$$

$$5(x-2)=\sqrt{x^2+16} \cdots\cdots ④ \quad (x>2)$$ となる。

④の両辺を 2 乗して，

$$25(x-2)^2=x^2+16 \qquad 25(x^2-4x+4)=x^2+16$$

これをまとめて，

$$6x^2-25x+21=0 \qquad (x-3)(6x-7)=0$$

1 ╲╱ −3 → −18
6 ╱╲ −7 → −7

$\therefore x=3 \cdots\cdots ⑤$ $\left(x>2 \text{ より，} x=\dfrac{7}{6} \text{は不適}\right)$

よって，⑤を③に代入すると，求める内積 $\vec{a}\cdot\vec{b}$ は，

$\vec{a}\cdot\vec{b}=2\cdot 3-4=2$ である。…………………………(答)

ココがポイント

⇦ イメージ

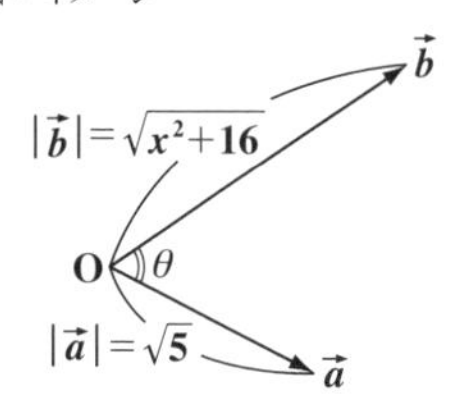

$\vec{a}\cdot\vec{b}=|\vec{a}||\vec{b}|\cos\theta$

⇦ ④の右辺は⊕より，左辺も⊕になる。よって，$x>2$

⇦ $25x^2-100x+100=x^2+16$
$24x^2-100x+84=0$
$6x^2-25x+21=0$

内積の演算(Ⅰ)

元気力アップ問題 6	難易度 ★★	CHECK 1	CHECK 2	CHECK 3

$|\vec{a}|=2$, $|\vec{b}|=3$, $|2\vec{a}-\vec{b}|=\sqrt{35}$ のとき，$\vec{a}\cdot\vec{b}$ を求めよ。

(1) 2つのベクトル $\vec{a}+s\vec{b}$ と $\vec{a}-\vec{b}$ が垂直であるとき，s の値を求めよ。

(2) t を実数とするとき，$|t\vec{a}+\vec{b}|$ の最小値を求めよ。 (大同大＊)

ヒント！ たとえば，$(a+b)^2=a^2+2ab+b^2$ と同様に，$|\vec{a}+\vec{b}|=|\vec{a}|^2+2\vec{a}\cdot\vec{b}+|\vec{b}|^2$ のように展開できる。つまり，$|(\text{ベクトルの式})|$ が出てきたら，2乗して展開すればいいんだね。

解答＆解説

$|\vec{a}|=2$, $|\vec{b}|=3$, $|2\vec{a}-\vec{b}|=\sqrt{35}$ ……① より，

①の両辺を2乗して，$|2\vec{a}-\vec{b}|^2=35$

$4\underbrace{|\vec{a}|^2}_{2^2}-4\vec{a}\cdot\vec{b}+\underbrace{|\vec{b}|^2}_{3^2}=35$ より，$16-4\vec{a}\cdot\vec{b}+9=35$

$4\vec{a}\cdot\vec{b}=-10$ $\therefore \vec{a}\cdot\vec{b}=-\dfrac{5}{2}$ ……② …………(答)

(1) $(\vec{a}+s\vec{b})\perp(\vec{a}-\vec{b})$ (垂直)のとき，

$(\vec{a}+s\vec{b})\cdot(\vec{a}-\vec{b})=0$

$\underbrace{|\vec{a}|^2}_{2^2}+(s-1)\underbrace{\vec{a}\cdot\vec{b}}_{-\frac{5}{2}(\text{②より})}-s\underbrace{|\vec{b}|^2}_{3^2}=0$

$4-\dfrac{5}{2}(s-1)-9s=0$ より，$s=\dfrac{13}{23}$ ………(答)

(2) $Y=|t\vec{a}+\vec{b}|^2$ とおくと，

$Y=t^2\underbrace{|\vec{a}|^2}_{2^2}+2t\underbrace{\vec{a}\cdot\vec{b}}_{-\frac{5}{2}(\text{②より})}+\underbrace{|\vec{b}|^2}_{3^2}$

$=4t^2-5t+9$

$=4\left(t-\dfrac{5}{8}\right)^2+\dfrac{119}{16}$

$\therefore t=\dfrac{5}{8}$ のとき，$Y=|t\vec{a}+\vec{b}|^2$ は最小値 $\dfrac{119}{16}$ をとる。

$\therefore |t\vec{a}+\vec{b}|$ の最小値は $\sqrt{\dfrac{119}{16}}=\dfrac{\sqrt{119}}{4}$ ………(答)

ココがポイント

⇦ $(2a-b)^2=4a^2-4ab+b^2$ と同様に展開できる。

⇦ $\vec{p}\perp\vec{q}$ のとき，$\vec{p}\cdot\vec{q}=0$ だね。

⇦ $(a+sb)(a-b)=a^2+(s-1)ab-sb^2$ と同様だね。

⇦ $8-5(s-1)-18s=0$
$23s=13$ $\therefore s=\dfrac{13}{23}$

⇦ $|t\vec{a}+\vec{b}|$ ときたら，2乗して展開する。

⇦ $4\left(t^2-\dfrac{5}{4}t+\dfrac{25}{64}\right)+9-\dfrac{25}{16}$ (2で割って2乗)

$=4\left(t-\dfrac{5}{8}\right)^2+\dfrac{144-25}{16}$

$=4\left(t-\dfrac{5}{8}\right)^2+\dfrac{119}{16}$

内積の演算(Ⅱ)

元気力アップ問題 7	難易度 ★★	CHECK 1	CHECK 2	CHECK 3

$3|\vec{a}|=|\vec{b}|\neq 0$ をみたす $\vec{a}$ と $\vec{b}$ について，$3\vec{a}-2\vec{b}$ と $15\vec{a}+4\vec{b}$ は垂直である。

(1) $\vec{a}$ と $\vec{b}$ のなす角 θ $(0^\circ \leqq \theta \leqq 180^\circ)$ を求めよ。

(2) $\vec{a}\cdot\vec{b}=-6$ であるとき，$|\vec{a}|$ と $|\vec{b}|$ を求めよ。　(防衛大＊)

ヒント！ これも内積の演算の問題で，$(3\vec{a}-2\vec{b})\cdot(15\vec{a}+4\vec{b})$ は，整式の積 $(3a-2b)(15a+4b)$ と同様に展開できるんだね。

解答＆解説

(1) $3|\vec{a}|=|\vec{b}|\neq 0$ より，

$|\vec{a}|=k$ ……① とおくと，$|\vec{b}|=3k$ ……②

(k：正の定数) となる。

ここで，$(3\vec{a}-2\vec{b})\perp(15\vec{a}+4\vec{b})$ より，

⇦ $\vec{p}\perp\vec{q}$ のとき，$\vec{p}\cdot\vec{q}=0$ となる。

$$(3\vec{a}-2\vec{b})\cdot(15\vec{a}+4\vec{b})=0$$

⇦ $(3a-2b)(15a+4b)$
$=45a^2-18ab-8b^2$
と同様に展開できる。

$$45|\vec{a}|^2-18\,\vec{a}\cdot\vec{b}-8|\vec{b}|^2=0$$

$|\vec{a}|^2 = k^2$, $\vec{a}\cdot\vec{b} = |\vec{a}||\vec{b}|\cos\theta = k\cdot 3k\cos\theta$, $|\vec{b}|^2 = (3k)^2=9k^2$ ← ①, ②より

$\vec{a}$ と $\vec{b}$ のなす角を θ とおくと，①，②より，

$$45k^2-54k^2\cos\theta-72k^2=0 \quad (k>0)$$

⇦ $45k^2-54k^2\cos\theta$
$-72k^2=0$
$54\cos\theta=-27$

両辺を $k^2\,(>0)$ で割って，

$54\cos\theta=-27$ より，$\cos\theta=-\dfrac{27}{54}=-\dfrac{1}{2}$

$\therefore \theta=120^\circ$ ……………………………………(答)

(2) $\vec{a}\cdot\vec{b}=|\vec{a}|\,|\vec{b}|\cos 120^\circ = -\dfrac{3}{2}k^2=-6$

($|\vec{a}|=k$, $|\vec{b}|=3k$, $\cos 120^\circ=-\dfrac{1}{2}$)

のとき，$k^2=4$　$\therefore k=2$ $(\because k>0)$

⇦ $|\vec{a}|=k=2$
$|\vec{b}|=3k=6$

よって，①，②より，$|\vec{a}|=2$，$|\vec{b}|=6$ ………(答)

ココがポイント

ベクトルと平面図形 (I)

元気力アップ問題 8　難易度 ★★　CHECK 1　CHECK 2　CHECK 3

xy 平面上に 3 点 $\mathrm{O}(0,\ 0)$, $\mathrm{A}(1,\ 0)$, $\mathrm{B}(-1,\ 0)$ があり，動点 $\mathrm{P}(x,\ y)$ は，
$\overrightarrow{\mathrm{AP}}\cdot\overrightarrow{\mathrm{BP}}+3\overrightarrow{\mathrm{OA}}\cdot\overrightarrow{\mathrm{OB}}=0$ ……① をみたしながら動くものとする。
(1) 動点 P の軌跡の方程式を求めよ。
(2) $|\overrightarrow{\mathrm{AP}}||\overrightarrow{\mathrm{BP}}|$ の最大値と最小値を求めよ。　(北海道大)

ヒント！ (1) ①を成分表示で表すと，x と y の関係式になり，それが動点 P の軌跡の方程式になるんだね。(2) は，(1) の結果を利用して解こう！

解答＆解説

(1) $\overrightarrow{\mathrm{OA}}=(1,\ 0)$, $\overrightarrow{\mathrm{OB}}=(-1,\ 0)$, $\overrightarrow{\mathrm{OP}}=(x,\ y)$ より，

$$\begin{cases}\overrightarrow{\mathrm{AP}}=\overrightarrow{\mathrm{OP}}-\overrightarrow{\mathrm{OA}}=(x,\ y)-(1,\ 0)=(x-1,\ y)\\ \overrightarrow{\mathrm{BP}}=\overrightarrow{\mathrm{OP}}-\overrightarrow{\mathrm{OB}}=(x,\ y)-(-1,\ 0)=(x+1,\ y)\end{cases}$$

よって，$\overrightarrow{\mathrm{OA}}\cdot\overrightarrow{\mathrm{OB}}=1\cdot(-1)+0\cdot0=-1$ ……②

$\overrightarrow{\mathrm{AP}}\cdot\overrightarrow{\mathrm{BP}}=(x-1)\cdot(x+1)+y^2=x^2+y^2-1$ ……③

②, ③を $\underbrace{\overrightarrow{\mathrm{AP}}\cdot\overrightarrow{\mathrm{BP}}}_{x^2+y^2-1\,(③より)}+3\underbrace{\overrightarrow{\mathrm{OA}}\cdot\overrightarrow{\mathrm{OB}}}_{-1\,(②より)}=0$ …① に代入して，

$x^2+y^2-1-3=0$　∴ 動点 $\mathrm{P}(x,\ y)$ の軌跡の方程式は，$x^2+y^2=4$ ……④ である。………(答)

(2) $|\overrightarrow{\mathrm{AP}}|^2=(x-1)^2+y^2=\underbrace{x^2+y^2}_{4\,(④より)}-2x+1=5-2x$ ……⑤

$|\overrightarrow{\mathrm{BP}}|^2=(x+1)^2+y^2=\underbrace{x^2+y^2}_{4\,(④より)}+2x+1=5+2x$ ……⑥

ここで，$Y=|\overrightarrow{\mathrm{AP}}|^2\cdot|\overrightarrow{\mathrm{BP}}|^2$ とおくと，⑤, ⑥より，

$Y=(5-2x)(5+2x)=25-4x^2$

ここで，④より，$0\leqq x^2\leqq4$　よって，

$9\leqq\underbrace{25-4x^2}_{Y}\leqq25$ より，$9\leqq\underbrace{Y}_{|\overrightarrow{\mathrm{AP}}|^2|\overrightarrow{\mathrm{BP}}|^2}\leqq25$

∴ $\underbrace{|\overrightarrow{\mathrm{AP}}||\overrightarrow{\mathrm{BP}}|}_{これは，⊕の値をとる。}$ の最大値は $\sqrt{25}=5$，最小値は $\sqrt{9}=3$

である。……………………………(答)

ココがポイント

⇦ まわり道の原理
$\overrightarrow{\mathrm{AP}}=\overrightarrow{\mathrm{OP}}-\overrightarrow{\mathrm{OA}}$
$\overrightarrow{\mathrm{BP}}=\overrightarrow{\mathrm{OP}}-\overrightarrow{\mathrm{OB}}$

⇦ ④は，中心 $\mathrm{O}(0,\ 0)$，半径 $r=2$ の円だね。

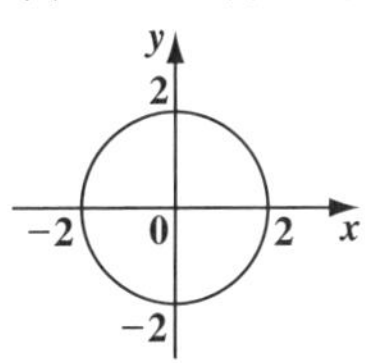

$\therefore -2\leqq x\leqq2$ より，
$0\leqq x^2\leqq4$

⇦ $0\leqq x^2\leqq4$ の各辺に -4 をかけて，
$-16\leqq-4x^2\leqq0$
各辺に 25 をたして，
$9\leqq\underbrace{25-4x^2}_{Y=|\overrightarrow{\mathrm{AP}}|^2|\overrightarrow{\mathrm{BP}}|^2}\leqq25$

元気力アップ問題 9　難易度 ★★　CHECK 1　CHECK 2　CHECK 3

xy 平面上に 3 点 A$(\alpha,\ -3)$, B$(-1,\ 4)$, C$(3,\ 2)$ がある。

(1) $\angle ABC = 90^\circ$ であるとき，α の値を求めよ。

(2) $\triangle ABC$ の面積が 11 であるとき，α の値を求めよ。

ヒント！ (1) $\overrightarrow{BA} \perp \overrightarrow{BC}$ より，$\overrightarrow{BA} \cdot \overrightarrow{BC} = 0$ から α を求めよう。(2) $\overrightarrow{BA} = (x_1,\ y_1)$, $\overrightarrow{BC} = (x_2,\ y_2)$ のとき，$\triangle ABC$ の面積 S は $S = \frac{1}{2}|x_1y_2 - x_2y_1|$ となるんだね。

解答＆解説

$\overrightarrow{OA} = (\alpha,\ -3)$, $\overrightarrow{OB} = (-1,\ 4)$, $\overrightarrow{OC} = (3,\ 2)$ より，

$$\begin{cases} \overrightarrow{BA} = \overrightarrow{OA} - \overrightarrow{OB} = (\alpha,\ -3) - (-1,\ 4) = (\alpha+1,\ -7) \cdots ① \\ \overrightarrow{BC} = \overrightarrow{OC} - \overrightarrow{OB} = (3,\ 2) - (-1,\ 4) = (4,\ -2) \cdots\cdots ② \end{cases}$$

(1) $\angle ABC = 90^\circ$, すなわち $\overrightarrow{BA} \perp \overrightarrow{BC}$ のとき，①, ②より，

$\overrightarrow{BA} \cdot \overrightarrow{BC} = \boxed{4(\alpha+1) + (-2)\cdot(-7) = 0}$ 　よって，

$4\alpha + 18 = 0 \qquad \alpha = -\frac{18}{4} = -\frac{9}{2}$ ……………………(答)

(2) $\triangle ABC$ の面積 $S = 11$ のとき，①, ②より，

$$S = \frac{1}{2}|(\alpha+1)\times(-2) - 4\cdot(-7)|$$

$|-2\alpha - 2 + 28| = |-2\alpha + 26|$
$= |2\alpha - 26| = 2|\alpha - 13|$

絶対値内の符号 (⊕, ⊖) を変えてもかまわない。

$= \boxed{|\alpha - 13| = 11}$

よって，$\alpha - 13 = \pm 11$

$\therefore \alpha = 2$ または 24 である。……………………(答)

ココがポイント

⇦ イメージ

$\overrightarrow{BA} = (x_1,\ y_1)$, $\overrightarrow{BC} = (x_2,\ y_2)$ のとき，$\overrightarrow{BA} \perp \overrightarrow{BC}$ より，$\overrightarrow{BA} \cdot \overrightarrow{BC} = x_1x_2 + y_1y_2 = 0$ となる。

⇦ $\overrightarrow{BA} = (x_1,\ y_1)$, $\overrightarrow{BC} = (x_2,\ y_2)$ のとき，$\triangle ABC$ の面積 S は，$S = \frac{1}{2}|x_1y_2 - x_2y_1|$ となる。

⇦ ・$\alpha - 13 = -11$ のとき，$\alpha = 13 - 11 = 2$
・$\alpha - 13 = 11$ のとき，$\alpha = 13 + 11 = 24$

ベクトルと平面図形（Ⅲ）

元気力アップ問題 10　難易度 ★★　CHECK 1　CHECK 2　CHECK 3

△ABCと点Hがあり，$\overrightarrow{HC}\cdot\overrightarrow{HA}=\overrightarrow{HA}\cdot\overrightarrow{HB}=\overrightarrow{HB}\cdot\overrightarrow{HC}$ ……① が成り立つとき，点Hが△ABCの垂心であることを示せ。

ヒント！ ベクトルと平面図形の証明問題にもチャレンジしよう。右図から分かるように，点Hが垂心であることを証明するには，$\overrightarrow{AH}\perp\overrightarrow{BC}$，$\overrightarrow{BH}\perp\overrightarrow{CA}$ を示せばいいんだね。頑張ろう！

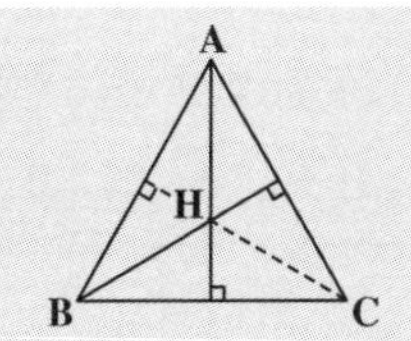

解答＆解説

△ABCと点Hについて，

$\underbrace{\overrightarrow{HC}\cdot\overrightarrow{HA}=\overrightarrow{HA}\cdot\overrightarrow{HB}}_{(\mathrm{i})}=\overrightarrow{HB}\cdot\overrightarrow{HC}$ ……① が成り立つとき，（(ii)：$\overrightarrow{HA}\cdot\overrightarrow{HB}=\overrightarrow{HB}\cdot\overrightarrow{HC}$）

点Hが△ABCの垂心であることを示す。

(i) $\overrightarrow{HC}\cdot\underbrace{\overrightarrow{HA}}_{-\overrightarrow{AH}}=\underbrace{\overrightarrow{HA}}_{-\overrightarrow{AH}}\cdot\overrightarrow{HB}$ ……②　（①より）

②を変形して，

$\overrightarrow{AH}\cdot\overrightarrow{HC}-\overrightarrow{AH}\cdot\overrightarrow{HB}=0$　　$\overrightarrow{AH}\cdot(\underbrace{\overrightarrow{HC}-\overrightarrow{HB}}_{\overrightarrow{BC}\text{（まわり道の原理）}})=0$

$\therefore\ \overrightarrow{AH}\cdot\overrightarrow{BC}=0$ より，$\overrightarrow{AH}\perp\overrightarrow{BC}$

(ii) $\overrightarrow{HA}\cdot\underbrace{\overrightarrow{HB}}_{-\overrightarrow{BH}}=\underbrace{\overrightarrow{HB}}_{-\overrightarrow{BH}}\cdot\overrightarrow{HC}$ ……③　（①より）

③を変形して，

$\overrightarrow{BH}\cdot\overrightarrow{HA}-\overrightarrow{BH}\cdot\overrightarrow{HC}=0$　　$\overrightarrow{BH}\cdot(\underbrace{\overrightarrow{HA}-\overrightarrow{HC}}_{\overrightarrow{CA}\text{（まわり道の原理）}})=0$

$\therefore\ \overrightarrow{BH}\cdot\overrightarrow{CA}=0$ より，$\overrightarrow{BH}\perp\overrightarrow{CA}$

以上(i)(ii)より，$\overrightarrow{AH}\perp\overrightarrow{BC}$ かつ $\overrightarrow{BH}\perp\overrightarrow{CA}$ となるので，点Hは△ABCの垂心である。……………(終)

ココがポイント

⇦ $\overrightarrow{HA}=-\overrightarrow{AH}$ より，

$-\overrightarrow{AH}\cdot\overrightarrow{HC}=-\overrightarrow{AH}\cdot\overrightarrow{HB}$

（内積のかける順序は変えてもいい。）

$\overrightarrow{AH}\cdot\overrightarrow{HC}-\overrightarrow{AH}\cdot\overrightarrow{HB}=0$

⇦ $\overrightarrow{HB}=-\overrightarrow{BH}$ より，

$-\overrightarrow{BH}\cdot\overrightarrow{HA}=-\overrightarrow{BH}\cdot\overrightarrow{HC}$

$\overrightarrow{BH}\cdot\overrightarrow{HA}-\overrightarrow{BH}\cdot\overrightarrow{HC}=0$

ベクトル方程式（Ⅰ）

元気力アップ問題 11　難易度 ★★　CHECK 1　CHECK 2　CHECK 3

xy 平面上に原点 O，2 つの定点 A，B と動点 P がある。$\overrightarrow{OA}=\vec{a}$，$\overrightarrow{OB}=\vec{b}$，$\overrightarrow{OP}=\vec{p}$ とおいたとき，これらは次の関係式をみたすものとする。

$|\vec{p}|^2-(\vec{a}+\vec{b})\cdot\vec{p}+\vec{a}\cdot\vec{b}=0$ ……①

(1) 動点 P が円を描くことを示し，この円の中心と半径を求めよ。

(2) $A(-1,\ 2)$，$B(3,\ 0)$ のとき，動点 $P(x,\ y)$ の描く円の方程式を求めよ。

ヒント！ (1) ①をうまく変形すると，$\left|\vec{p}-\frac{\vec{a}+\vec{b}}{2}\right|=\left|\frac{\vec{a}-\vec{b}}{2}\right|$ となるんだね。(2) は，(1) の結果を利用すればいい。頑張ろう！

解答＆解説

(1) $\overrightarrow{OA}=\vec{a}$，$\overrightarrow{OB}=\vec{b}$，$\overrightarrow{OP}=\vec{p}$ とおいたとき，

$|\vec{p}|^2-(\vec{a}+\vec{b})\cdot\vec{p}+\vec{a}\cdot\vec{b}=0$ ……① が成り立つ。

①を変形して，

$$|\vec{p}|^2-(\vec{a}+\vec{b})\cdot\vec{p}=-\vec{a}\cdot\vec{b}$$

$$|\vec{p}|^2-(\vec{a}+\vec{b})\cdot\vec{p}+\frac{|\vec{a}+\vec{b}|^2}{4}=\frac{|\vec{a}+\vec{b}|^2}{4}-\vec{a}\cdot\vec{b}$$

（2で割って2乗）

$$\left|\vec{p}-\frac{\vec{a}+\vec{b}}{2}\right|^2=\frac{|\vec{a}|^2+2\vec{a}\cdot\vec{b}+|\vec{b}|^2-4\vec{a}\cdot\vec{b}}{4}$$

$$\left(\frac{|\vec{a}|^2-2\vec{a}\cdot\vec{b}+|\vec{b}|^2}{4}=\frac{|\vec{a}-\vec{b}|^2}{4}\right)$$

$$\left|\vec{p}-\frac{\vec{a}+\vec{b}}{2}\right|^2=\left|\frac{\vec{a}-\vec{b}}{2}\right|^2$$

（左辺：⊕，右辺：⊕）

両辺の絶対値は共に正より，

$$\left|\vec{p}-\frac{\vec{a}+\vec{b}}{2}\right|=\frac{|\vec{a}-\vec{b}|}{2}\ \text{……②}$$ となる。

（$\frac{\vec{a}+\vec{b}}{2}$：線分 AB の中点を M とおくと，$\overrightarrow{OM}$ のこと）（$\frac{|\vec{a}-\vec{b}|}{2}$：$r$（半径））

ココがポイント

⇦整式の変形と同様だね。

$p^2-(a+b)p=-ab$

よって，

$p^2-(a+b)p+\frac{(a+b)^2}{4}$（2で割って2乗）

$=\frac{(a+b)^2}{4}-ab$

これから，

$\left(p-\frac{a+b}{2}\right)^2=\frac{(a+b)^2-4ab}{4}$

$\frac{a^2+2ab+b^2-4ab}{4}=\frac{a^2-2ab+b^2}{4}=\left(\frac{a-b}{2}\right)^2$

$\therefore\left(p-\frac{a+b}{2}\right)^2=\left(\frac{a-b}{2}\right)^2$

となるんだね。

よって，線分 AB の中点を M，$MA(=MB)=r$ とおくと，

$$\begin{cases} \overrightarrow{OM}=\dfrac{\overrightarrow{OA}+\overrightarrow{OB}}{2}=\dfrac{\vec{a}+\vec{b}}{2} \\ r=\dfrac{|\overrightarrow{AB}|}{2}=\dfrac{|\overrightarrow{OB}-\overrightarrow{OA}|}{2}=\dfrac{|\overrightarrow{OA}-\overrightarrow{OB}|}{2}=\dfrac{|\vec{a}-\vec{b}|}{2} \end{cases}$$

より，$\vec{p}=\overrightarrow{OP}$ と書き換えると，②は，

$|\overrightarrow{OP}-\overrightarrow{OM}|=r$ ……②′ となり，動点 P は，

線分 AB の中点 M を中心とする半径 $r=\dfrac{AB}{2}$ (直径 AB) の円を描くことが分かる。………………(答)

⇦ イメージ

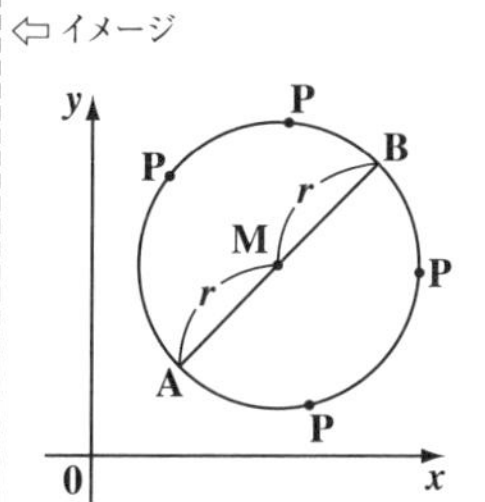

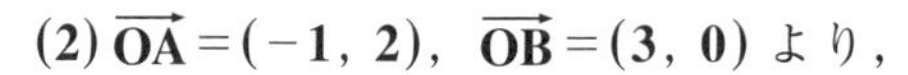

(2) $\overrightarrow{OA}=(-1,\ 2)$，$\overrightarrow{OB}=(3,\ 0)$ より，

線分 AB の中点を M とすると，

$$\overrightarrow{OM}=\frac{1}{2}(\overrightarrow{OA}+\overrightarrow{OB})=\frac{1}{2}\{(-1,\ 2)+(3,\ 0)\}$$

$$=\frac{1}{2}(2,\ 2)=(1,\ 1)$$

$\overrightarrow{MA}=\overrightarrow{OA}-\overrightarrow{OM}=(-1,\ 2)-(1,\ 1)=(-2,\ 1)$ より，

$r=|\overrightarrow{MA}|=\sqrt{(-2)^2+1^2}=\sqrt{4+1}=\sqrt{5}$

よって，②′より動点 P は，中心 M(1, 1)，半径 $r=\sqrt{5}$ の円を描くので，その方程式は，

$(x-1)^2+(y-1)^2=5$ である。………………(答)

⇦

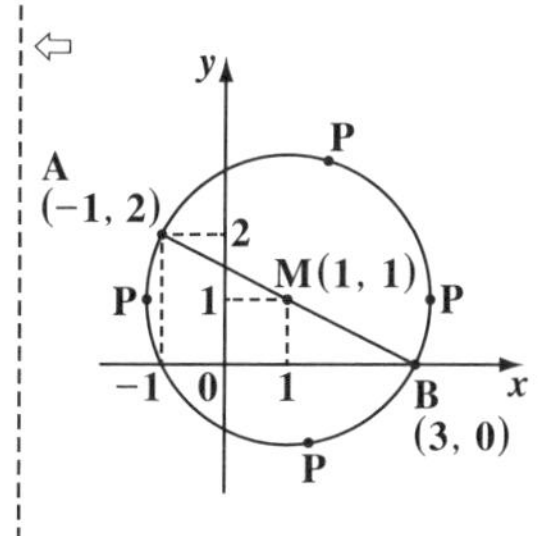

ベクトル方程式(Ⅱ)

元気力アップ問題 12　難易度 ★★　CHECK 1　CHECK 2　CHECK 3

xy 平面上に原点 O，2 点 A$(-2,\ 0)$，C$(3,\ 5)$ と動点 P$(x,\ y)$ がある。
また，$\vec{d}=(1,\ m)$　(m：定数) とおく。
このとき，次の 2 つのベクトル方程式：

$$\begin{cases} \overrightarrow{OP}=\overrightarrow{OA}+t\vec{d} & \cdots\cdots① \quad (t：実数変数) \\ |\overrightarrow{OP}-\overrightarrow{OC}|=3 & \cdots\cdots② \end{cases}$$

で表される 2 つの図形の方程式を x と y の式で表せ。また，これらの図形が互いに接するとき，定数 m の値を求めよ。

ヒント！ ①は点 A を通る傾き m の直線であり，②は点 C を中心とする半径 3 の円であることが分かれば，①の直線が②の円と接するように傾き m を決定すればいいんだね。頑張ろう！

解答＆解説

$\overrightarrow{OA}=(-2,\ 0)$，$\overrightarrow{OC}=(3,\ 5)$，$\vec{d}=(1,\ m)$　であり，
動ベクトル $\overrightarrow{OP}=(x,\ y)$ とおく。

(ⅰ) $\overrightarrow{OP}=\overrightarrow{OA}+t\vec{d}$ ……①　を変形して，

$$(x,\ y)=(-2,\ 0)+t(1,\ m)$$
$$=(-2,\ 0)+(t,\ mt)$$
$$=(-2+t,\ mt)$$

$\therefore x=-2+t$ ……③，　$y=mt$ ……④

③より，$t=x+2$ ……③′

③′を④に代入して，

$y=m(x+2)$ ……⑤　となる。………………(答)

点 A$(-2,\ 0)$を通る，傾き m の直線

(ⅱ) $|\overrightarrow{OP}-\overrightarrow{OC}|=3$ ……②　より，動点 P$(x,\ y)$ は，
中心 C$(3,\ 5)$，半径 $r=3$ の円を描くので，
$(x-3)^2+(y-5)^2=9$ ……⑥ となる。………(答)

ココがポイント

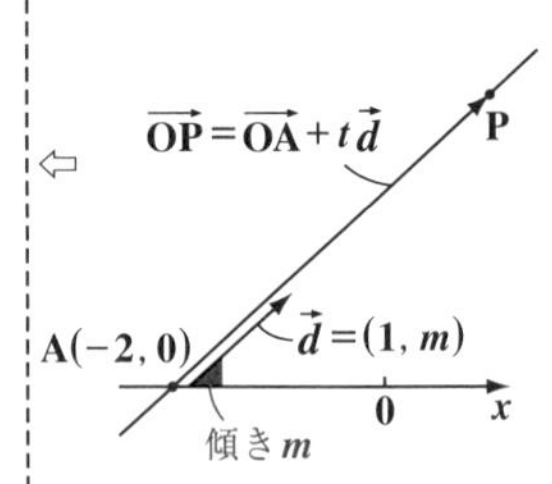

動点 P は，点 A$(-2,\ 0)$ を通り，方向ベクトル $\vec{d}=(1,\ m)$，すなわち傾き m の直線を描くので，
$y=m(x+2)+0$
と求めてもいいよ。

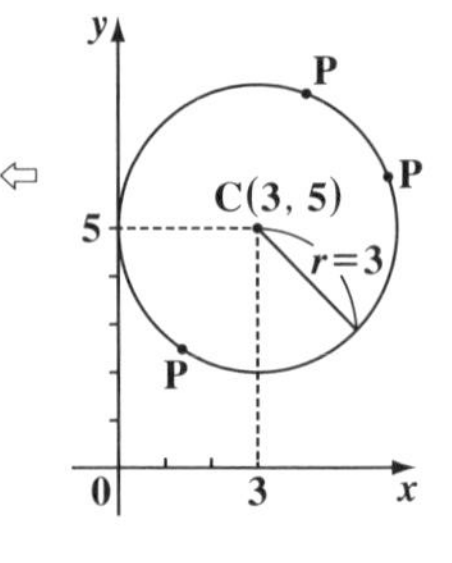

$\overrightarrow{OP}-\overrightarrow{OC}=(x,\ y)-(3,\ 5)=(x-3,\ y-5)$ より，
$|\overrightarrow{OP}-\overrightarrow{OC}|=3$ ……② は，$\sqrt{(x-3)^2+(y-5)^2}=3$ となる。
よって，この両辺を 2 乗して，
円の方程式 $(x-3)^2+(y-5)^2=9$ ……⑥ を導いても，もちろん構わない。

⑤の直線と⑥の円が接するとき，右図から明らかに，中心 $C(3,\ 5)$ と⑤の直線との間の距離 h は，⑥の円の半径 $r=3$ に等しくなる。

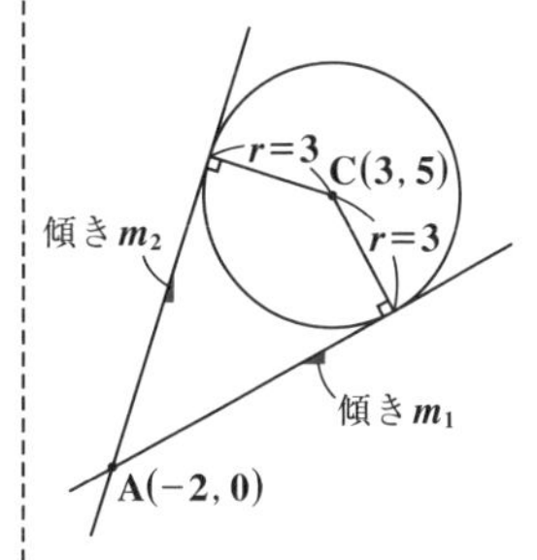

よって，⑤を変形して，$\underset{a}{m}x\underset{b}{-1}\cdot y+\underset{c}{2m}=0$ ……⑤′

とおくと，点 $C(3,\ 5)$ と⑤′の間の距離 h は，

$$h=\frac{|m\cdot 3-1\cdot 5+2m|}{\sqrt{m^2+(-1)^2}}=3\ (=r)$$ となる。よって，

⇦点 $C(x_1,\ y_1)$ と直線 $ax+by+c=0$ との間の距離 h は，
$$h=\frac{|ax_1+by_1+c|}{\sqrt{a^2+b^2}}$$
となる。

$$|5m-5|=3\sqrt{m^2+1}$$

$$5|m-1|=3\sqrt{m^2+1}$$ この両辺を 2 乗して，

$$25\underbrace{(m-1)^2}_{(m^2-2m+1)}=9(m^2+1)$$

$$25m^2-50m+25=9m^2+9$$

$$16m^2-50m+16=0$$

$$8m^2-25m+8=0$$ これを解いて，

$$m=\frac{25\pm\sqrt{25^2-4\times 8\times 8}}{16}$$

⇦$25^2-4\times 8\times 8$
$=25^2-16^2$
$=(25-16)(25+16)$
$=9\times 41=3^2\cdot 41$

$$=\frac{25\pm 3\sqrt{41}}{16}$$ となる。……………………………(答)

図のイメージ通り，傾き m は，m_1 と m_2 の 2 通りが存在するんだね。

ベクトル方程式(Ⅲ)

元気力アップ問題 13　難易度 ★★　CHECK 1　CHECK 2　CHECK 3

原点 O(0, 0), $\overrightarrow{OA}=(2,\ 1)$, $\overrightarrow{OB}=(-1,\ 3)$ について，$\overrightarrow{OP}$ を
$\overrightarrow{OP}=\alpha\overrightarrow{OA}+\beta\overrightarrow{OB}$ ……①　で定める。α, β が次の各条件をみたすとき，動点 P の描く図形を図示せよ。

(1) $\alpha-\beta=-1$

(2) $2\alpha-3\beta=6$, $\alpha\geqq 0$, $\beta\leqq 0$

(3) $-2\alpha+3\beta\leqq 6$, $\alpha\leqq 0$, $\beta\geqq 0$

ヒント！ (i) 直線 AB, (ii) 線分 AB, (iii) △OAB のベクトル方程式の公式は次の通りだ。今回は符号に気を付けながら，これらの公式をウマク利用して解いていこう。

(i) 直線 AB

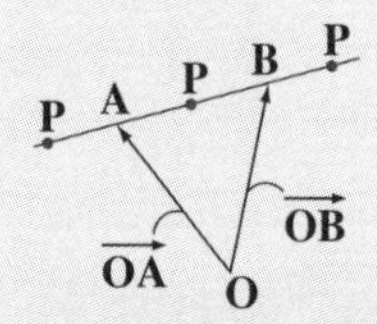

$\overrightarrow{OP}=\alpha\overrightarrow{OA}+\beta\overrightarrow{OB}$
$(\alpha+\beta=1)$

(ii) 線分 AB

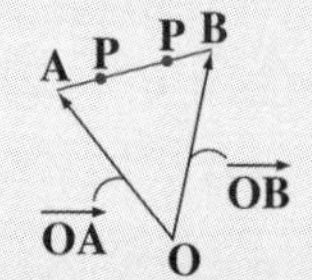

$\overrightarrow{OP}=\alpha\overrightarrow{OA}+\beta\overrightarrow{OB}$
$(\alpha+\beta=1,\ \alpha\geqq 0,\ \beta\geqq 0)$

(iii) △OAB

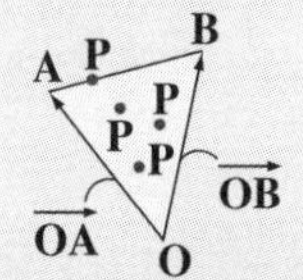

$\overrightarrow{OP}=\alpha\overrightarrow{OA}+\beta\overrightarrow{OB}$
$(\alpha+\beta\leqq 1,\ \alpha\geqq 0,\ \beta\geqq 0)$

解答＆解説

ココがポイント

$\overrightarrow{OA}=(2,\ 1)$, $\overrightarrow{OB}=(-1,\ 3)$ のとき，$\overrightarrow{OP}$ を
$\overrightarrow{OP}=\alpha\overrightarrow{OA}+\beta\overrightarrow{OB}$ ……①　と定める。

(1) $\alpha-\beta=-1$ ……②　のとき，
②の両辺に -1 をかけて，
$\underbrace{-\alpha}_{\alpha'}+\beta=1$ ……②′
よって，$-\alpha=\alpha'$, $-\overrightarrow{OA}=\overrightarrow{OA}'$ とおくと，①，②′より，
$\overrightarrow{OP}=-\alpha\cdot(-\overrightarrow{OA})+\beta\overrightarrow{OB}$
$=\alpha'\cdot\overrightarrow{OA}'+\beta\overrightarrow{OB}$　$(\alpha'+\beta=1)$　となる。
よって，動点 P は，$\overrightarrow{OA}'=-\overrightarrow{OA}=(-2,\ -1)$ と $\overrightarrow{OB}=(-1,\ 3)$ の 2 つの終点 A′ と B を通る，右図のような直線を描く。……………………………(答)

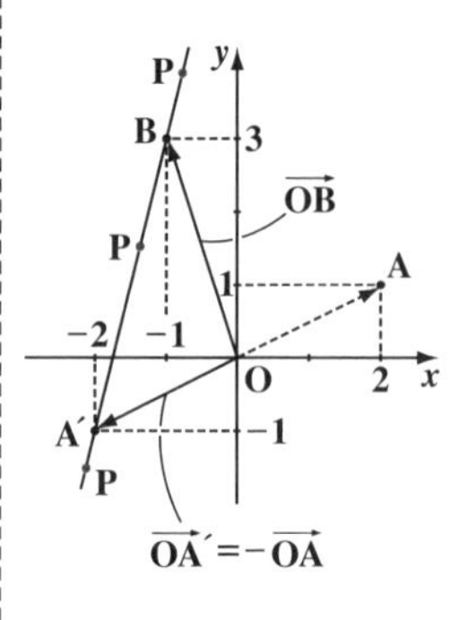

(2) $2\alpha-3\beta=6$ ……③，$\alpha\geqq 0$，$\beta\leqq 0$　のとき，

③の両辺を6で割って，

$$\underbrace{\frac{1}{3}\alpha}_{\alpha''}-\underbrace{\frac{1}{2}\beta}_{\beta''}=1 \quad \cdots\cdots ③'$$

⇦ $\alpha\geqq 0$ より，$\alpha''=\frac{1}{3}\alpha\geqq 0$

$\beta\leqq 0$ より，$\beta''=-\frac{1}{2}\beta\geqq 0$

よって，$\frac{1}{3}\alpha=\alpha''$，$-\frac{1}{2}\beta=\beta''$，$3\overrightarrow{OA}=\overrightarrow{OA''}$，

$-2\overrightarrow{OB}=\overrightarrow{OB''}$ とおくと，①と③′より，

$$\overrightarrow{OP}=\underbrace{\frac{1}{3}\alpha}_{\alpha''}\cdot\underbrace{3\overrightarrow{OA}}_{\overrightarrow{OA''}}+\underbrace{\left(-\frac{1}{2}\beta\right)}_{\beta''}\cdot(\underbrace{-2\overrightarrow{OB}}_{\overrightarrow{OB''}})$$

$$=\alpha''\overrightarrow{OA''}+\beta''\overrightarrow{OB''} \quad (\alpha''+\beta''=1,\ \alpha''\geqq 0,\ \beta''\geqq 0)$$

よって，動点Pは，右図に示すように，

$\overrightarrow{OA''}=3\overrightarrow{OA}=(6,\ 3)$ と $\overrightarrow{OB''}=-2\overrightarrow{OB}=(2,\ -6)$

の2つの終点 A″ と B″ でできる線分 A″B″ を

描く。…………………………………………(答)

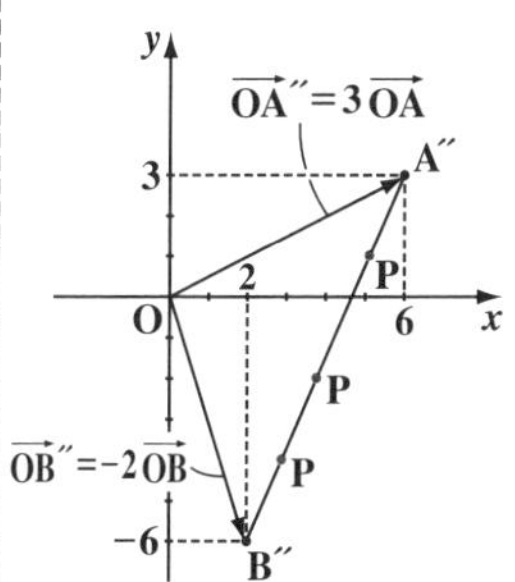

(3) $-2\alpha+3\beta\leqq 6$ ……④，$\alpha\leqq 0$，$\beta\geqq 0$　のとき，

④の両辺を6で割って，

$$\underbrace{-\frac{1}{3}\alpha}_{\alpha'''}+\underbrace{\frac{1}{2}\beta}_{\beta'''}\leqq 1 \quad \cdots\cdots ④'$$

⇦ $\alpha\leqq 0$ より，$\alpha'''=-\frac{1}{3}\alpha\geqq 0$

$\beta\geqq 0$ より，$\beta'''=\frac{1}{2}\beta\geqq 0$

よって，$-\frac{1}{3}\alpha=\alpha'''$，$\frac{1}{2}\beta=\beta'''$，$-3\overrightarrow{OA}=\overrightarrow{OA'''}$，

$2\overrightarrow{OB}=\overrightarrow{OB'''}$ とおくと，①と④′より，

$$\overrightarrow{OP}=\underbrace{-\frac{1}{3}\alpha}_{\alpha'''}\cdot(\underbrace{-3\overrightarrow{OA}}_{\overrightarrow{OA'''}})+\underbrace{\frac{1}{2}\beta}_{\beta'''}\cdot\underbrace{2\overrightarrow{OB}}_{\overrightarrow{OB'''}}$$

$$=\alpha'''\overrightarrow{OA'''}+\beta'''\overrightarrow{OB'''} \quad (\alpha'''+\beta'''\leqq 1,\ \alpha'''\geqq 0,\ \beta'''\geqq 0)$$

よって，動点Pは，右図に示すように，

$\overrightarrow{OA'''}=-3\overrightarrow{OA}=(-6,\ -3)$と$\overrightarrow{OB'''}=2\overrightarrow{OB}=(-2,\ 6)$

の終点 A‴ と B‴，および O でできる△OA‴B‴

の周およびその内部を描く。…………………(答)

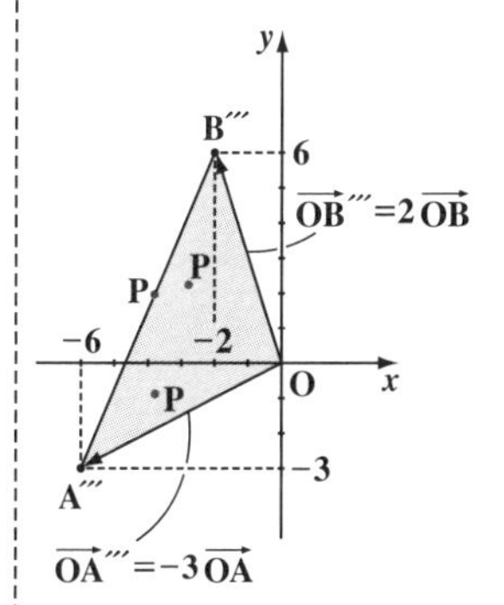

第1章 ● 平面ベクトルの公式の復習

1. $\vec{a}$ と $\vec{b}$ の内積の定義

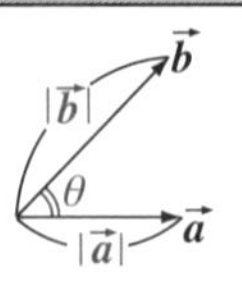

$\vec{a}\cdot\vec{b}=|\vec{a}||\vec{b}|\cos\theta$　（θ : $\vec{a}$ と $\vec{b}$ のなす角）

2. ベクトルの平行・直交条件　（$\vec{a}\neq\vec{0}$, $\vec{b}\neq\vec{0}$, $k\neq0$）（平面・空間共通）

（i）平行条件 : $\vec{a}/\!/\vec{b} \iff \vec{a}=k\vec{b}$　（ii）直交条件 : $\vec{a}\perp\vec{b} \iff \vec{a}\cdot\vec{b}=0$

3. 内積の成分表示

$\vec{a}=(x_1,\ y_1)$,　$\vec{b}=(x_2,\ y_2)$ のとき，

注意 空間ベクトルでは，z **成分**の項が新たに加わる。

（i）$\vec{a}\cdot\vec{b}=x_1x_2+y_1y_2$

（ii）$\cos\theta=\dfrac{\vec{a}\cdot\vec{b}}{|\vec{a}||\vec{b}|}=\dfrac{x_1x_2+y_1y_2}{\sqrt{x_1^2+y_1^2}\sqrt{x_2^2+y_2^2}}$　（$\because\ \vec{a}\cdot\vec{b}=|\vec{a}||\vec{b}|\cos\theta$）

4. 内分点の公式

（i）点 P が線分 AB を $m:n$ に内分するとき，

$$\overrightarrow{OP}=\frac{n\overrightarrow{OA}+m\overrightarrow{OB}}{m+n}$$

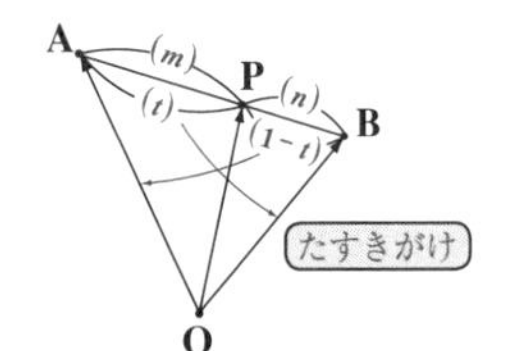

（ii）点 P が線分 AB を $t:1-t$ に内分するとき，

$$\overrightarrow{OP}=(1-t)\overrightarrow{OA}+t\overrightarrow{OB}\quad(0<t<1)$$

5. 外分点の公式

点 Q が線分 AB を $m:n$ に外分するとき，

$$\overrightarrow{OQ}=\frac{-n\overrightarrow{OA}+m\overrightarrow{OB}}{m-n}$$

6. △ABC の重心 G に関するベクトル公式（平面・空間共通）

（i）$\overrightarrow{OG}=\dfrac{1}{3}(\overrightarrow{OA}+\overrightarrow{OB}+\overrightarrow{OC})$　（ii）$\overrightarrow{AG}=\dfrac{1}{3}(\overrightarrow{AB}+\overrightarrow{AC})$　（iii）$\overrightarrow{GA}+\overrightarrow{GB}+\overrightarrow{GC}=\vec{0}$

7. 様々な図形のベクトル方程式

(1) 円 : $|\overrightarrow{OP}-\overrightarrow{OA}|=r$,　$(\overrightarrow{OP}-\overrightarrow{OA})\cdot(\overrightarrow{OP}-\overrightarrow{OB})=0$

(2) 直線 : $\overrightarrow{OP}=\overrightarrow{OA}+t\vec{d}$,　$\vec{n}\cdot(\overrightarrow{OP}-\overrightarrow{OA})=0$

(3) 直線 AB : $\overrightarrow{OP}=\alpha\overrightarrow{OA}+\beta\overrightarrow{OB}$　$(\alpha+\beta=1)$

(4) 線分 AB : $\overrightarrow{OP}=\alpha\overrightarrow{OA}+\beta\overrightarrow{OB}$　$(\alpha+\beta=1,\ \alpha\geqq0,\ \beta\geqq0)$

(5) △OAB : $\overrightarrow{OP}=\alpha\overrightarrow{OA}+\beta\overrightarrow{OB}$　$(\alpha+\beta\leqq1,\ \alpha\geqq0,\ \beta\geqq0)$

第2章
CHAPTER

2 空間ベクトル

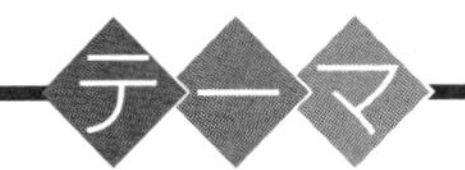

▶ 空間図形と空間座標の基本

$\left(\mathrm{AB}=\sqrt{(x_1-x_2)^2+(y_1-y_2)^2+(z_1-z_2)^2}\right)$

▶ 空間ベクトルの基本

$\left(\vec{p}=s\vec{a}+t\vec{b}+u\vec{c},\ \overrightarrow{\mathrm{OA}}=(x_1,\ y_1,\ z_1)\right)$

▶ 空間における図形のベクトル方程式

$\left(\overrightarrow{\mathrm{OP}}=\overrightarrow{\mathrm{OA}}+t\vec{d},\ \dfrac{x-x_1}{l}=\dfrac{y-y_1}{m}=\dfrac{z-z_1}{n}\right)$

 空間ベクトル ●公式＆解法パターン

1. 空間座標の基本

(1) 簡単な平面の **3** つの方程式を覚えよう。

(i) yz 平面と平行 (x 軸と垂直) で，x 切片 a の平面の方程式は，
$x=a$ である。 ← $a=0$ のとき，yz 平面：$x=0$ になる

(ii) zx 平面と平行 (y 軸と垂直) で，y 切片 b の平面の方程式は，
$y=b$ である。 ← $b=0$ のとき，zx 平面：$y=0$ になる

(iii) xy 平面と平行 (z 軸と垂直) で，z 切片 c の平面の方程式は，
$z=c$ である。 ← $c=0$ のとき，xy 平面：$z=0$ になる

(2) 2 点間の距離 (線分の長さ) の公式も頭に入れよう。

(i) **2** 点 $O(0,\ 0,\ 0)$，$A(x_1,\ y_1,\ z_1)$ の間の距離 OA は，
$OA=\sqrt{x_1^2+y_1^2+z_1^2}$ となる。 ← 線分 **OA** の長さの公式でもある

(ii) **2** 点 $A(x_1,\ y_1,\ z_1)$，$B(x_2,\ y_2,\ z_2)$ の間の距離 AB は，
$AB=\sqrt{(x_2-x_1)^2+(y_2-y_1)^2+(z_2-z_1)^2}$ となる。 ← 線分 **AB** の長さの公式

2. 空間ベクトルと平面ベクトルの比較

(I) **空間ベクトル**と平面ベクトルで，公式や考え方の同じものを示そう。

(1) ベクトルの実数倍

$k\vec{a}$　$\vec{a}$

(2) ベクトルの和と差

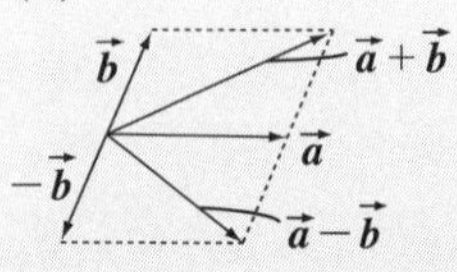

(3) まわり道の原理

・たし算形式
$\overrightarrow{AB}=\overrightarrow{AC}+\overrightarrow{CB}$ など

・引き算形式
$\overrightarrow{AB}=\overrightarrow{OB}-\overrightarrow{OA}$ など

(4) ベクトルの計算

$2(\vec{a}-\vec{b})-3\vec{c}$
$=2\vec{a}-2\vec{b}-3\vec{c}$
などの計算

(5) 内積の定義

$\vec{a}\cdot\vec{b}=|\vec{a}||\vec{b}|\cos\theta$

$\vec{b}$　θ　$\vec{a}$

(6) 内積の演算

・$(\vec{a}-\vec{b})\cdot(2\vec{b}+\vec{c})$
などの計算

・$|\vec{a}+\vec{b}|^2$ などの計算

(7) 三角形の面積 S

$S = \frac{1}{2}\sqrt{|\vec{a}|^2|\vec{b}|^2 - (\vec{a}\cdot\vec{b})^2}$

(8) 内分点の公式

点 P が線分 AB を $m:n$ に内分するとき,

$\overrightarrow{OP} = \frac{n\overrightarrow{OA} + m\overrightarrow{OB}}{m+n}$

(9) 外分点の公式

点 P が線分 AB を $m:n$ に外分するとき,

$\overrightarrow{OP} = \frac{-n\overrightarrow{OA} + m\overrightarrow{OB}}{m-n}$

(10) ベクトルの平行・直交条件

・$\vec{a} /\!/ \vec{b}$ のとき,
$\vec{a} = k\vec{b}\ (k \neq 0)$

・$\vec{a} \perp \vec{b}$ のとき,
$\vec{a}\cdot\vec{b} = 0$

(11) 3点が同一直線上

3点 A, B, C が同一直線上にあるとき,
$\overrightarrow{AC} = k\overrightarrow{AB}\quad (k \neq 0)$

(12) 直線の方程式

$\overrightarrow{OP} = \overrightarrow{OA} + t\vec{d}$

（A：通る点, $\vec{d}$：方向ベクトル）

(Ⅱ) 空間ベクトルと平面ベクトルで，異なるものは次の通りだ。

(1) どんな空間ベクトル $\vec{p}$ も，1次独立な3つのベクトル $\vec{a}$, $\vec{b}$, $\vec{c}$ の1次結合：

$\vec{p} = s\vec{a} + t\vec{b} + u\vec{c}$ (s, t, u：実数)で表せる。

$\vec{0}$ でなく，かつ同一平面上にない

これが，空間ベクトルでは加わる

(2) 空間ベクトル $\vec{a}$ を成分表示すると，$\vec{a} = (x_1, y_1, z_1)$ となる。

3. 空間ベクトルの大きさと内積

(1) $\vec{a} = (x_1, y_1, z_1)$ の大きさ $|\vec{a}|$ は，$|\vec{a}| = \sqrt{x_1^2 + y_1^2 + z_1^2}$ となる。

(2) $\overrightarrow{OA} = (x_1, y_1, z_1)$，$\overrightarrow{OB} = (x_2, y_2, z_2)$ のとき，$\overrightarrow{AB}$ の大きさ $|\overrightarrow{AB}|$ は，

$|\overrightarrow{AB}| = \sqrt{(x_2 - x_1)^2 + (y_2 - y_1)^2 + (z_2 - z_1)^2}$ となる。

(3) $\vec{a}$ と $\vec{b}$ の内積 $\vec{a}\cdot\vec{b}$ は，$\vec{a}$ と $\vec{b}$ のなす角 $\theta\ (0 \leqq \theta \leqq \pi)$ を用いて，

$\vec{a}\cdot\vec{b} = |\vec{a}||\vec{b}|\cos\theta$ で定義される。

ここで，$\vec{a} = (x_1, y_1, z_1)$，$\vec{b} = (x_2, y_2, z_2)$ のとき，

(i) $\vec{a}\cdot\vec{b} = x_1x_2 + y_1y_2 + z_1z_2$

(ii) $\cos\theta = \frac{\vec{a}\cdot\vec{b}}{|\vec{a}||\vec{b}|} = \frac{x_1x_2 + y_1y_2 + z_1z_2}{\sqrt{x_1^2 + y_1^2 + y_1^2}\sqrt{x_2^2 + y_2^2 + z_2^2}}$ である。

(ex) $\vec{a} = (2, 0, -1)$，$\vec{b} = (1, -3, 0)$ のとき，$\vec{a}$ と $\vec{b}$ のなす角を θ とおいて，$\cos\theta$ を求めると，

$$\cos\theta = \frac{2\cdot 1 + 0\cdot(-3) + (-1)\cdot 0}{\sqrt{2^2 + 0^2 + (-1)^2}\cdot\sqrt{1^2 + (-3)^2 + 0^2}} = \frac{2}{\sqrt{5}\cdot\sqrt{10}} = \frac{2}{5\sqrt{2}} = \frac{\sqrt{2}}{5}$$

4. 空間ベクトルの内分点・外分点の公式

xyz 座標空間上に 2 点 $A(x_1,\ y_1,\ z_1)$，$B(x_2,\ y_2,\ z_2)$ がある。

（これから，$\overrightarrow{OA}=(x_1,\ y_1,\ z_1)$）（$\overrightarrow{OB}=(x_2,\ y_2,\ z_2)$とおける。）

(1) 点 P が線分 AB を $m:n$ に内分するとき，

$$\overrightarrow{OP}=\frac{n\overrightarrow{OA}+m\overrightarrow{OB}}{m+n}$$

$$\overrightarrow{OP}=\left(\frac{nx_1+mx_2}{m+n},\ \frac{ny_1+my_2}{m+n},\ \frac{nz_1+mz_2}{m+n}\right)$$

（平面ベクトルのときに比べて，この z 成分が加わる。）（上の式を成分表示したもの）

(2) 点 P が線分 AB を $m:n$ に外分するとき，

$$\overrightarrow{OP}=\frac{-n\overrightarrow{OA}+m\overrightarrow{OB}}{m-n}$$

$$\overrightarrow{OP}=\left(\frac{-nx_1+mx_2}{m-n},\ \frac{-ny_1+my_2}{m-n},\ \frac{-nz_1+mz_2}{m-n}\right)$$

（上の式を成分表示したもの）

5. 球面のベクトル方程式

点 A を中心とし，半径 r の球面のベクトル方程式は，

$|\overrightarrow{OP}-\overrightarrow{OA}|=r$　となる。←（これは，平面ベクトルの円のベクトル方程式と同じだ。）

ここで，$\overrightarrow{OP}=(x,\ y,\ z)$，$\overrightarrow{OA}=(a,\ b,\ c)$ とすると，球面の方程式は，

$(x-a)^2+(y-b)^2+(z-c)^2=r^2$　となる。

6. 空間における直線のベクトル方程式

(1) 点 A を通り，方向ベクトル $\vec{d}$ の直線のベクトル方程式：

$\overrightarrow{OP}=\overrightarrow{OA}+t\vec{d}$　………(＊)　(t：媒介変数)

(2) 直線 AB のベクトル方程式：

$\overrightarrow{OP}=\alpha\overrightarrow{OA}+\beta\overrightarrow{OB}$　$(\alpha+\beta=1)$

(1) の (＊) の式で，$\overrightarrow{OP}=(x,\ y,\ z)$，$\overrightarrow{OA}=(x_1,\ y_1,\ z_1)$，$\vec{d}=(l,\ m,\ n)$ とおくと，直線の方程式は，次式で表されることも覚えておこう。

$\dfrac{x-x_1}{l}=\dfrac{y-y_1}{m}=\dfrac{z-z_1}{n}\ (=t)$　　($l,\ m,\ n$ は，すべて 0 でない)

(ex) 点 $A(-1,\ 2,\ -3)$ を通り，方向ベクトル $\vec{d}=(5,\ -4,\ 2)$ の直線の方程式は，$\dfrac{x+1}{5}=\dfrac{y-2}{-4}=\dfrac{z+3}{2}$ である。

7. 空間における平面のベクトル方程式

(1) 同一直線上にない3点A，B，Cを通る平面のベクトル方程式：

$\overrightarrow{OP} = \overrightarrow{OA} + s\overrightarrow{AB} + t\overrightarrow{AC}$ ………(＊＊)　(s，t：実数変数)

(2) 点Aを通り，1次独立な2つの方向ベクトル $\vec{d_1}$，$\vec{d_2}$ をもつ平面のベクトル方程式：

$\overrightarrow{OP} = \overrightarrow{OA} + s\vec{d_1} + t\vec{d_2}$ …………(＊＊)′　(s，t：媒介変数)

(1)の3点A，B，Cを通る平面の方程式(＊＊)は，まわり道の原理を使って変形すると，

$$\overrightarrow{OP} = \overrightarrow{OA} + s(\overrightarrow{OB} - \overrightarrow{OA}) + t(\overrightarrow{OC} - \overrightarrow{OA})$$

$$= \underbrace{(1-s-t)}_{\alpha}\overrightarrow{OA} + \underbrace{s}_{\beta}\overrightarrow{OB} + \underbrace{t}_{\gamma}\overrightarrow{OC}$$ となるので，

$1-s-t=\alpha$，$s=\beta$，$t=\gamma$　とおくと，

$\overrightarrow{OP} = \alpha\overrightarrow{OA} + \beta\overrightarrow{OB} + \gamma\overrightarrow{OC}$　$(\alpha+\beta+\gamma=1)$ となることも覚えておこう。

(3) 法線ベクトル $\vec{n}$ を使った平面の方程式も頻出だ。

点 $A(x_1, y_1, z_1)$ を通り，

$\underline{法線ベクトル\ \vec{n}=(a, b, c)}$（平面と垂直なベクトル）

をもつ平面の方程式は，

$a(x-x_1)+b(y-y_1)+c(z-z_1)=0$ ………(＊＊)″

となる。これをさらに変形して，

$ax+by+cz\underbrace{-ax_1-by_1-cz_1}_{これを，定数dとおく}=0$

$-ax_1-by_1-cz_1=d$ (定数) とおくと，見なれた平面の方程式

$ax+by+cz+d=0$ が導けるんだね。

(ex) 点 $A(1, -2, \sqrt{3})$ を通り，法線ベクトル $\vec{n}=(2, -5, \sqrt{3})$ の平面の方程式は，

$2(x-1)-5(y+2)+\sqrt{3}(z-\sqrt{3})=0$ より，$2x-5y+\sqrt{3}z-2-10-3=0$

$\therefore 2x-5y+\sqrt{3}z-15=0$　である。

空間上の 2 点間の距離

元気力アップ問題 14	難易度 ★★	CHECK 1	CHECK 2	CHECK 3

xyz 座標空間上に点 $\mathbf{A}(2,\ 1,\ 0)$ と，平面 π_1：$x=-2$ および平面 π_2：$z=3$ がある。2 平面 π_1 と π_2 の交線上の点を $\mathbf{B}$ とおく。$\mathbf{AB}=\sqrt{34}$ となるとき，点 $\mathbf{B}$ の座標を求めよ。

ヒント！ 点 B は，平面 π_1：$x=-2$ と平面 π_2：$z=3$ の交線上の点なので，その座標は $\mathbf{B}(-2,\ y,\ 3)$ となる。後は，$\mathbf{AB}=\sqrt{34}$ から，y 座標を求めればいい。

解答＆解説

右図に示すように，

平面 π_1：$x=-2$ と平面 π_2：$z=3$ の
（x 軸に垂直な平面）（z 軸に垂直な平面）

交線を l とおくと，点 B は l 上の点より，$\mathbf{B}(-2,\ y,\ 3)$ となる。
（$x=-2$ と $z=3$ は固定されていて，y 座標のみ変化する。）

ココがポイント

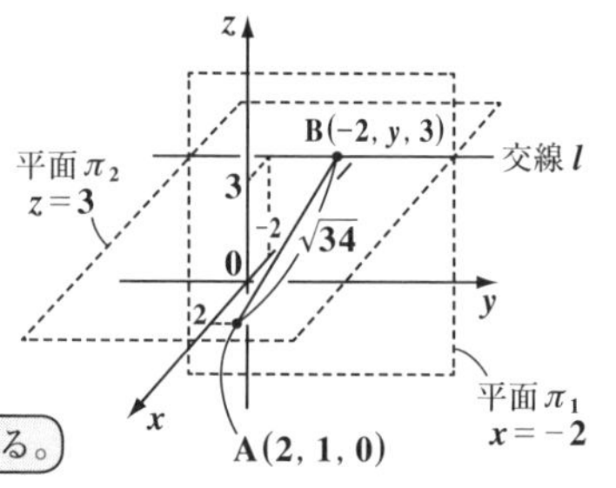

ここで，点 $\mathbf{A}(2,1,0)$ より，線分 AB の長さが $\sqrt{34}$ から，

$\mathbf{AB}=\sqrt{34}$　　両辺を 2 乗して，

$\mathbf{AB}^2=34$　　$4^2+(y-1)^2+3^2=34$

⇦ $\mathbf{AB}^2=\{2-(-2)\}^2+(1-y)^2+(0-3)^2$

$(y-1)^2+25=34$　　$(y-1)^2=9$

$y-1=\pm\sqrt{9}=\pm 3$ より，$y=3+1$ または $-3+1$

$\therefore\ y=4$ または -2

⇦ $(y-1)^2=9$
$y^2-2y+1=9$
$y^2-2y-8=0$
$(y-4)(y+2)=0$
$\therefore\ y=4,\ -2$ と
解いてももちろんいいよ。

以上より，$\mathbf{AB}=\sqrt{34}$ をみたす点 B の座標は，

$\mathbf{B}(-2,\ 4,\ 3)$ または $(-2,\ -2,\ 3)$ である。……(答)

空間ベクトルの計算(Ⅰ)

元気力アップ問題 15　難易度 ★★　CHECK 1　CHECK 2　CHECK 3

1 辺の長さが 1 の正四面体 **OABC** があり，辺 **AB** の中点を **M** とおく。
ここで，$\overrightarrow{OA}=\vec{a}$，$\overrightarrow{OB}=\vec{b}$，$\overrightarrow{OC}=\vec{c}$ とおく。

(1) 内積 $\vec{a}\cdot\vec{c}$ と $\vec{b}\cdot\vec{c}$ を求めよ。

(2) 内積 $\overrightarrow{OM}\cdot\overrightarrow{OC}$ と $\overrightarrow{MO}\cdot\overrightarrow{MC}$ を求めよ。　　　(成蹊大＊)

ヒント！ 内分点の公式やまわり道の原理，それに内積の演算など…，平面ベクトルのときと同様に計算できる。図を描きながら解いていこう。

解答＆解説

(1) (ⅰ) △**OAC** は 1 辺の長さが 1 の正三角形より，

$$\vec{a}\cdot\vec{c}=\underbrace{|\vec{a}|}_{1}\underbrace{|\vec{c}|}_{1}\underbrace{\cos60^\circ}_{\frac{1}{2}}=1\cdot1\cdot\frac{1}{2}=\frac{1}{2}\quad\cdots\cdots①\quad\cdots\cdots(答)$$

($|\vec{a}|=1$，$|\vec{c}|=1$，60°)

(ⅱ) △**OBC** も 1 辺の長さが 1 の正三角形より，同様に，

$$\vec{b}\cdot\vec{c}=|\vec{b}||\vec{c}|\cos60^\circ=1\cdot1\cdot\frac{1}{2}=\frac{1}{2}\quad\cdots②\quad\cdots\cdots(答)$$

(2) (ⅰ) 点 **M** は線分 **AB** の中点より，

$$\overrightarrow{OM}=\frac{1}{2}(\overrightarrow{OA}+\overrightarrow{OB})=\frac{1}{2}(\vec{a}+\vec{b})\quad\cdots\cdots③\ となる。$$

よって，③を用いると，

$$\overrightarrow{OM}\cdot\overrightarrow{OC}=\frac{1}{2}(\vec{a}+\vec{b})\cdot\vec{c}=\frac{1}{2}(\underbrace{\vec{a}\cdot\vec{c}}_{\frac{1}{2}(①より)}+\underbrace{\vec{b}\cdot\vec{c}}_{\frac{1}{2}(②より)})$$

$$=\frac{1}{2}\times1=\frac{1}{2}\quad\cdots\cdots④\quad\cdots\cdots(答)$$

(ⅱ)

$$\underbrace{\overrightarrow{MO}}_{-\overrightarrow{OM}}\cdot\underbrace{\overrightarrow{MC}}_{(\overrightarrow{OC}-\overrightarrow{OM})\ \leftarrow まわり道の原理}=-\overrightarrow{OM}\cdot(\overrightarrow{OC}-\overrightarrow{OM})=-\underbrace{\overrightarrow{OM}\cdot\overrightarrow{OC}}_{\frac{1}{2}(④より)}+\underbrace{|\overrightarrow{OM}|^2}_{\left(\frac{\sqrt{3}}{2}\right)^2}$$

$$=-\frac{1}{2}+\frac{3}{4}=\frac{1}{4}\quad\cdots\cdots(答)$$

ココがポイント

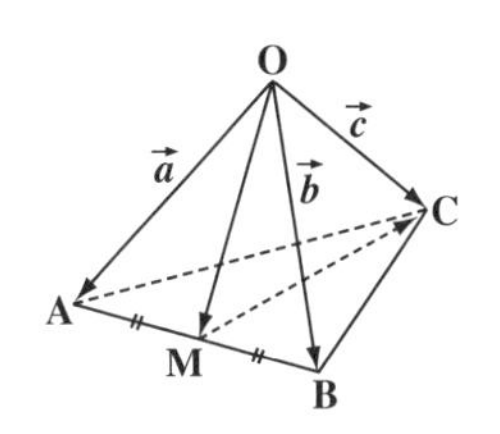

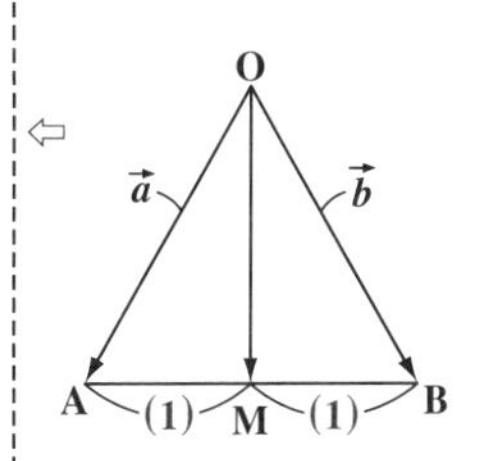

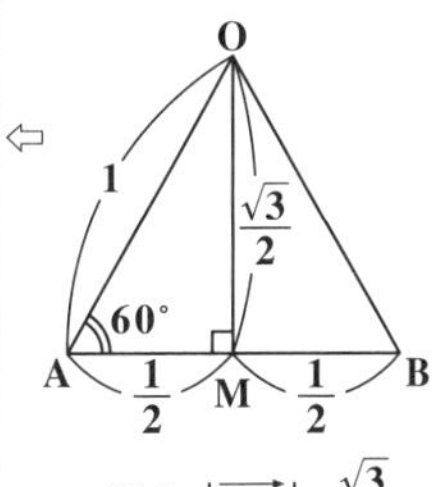

$\therefore OM=|\overrightarrow{OM}|=\frac{\sqrt{3}}{2}$

空間ベクトルの計算(Ⅱ)

元気力アップ問題 16　難易度 ★★

1 辺の長さが 1 の正四面体 OABC があり，頂点 O から△ABC に下ろした垂線の足を H とおく。また，$\overrightarrow{OA}=\vec{a}$，$\overrightarrow{OB}=\vec{b}$，$\overrightarrow{OC}=\vec{c}$ とおく。

(1) $\overrightarrow{OH}$ を $\vec{a}$，$\vec{b}$，$\vec{c}$ で表し，$|\overrightarrow{OH}|$ を求めよ。

(2) 四面体 OABC の体積 V を求めよ。　(佐賀大*)

ヒント！ **(1)** 点 H が△ABC の重心 G であることに気付けばいいね。**(2)** の体積 V は，△ABC の面積を S，$|\overrightarrow{OH}|=h$ とおいて求めよう。

解答＆解説

(1) 四面体 OABC は 1 辺の長さ 1 の正四面体より，O から△ABC に下ろした垂線の足 H は，正四面体の対称性により△ABC の重心になる。よって，

$$\overrightarrow{OH}=\frac{1}{3}(\overrightarrow{OA}+\overrightarrow{OB}+\overrightarrow{OC})=\frac{1}{3}(\vec{a}+\vec{b}+\vec{c})\ \cdots\cdots①$$

………(答)

ここで，$|\vec{a}|=|\vec{b}|=|\vec{c}|=1$　また，△OAB，△OBC，△OCA は正三角形より，

$$\vec{a}\cdot\vec{b}=\vec{b}\cdot\vec{c}=\vec{c}\cdot\vec{a}=1\times1\times\frac{1}{2}=\frac{1}{2}$$

よって，①より，$|\overrightarrow{OH}|^2$ は，

$$|\overrightarrow{OH}|^2=\frac{1}{9}|\vec{a}+\vec{b}+\vec{c}|^2$$

$(a+b+c)^2$
$=a^2+b^2+c^2+2ab+2bc+2ca$
と同様

$$=\frac{1}{9}(|\vec{a}|^2+|\vec{b}|^2+|\vec{c}|^2+2\vec{a}\cdot\vec{b}+2\vec{b}\cdot\vec{c}+2\vec{c}\cdot\vec{a})$$

$\therefore |\overrightarrow{OH}|^2=\dfrac{6}{9}$ より，$|\overrightarrow{OH}|=\sqrt{\dfrac{6}{9}}=\dfrac{\sqrt{6}}{3}$ …………(答)

(2) △ABC の面積を S とおき，高さを $h=|\overrightarrow{OH}|$ とおくと，正四面体 OABC の体積 V は，

$$V=\frac{1}{3}\cdot S\cdot h=\frac{1}{3}\cdot\frac{\sqrt{3}}{4}\cdot\frac{\sqrt{6}}{3}=\frac{\cancel{3}\sqrt{2}}{\cancel{3}\cdot3\cdot4}=\frac{\sqrt{2}}{12}$$

……(答)

ココがポイント

⇦

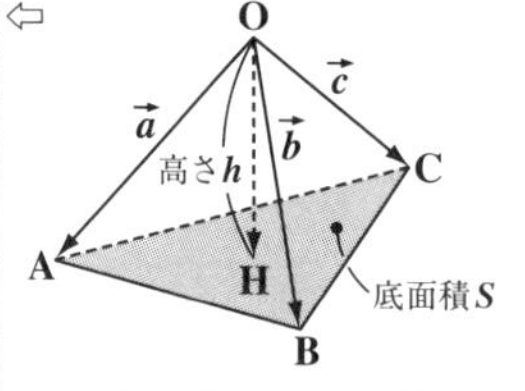

H は△ABC の重心だね。

⇦ $\vec{a}\cdot\vec{b}=|\vec{a}|\cdot|\vec{b}|\cdot\cos60^\circ$（$|\vec{a}|=1$，$|\vec{b}|=1$，$\cos60^\circ=\frac{1}{2}$）

$\vec{b}\cdot\vec{c}$，$\vec{c}\cdot\vec{a}$ も同様。

⇦ $\dfrac{1}{9}\left(1^2+1^2+1^2+2\cdot\dfrac{1}{2}+2\cdot\dfrac{1}{2}+2\cdot\dfrac{1}{2}\right)=\dfrac{6}{9}$

⇦ ・1 辺の長さが 1 の正三角形の面積 S は，

$S=\dfrac{\sqrt{3}}{4}\cdot1^2=\dfrac{\sqrt{3}}{4}$

・$h=|\overrightarrow{OH}|=\dfrac{\sqrt{6}}{3}$

空間ベクトルの成分表示(Ⅰ)

元気力アップ問題 17　難易度 ★★　CHECK 1　CHECK 2　CHECK 3

座標空間上の 3 点 A(1, −1, 2), B(2, 1, 4), C(−1, 2, 5) について，$\overrightarrow{AB}$ と $\overrightarrow{AC}$ の両方に直交する単位ベクトル $\vec{e}$ を求めよ。　(東京都市大)

ヒント！ $\vec{p}=(x_1, y_1, z_1)$ と $\vec{q}=(x_2, y_2, z_2)$ が，$\vec{p}\perp\vec{q}$ (垂直)であるための条件は，$\vec{p}\cdot\vec{q}=x_1x_2+y_1y_2+z_1z_2=0$ なんだね。これを利用しよう。

解答＆解説

原点を O とおくと，

$\overrightarrow{OA}=(1,-1,2)$, $\overrightarrow{OB}=(2,1,4)$, $\overrightarrow{OC}=(-1,2,5)$ より，

$$\begin{cases}\cdot\ \overrightarrow{AB}=\overrightarrow{OB}-\overrightarrow{OA}=(2,1,4)-(1,-1,2)=(1,2,2)\\ \cdot\ \overrightarrow{AC}=\overrightarrow{OC}-\overrightarrow{OA}=(-1,2,5)-(1,-1,2)=(-2,3,3)\end{cases}$$

ここで，$\overrightarrow{AB}$ と $\overrightarrow{AC}$ の両方に直交する単位ベクトル $\vec{e}$ を $\vec{e}=(x, y, z)$ とおくと，

$|\vec{e}|^2=x^2+y^2+z^2=1$ ……① である。

(i) $\overrightarrow{AB}\perp\vec{e}$ より，

$\overrightarrow{AB}\cdot\vec{e}=1\cdot x+2\cdot y+2\cdot z=0$

$\therefore x+2y+2z=0$ ………②

> ・$\overrightarrow{AB}\cdot\vec{e}=|\overrightarrow{AB}||\vec{e}|\cdot\cos 90°$ （$|\vec{e}|$ は①，$\cos 90°$ は 0）$=0$ となる。
> ・同様に，$\overrightarrow{AC}\cdot\vec{e}=0$ となる。

(ii) $\overrightarrow{AC}\perp\vec{e}$ より，

$\overrightarrow{AC}\cdot\vec{e}=-2\cdot x+3\cdot y+3\cdot z=0$

$\therefore -2x+3y+3z=0$ ……③

ここで，②×3 − ③×2 より，$x=0$ ……………④

④を②に代入して，$2y+2z=0$　$\therefore z=-y$ ……⑤

④，⑤を①に代入して，$0^2+y^2+(-y)^2=1$

$2y^2=1$　　$y^2=\frac{1}{2}$　　$\therefore y=\pm\frac{1}{\sqrt{2}}$

⑤より，$z=\mp\frac{1}{\sqrt{2}}$ (複号同順)

以上より，求める単位ベクトル $\vec{e}$ は，

$\vec{e}=\left(0, \frac{1}{\sqrt{2}}, -\frac{1}{\sqrt{2}}\right), \left(0, -\frac{1}{\sqrt{2}}, \frac{1}{\sqrt{2}}\right)$ である。……(答)

ココがポイント

⇐ まわり道の原理
・$\overrightarrow{AB}=\overrightarrow{OB}-\overrightarrow{OA}$
・$\overrightarrow{AC}=\overrightarrow{OC}-\overrightarrow{OA}$

⇐ 単位ベクトルとは，大きさが 1 のベクトルのこと。よって，$|\vec{e}|=1$ より，$|\vec{e}|^2=1$

⇐ イメージ

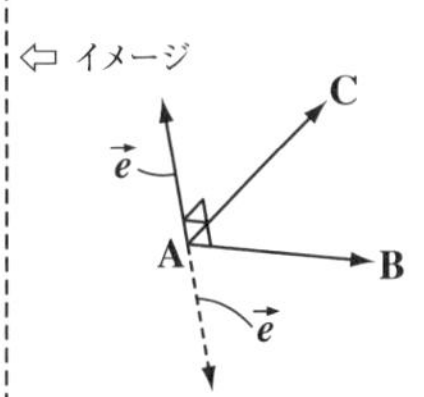

これから，$\vec{e}$ は 2 通り存在する。

⇐ ②×3 − ③×2 より，
$3x-2\cdot(-2)x=0$
$7x=0$　$\therefore x=0$

⇐ ・$y=\frac{1}{\sqrt{2}}$ のとき，$z=-\frac{1}{\sqrt{2}}$
・$y=-\frac{1}{\sqrt{2}}$ のとき，$z=\frac{1}{\sqrt{2}}$
となる。

空間ベクトルの成分表示(Ⅱ)

元気力アップ問題 18　難易度 ★★　CHECK 1　CHECK 2　CHECK 3

座標空間上に **4** 点 $\mathbf{A}(1,\ 0,\ 1)$，$\mathbf{B}(2,\ 1,\ -1)$，$\mathbf{C}(0,\ 2,\ 2)$，$\mathbf{D}(4,\ \alpha,\ -3)$ がある。**4** 点 **A**，**B**，**C**，**D** が同一平面上にあるとき，α の値を求めよ。また，$|\overrightarrow{\mathbf{AD}}|$ を求めよ。

ヒント！ **4** 点 **A, B, C, D** が同一平面上にあるとき，$\overrightarrow{\mathbf{AD}}=s\overrightarrow{\mathbf{AB}}+t\overrightarrow{\mathbf{AC}}$ をみたす実数 s，t が存在する。これは，図のイメージからすぐに分かるはずだ。

解答＆解説

原点を **O** とおくと，

$\overrightarrow{\mathbf{OA}}=(1,\ 0,\ 1)$，$\overrightarrow{\mathbf{OB}}=(2,\ 1,\ -1)$，$\overrightarrow{\mathbf{OC}}=(0,\ 2,\ 2)$，

$\overrightarrow{\mathbf{OD}}=(4,\ \alpha,\ -3)$ より，

$$\begin{cases} \cdot\ \overrightarrow{\mathbf{AB}}=\overrightarrow{\mathbf{OB}}-\overrightarrow{\mathbf{OA}}=(2,\ 1,\ -1)-(1,\ 0,\ 1)=(1,\ 1,\ -2) \\ \cdot\ \overrightarrow{\mathbf{AC}}=\overrightarrow{\mathbf{OC}}-\overrightarrow{\mathbf{OA}}=(0,\ 2,\ 2)-(1,\ 0,\ 1)=(-1,\ 2,\ 1) \\ \cdot\ \overrightarrow{\mathbf{AD}}=\overrightarrow{\mathbf{OD}}-\overrightarrow{\mathbf{OA}}=(4,\ \alpha,\ -3)-(1,\ 0,\ 1)=(3,\ \alpha,\ -4) \end{cases}$$

⇦まわり道の原理

となる。ここで，**4** 点 **A**，**B**，**C**，**D** が同一平面上にあるとき，右図より，次式をみたす実数 s と t が必ず存在する。

⇦ イメージ

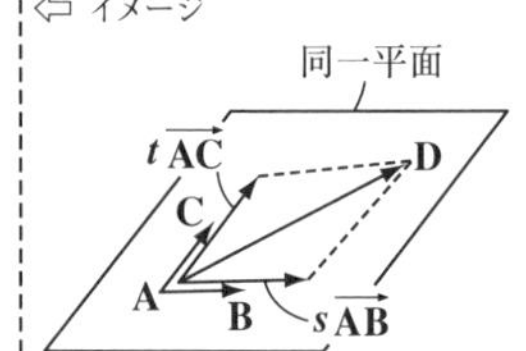

$$\overrightarrow{\mathbf{AD}}=s\overrightarrow{\mathbf{AB}}+t\overrightarrow{\mathbf{AC}}$$

$$(3,\ \alpha,\ -4)=s(1,\ 1,\ -2)+t(-1,\ 2,\ 1)$$
$$=(s-t,\ s+2t,\ -2s+t)$$

$\therefore\ 3=s-t$ …………①　　$\alpha=s+2t$ ……②

$-4=-2s+t$ ……③

①，②，③を解いて，$s=1$，$t=-2$，$\alpha=-3$ となる。

………(答)

⇦①＋③より，
$-1=-s\quad \therefore s=1$
これを③に代入して，
$-4=-2+t\quad \therefore t=-2$
よって，②より
$\alpha=1+2\cdot(-2)=-3$

よって，$\overrightarrow{\mathbf{AD}}=(3,\ \alpha,\ -4)=(3,\ -3,\ -4)$ より，

$|\overrightarrow{\mathbf{AD}}|$ は，次のように求められる。

$$|\overrightarrow{\mathbf{AD}}|=\sqrt{3^2+(-3)^2+(-4)^2}=\sqrt{9+9+16}=\sqrt{34}\quad \text{……(答)}$$

空間上の三角形の面積

元気力アップ問題 19　難易度 ★★　CHECK 1　CHECK 2　CHECK 3

座標空間上に 3 点 $\mathbf{A}(2,\ 1,\ 1)$，$\mathbf{B}(x,\ 0,\ 2)$，$\mathbf{C}(3,\ 2,\ 0)$ があり，$|\overrightarrow{\mathrm{AB}}|=\sqrt{11}$ である。このとき，x の値を求めよ。ただし，$x<0$ とする。また，$\triangle\mathrm{ABC}$ の面積 S を求めよ。

ヒント！ 空間ベクトルにおいても，$\triangle\mathrm{ABC}$の面積Sは，$S=\dfrac{1}{2}\sqrt{|\overrightarrow{\mathrm{AB}}|^2\cdot|\overrightarrow{\mathrm{AC}}|^2-(\overrightarrow{\mathrm{AB}}\cdot\overrightarrow{\mathrm{AC}})^2}$ で求めることができる。だから，まず，$|\overrightarrow{\mathrm{AB}}|^2$，$|\overrightarrow{\mathrm{AC}}|^2$，$\overrightarrow{\mathrm{AB}}\cdot\overrightarrow{\mathrm{AC}}$ を求めよう。

解答＆解説

原点を $\mathbf{O}$ とおくと，

$\overrightarrow{\mathrm{OA}}=(2,\ 1,\ 1)$，$\overrightarrow{\mathrm{OB}}=(x,\ 0,\ 2)$，$\overrightarrow{\mathrm{OC}}=(3,\ 2,\ 0)$ より，

$$\begin{cases}\cdot\ \overrightarrow{\mathrm{AB}}=\overrightarrow{\mathrm{OB}}-\overrightarrow{\mathrm{OA}}=(x,\ 0,\ 2)-(2,\ 1,\ 1)=(x-2,\ -1,\ 1)\\ \cdot\ \overrightarrow{\mathrm{AC}}=\overrightarrow{\mathrm{OC}}-\overrightarrow{\mathrm{OA}}=(3,\ 2,\ 0)-(2,\ 1,\ 1)=(1,\ 1,\ -1)\end{cases}$$

⇦まわり道の原理だね。

ここで，$|\overrightarrow{\mathrm{AB}}|=\sqrt{11}$，すなわち，$|\overrightarrow{\mathrm{AB}}|^2=11$ より，

$$|\overrightarrow{\mathrm{AB}}|^2=(x-2)^2+(-1)^2+1^2=11\quad(\text{ただし，}x<0)$$

⇦ $(x-2)^2+1+1=11$
$x^2-4x+4+2-11=0$
$x^2-4x-5=0$
$(x+1)(x-5)=0$
$\therefore x=-1$
$(\because x<0$ より，$x\neq5)$

これを解いて，$x=-1$

よって，$\overrightarrow{\mathrm{AB}}=(-3,\ -1,\ 1)$，$\overrightarrow{\mathrm{AC}}=(1,\ 1,\ -1)$ より，

$\cdot\ |\overrightarrow{\mathrm{AB}}|^2=(-3)^2+(-1)^2+1^2=11$ ……………………①

$\cdot\ |\overrightarrow{\mathrm{AC}}|^2=1^2+1^2+(-1)^2=3$ ……………………②

$\cdot\ \overrightarrow{\mathrm{AB}}\cdot\overrightarrow{\mathrm{AC}}=-3\cdot1+(-1)\cdot1+1\cdot(-1)=-5$ ………③

①，②，③より，$\triangle\mathrm{ABC}$ の面積 S は，

$$S=\frac{1}{2}\sqrt{\underbrace{|\overrightarrow{\mathrm{AB}}|^2}_{11}\cdot\underbrace{|\overrightarrow{\mathrm{AC}}|^2}_{3}-\underbrace{(\overrightarrow{\mathrm{AB}}\cdot\overrightarrow{\mathrm{AC}})^2}_{(-5)^2}}=\frac{1}{2}\sqrt{33-25}$$

$$=\frac{1}{2}\cdot\sqrt{8}=\frac{1}{2}\times2\sqrt{2}=\sqrt{2}\ \text{である。}\ \cdots\cdots\cdots(\text{答})$$

ココがポイント

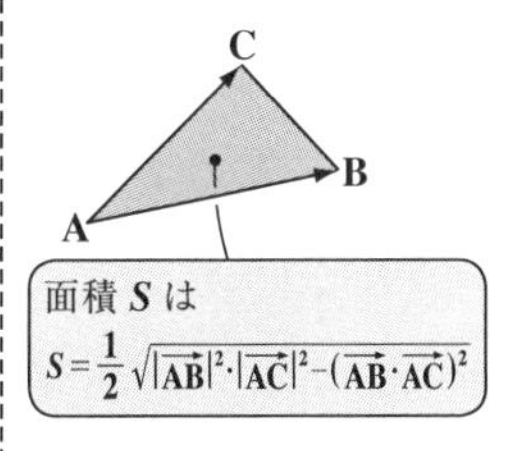

面積 S は
$S=\dfrac{1}{2}\sqrt{|\overrightarrow{\mathrm{AB}}|^2\cdot|\overrightarrow{\mathrm{AC}}|^2-(\overrightarrow{\mathrm{AB}}\cdot\overrightarrow{\mathrm{AC}})^2}$

外積の利用

$\overrightarrow{\mathrm{AB}}=(-3,\ -1,\ 1)$，$\overrightarrow{\mathrm{AC}}=(1,\ 1,\ -1)$ より，

外積 $\vec{h}=\overrightarrow{\mathrm{AB}}\times\overrightarrow{\mathrm{AC}}=(0,\ -2,\ -2)$ より，

$S=\triangle\mathrm{ABC}=\dfrac{1}{2}|\vec{h}|=\dfrac{1}{2}\sqrt{(-2)^2+(-2)^2}=\dfrac{1}{2}\cdot\sqrt{8}=\sqrt{2}$

と求めることもできる。

$\overrightarrow{\mathrm{AB}}\times\overrightarrow{\mathrm{AC}}$ の計算

$$\begin{matrix}-3 & & -1 & & 1 & & -3\\ & \times & & \times & & \times & \\ 1 & & 1 & & -1 & & 1\\ & \downarrow & & \downarrow & & \downarrow & \\ & -2\ ]\ [& & 0, & & -2, & \end{matrix}$$

空間ベクトルのなす角(Ⅰ)

元気力アップ問題 20　難易度 ★★　

座標空間上に 3 点 $A(-2, 1, 3)$, $B(-3, 1, 4)$, $C(-3, 3, 5)$ がある。

(1) $\overrightarrow{AB}$ と $\overrightarrow{AC}$ のなす角 θ $(0° \leqq \theta \leqq 180°)$ を求めよ。

(2) $\triangle ABC$ の面積 S を求めよ。　(宮城教育大＊)

ヒント！ (1) は，内積の公式 $\overrightarrow{AB}\cdot\overrightarrow{AC} = |\overrightarrow{AB}||\overrightarrow{AC}|\cos\theta$ から，θ を求めよう。(2) の $\triangle ABC$ の面積 S は，今回は，公式 $S = \frac{1}{2}|\overrightarrow{AB}||\overrightarrow{AC}|\sin\theta$ で求めよう。

解答＆解説

(1) 原点を O とおくと，$\overrightarrow{OA} = (-2, 1, 3)$,

$\overrightarrow{OB} = (-3, 1, 4)$, $\overrightarrow{OC} = (-3, 3, 5)$ より，

・$\overrightarrow{AB} = \overrightarrow{OB} - \overrightarrow{OA} = (-3, 1, 4) - (-2, 1, 3) = (-1, 0, 1)$　⇦まわり道の原理だね。

・$\overrightarrow{AC} = \overrightarrow{OC} - \overrightarrow{OA} = (-3, 3, 5) - (-2, 1, 3) = (-1, 2, 2)$

これから，$|\overrightarrow{AB}| = \sqrt{(-1)^2 + 0^2 + 1^2} = \sqrt{2}$ ……①

$|\overrightarrow{AC}| = \sqrt{(-1)^2 + 2^2 + 2^2} = \sqrt{9} = 3$ ……②

$\overrightarrow{AB}\cdot\overrightarrow{AC} = (-1)^2 + 0\cdot 2 + 1\cdot 2 = 3$ ……③

⇦ $\overrightarrow{AB}$ と $\overrightarrow{AC}$ のなす角 θ は，$\cos\theta = \frac{\overrightarrow{AB}\cdot\overrightarrow{AC}}{|\overrightarrow{AB}||\overrightarrow{AC}|}$ から求められる。

Y　$X = \frac{1}{\sqrt{2}}$　1　$\theta = 45°$　-1　0　1　X　$\frac{1}{\sqrt{2}}$

よって，$\overrightarrow{AB}$ と $\overrightarrow{AC}$ のなす角を θ とおくと，①,②,③より，

$$\cos\theta = \frac{\overrightarrow{AB}\cdot\overrightarrow{AC}}{|\overrightarrow{AB}||\overrightarrow{AC}|} = \frac{3}{\sqrt{2}\cdot 3} = \frac{1}{\sqrt{2}}$$

ここで，$0° \leqq \theta \leqq 180°$ より，$\theta = 45°$ である。……(答)

(2) (1) の結果より，

$|\overrightarrow{AB}| = \sqrt{2}$，$|\overrightarrow{AC}| = 3$，$\overrightarrow{AB}$ と $\overrightarrow{AC}$ のなす角 $\theta = 45°$

より，求める $\triangle ABC$ の面積 S は，

$$S = \frac{1}{2}\underbrace{|\overrightarrow{AB}|}_{\sqrt{2}}\underbrace{|\overrightarrow{AC}|}_{3}\underbrace{\sin 45°}_{\frac{1}{\sqrt{2}}} = \frac{1}{2} \times \sqrt{2} \times 3 \times \frac{1}{\sqrt{2}} = \frac{3}{2}$$

………(答)

⇦ イメージ

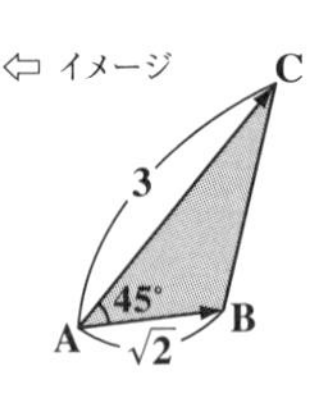

面積 S は，$S = \frac{1}{2}|\overrightarrow{AB}||\overrightarrow{AC}|\sin\theta$

$S = \frac{1}{2}\sqrt{|\overrightarrow{AB}|^2\cdot|\overrightarrow{AC}|^2 - (\overrightarrow{AB}\cdot\overrightarrow{AC})^2} = \frac{1}{2}\sqrt{(\sqrt{2})^2\cdot 3^2 - 3^2}$

$= \frac{1}{2}\sqrt{18 - 9} = \frac{3}{2}$ と求めても，もちろんいいよ。

空間ベクトルのなす角(Ⅱ)

元気力アップ問題 21　難易度 ★★　CHECK 1　CHECK 2　CHECK 3

1 辺の長さが **1** の正四面体 **OABC** があり，辺 **AB** を $t : 1-t$ に内分する点を **P** とおく。また，$\overrightarrow{OC}$ と $\overrightarrow{OP}$ のなす角を θ とおく。$\cos\theta = \frac{3}{2\sqrt{7}}$ であるとき，t の値を求めよ。ただし，$0 < t < 1$ とする。

ヒント！ 内積の公式 $\overrightarrow{OC}\cdot\overrightarrow{OP} = |\overrightarrow{OC}||\overrightarrow{OP}|\cos\theta$ を利用して，解いていこう。

解答＆解説

1 辺の長さ **1** の正四面体 **OABC** について，**3** つのベクトル $\overrightarrow{OA} = \vec{a}$，$\overrightarrow{OB} = \vec{b}$，$\overrightarrow{OC} = \vec{c}$ とおき，また，$\overrightarrow{OP} = \vec{p}$ とおくと，$|\vec{a}| = |\vec{b}| = |\vec{c}| = 1$，$\vec{a}\cdot\vec{b} = \vec{b}\cdot\vec{c} = \vec{c}\cdot\vec{a} = \frac{1}{2}$ である。

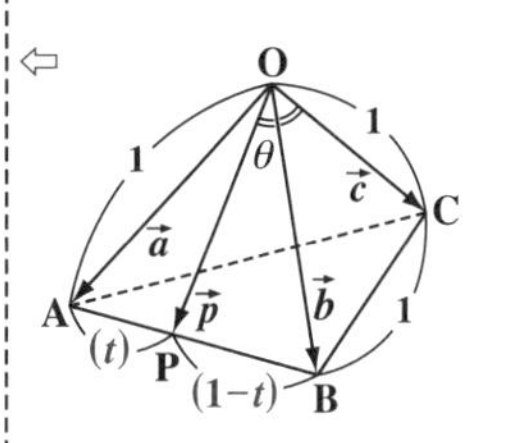

たとえば，
$\vec{a}\cdot\vec{b} = |\vec{a}||\vec{b}|\cos60° = 1\cdot1\cdot\frac{1}{2} = \frac{1}{2}$
$\vec{b}\cdot\vec{c} = \vec{c}\cdot\vec{a} = \frac{1}{2}$ も同様だね。

$AP : PB = t : 1-t$ より，内分点の公式を用いると，
$\overrightarrow{OP} = \vec{p} = (1-t)\vec{a} + t\vec{b}$ となる。よって，

$|\vec{p}|^2 = |(1-t)\vec{a} + t\vec{b}|^2$ ⟶ $\{(1-t)a+tb\}^2$ の展開と同様

$= (1-t)^2\underbrace{|\vec{a}|^2}_{1^2} + 2t(1-t)\underbrace{\vec{a}\cdot\vec{b}}_{\frac{1}{2}} + t^2\underbrace{|\vec{b}|^2}_{1^2}$

$= (1-t)^2 + t(1-t) + t^2 = t^2 - t + 1$ より，

⇦ $1 - 2t + t^2 + t - t^2 + t^2 = t^2 - t + 1$

$|\vec{p}| = \sqrt{t^2-t+1}$ ……①　また，$|\vec{c}| = 1$ ……②

$\vec{c}\cdot\vec{p} = \vec{c}\cdot\{(1-t)\vec{a} + t\vec{b}\} = (1-t)\underbrace{\frac{1}{2}}_{\vec{c}\cdot\vec{a}} + t\cdot\underbrace{\frac{1}{2}}_{\vec{b}\cdot\vec{c}} = \frac{1}{2}$ ……③

以上①，②，③を $\underbrace{\vec{c}\cdot\vec{p}}_{\frac{1}{2}} = \underbrace{|\vec{c}|}_{1}\underbrace{|\vec{p}|}_{\sqrt{t^2-t+1}}\cdot\underbrace{\cos\theta}_{\frac{3}{2\sqrt{7}}}$ に代入して，

⇦ $\cos\theta = \frac{3}{2\sqrt{7}}$ は問題文で与えられている。

$\frac{1}{2} = 1\cdot\sqrt{t^2-t+1}\cdot\frac{3}{2\sqrt{7}}$　　$3\sqrt{t^2-t+1} = \sqrt{7}$

⇦ 両辺を **2** 乗して，
$9(t^2-t+1) = 7$
$9t^2 - 9t + 2 = 0$
3 ╲╱ −1
3 ╱╲ −2
$(3t-1)(3t-2) = 0$

これをまとめて，$(3t-1)(3t-2) = 0$

$\therefore t = \frac{1}{3}$ または $\frac{2}{3}$ である。……………………(答)

球面の方程式

元気力アップ問題 22 難易度 ★★ CHECK 1 CHECK 2 CHECK 3

座標空間に，$x^2+y^2+z^2=16$ で表される球面 S_1 と，中心が $A(2,\ -4,\ 4)$ で S_1 と外接する球面 S_2 がある。

(1) 球面 S_2 の方程式を求めよ。

(2) 球面 S_2 と平面 $z=5$ との交わりの円 C の半径を求めよ。

ヒント！ (1) 球面 S_2 の中心は A であり，半径 $r_2=OA-4$ となる。(2) は，(1) で求めた球面 S_2 の方程式に $z=5$ を代入して，交わりの円 C の方程式を求めよう。

解答＆解説

(1) 球面 S_1：$x^2+y^2+z^2=16$

中心 $O(0,\ 0,\ 0)$，半径 $r_1=4$ の球面 S_1

球面 S_2 は，中心が $A(2,\ -4,\ 4)$ であり，その半径を r_2 とおくと，

球面 S_2：$(x-2)^2+(y+4)^2+(z-4)^2=r_2{}^2$ ……① となる。

右図に示すように，S_1 と S_2 が外接するとき，

$r_1+r_2=OA$ ……② となる。ここで，$r_1=4$ また，

$OA=\sqrt{2^2+(-4)^2+4^2}=\sqrt{4+16+16}=\sqrt{36}=6$ より，

②は，$4+r_2=6$ $\therefore r_2=2$

これを①に代入して，求める球面 S_2 の方程式は，

$(x-2)^2+(y+4)^2+(z-4)^2=4$ ……①′ …………(答)

(2) ①′ の球面 S_2 と平面 $z=5$ ……③ との交わりの円

z 座標が 5 で，xy 平面と平行な平面のこと

C の方程式は，③を①′に代入して，

$(x-2)^2+(y+4)^2+\underbrace{(5-4)^2}_{1^2=1}=4$

$(x-2)^2+(y+4)^2=3$ (および，$z=5$) となる。

平面 $z=5$ 上の中心 $A'(2,\ -4,\ 5)$，半径 $r'=\sqrt{3}$ の円 C

よって，求める交わりの円 C の半径 r' は，

$r'=\sqrt{3}$ である。…………………………(答)

ココがポイント

⇦ 中心 $(a,\ b,\ c)$，半径 r の球面の方程式：
$(x-a)^2+(y-b)^2+(z-c)^2=r^2$

⇦

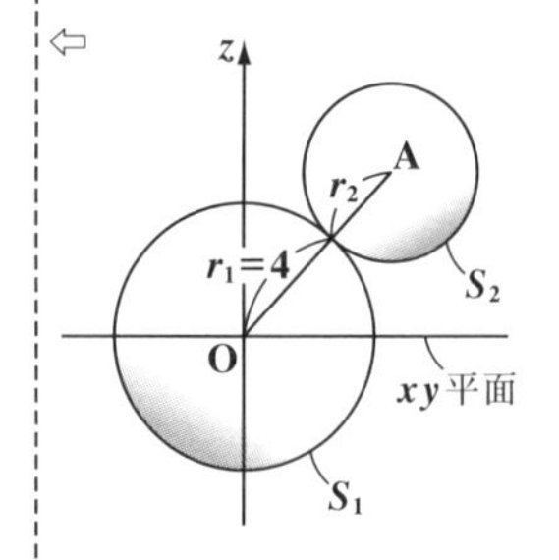

⇦

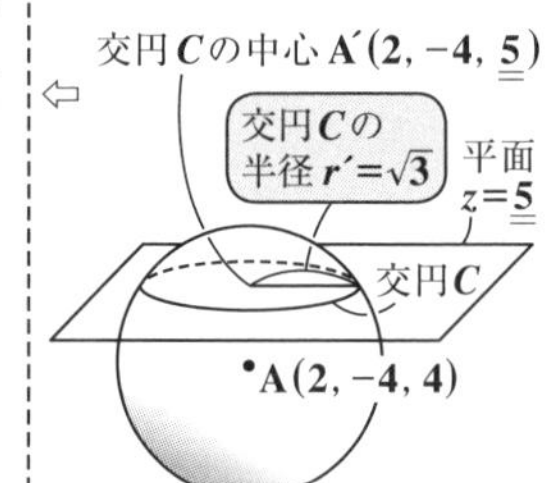

直線の方程式

元気力アップ問題 23 　難易度 ★★ 　CHECK 1 　CHECK 2 　CHECK 3

座標空間に，点 $\mathbf{A}(1,\ -2,\ 2)$ を通り，方向ベクトル $\vec{d}=(2,\ -1,\ 1)$ の直線 l がある。

(1) 点 $\mathbf{P}(\alpha,\ \beta,\ 4)$ が l 上の点であるとき，α と β の値を求めよ。

(2) l 上の点を $\mathbf{Q}$ とする。$\mathbf{OQ}$ と l が直交するとき，点 $\mathbf{Q}$ の座標を求めよ。

ヒント！ 点 $\mathbf{A}(a,\ b,\ c)$ を通り，方向ベクトル $\vec{d}=(l,\ m,\ n)$ の直線の方程式は，$\dfrac{x-a}{l}=\dfrac{y-b}{m}=\dfrac{z-c}{n}\ (=t)$ と表されるんだね。これを利用しよう！

解答＆解説

(1) 点 $\mathbf{A}(1,\ -2,\ 2)$ を通り，方向ベクトル $\vec{d}=(2,\ -1,\ 1)$ の直線 l の方程式は，$\dfrac{x-1}{2}=\dfrac{y+2}{-1}=\dfrac{z-2}{1}$ ……① となる。

⇦ $\dfrac{x-1}{2}=\dfrac{y-(-2)}{-1}=\dfrac{z-2}{1}$

よって，点 $\mathbf{P}(\alpha,\ \beta,\ 4)$ が l 上の点のとき，これらの座標を①に代入して成り立つので，

$$\frac{\alpha-1}{2}=\frac{\beta+2}{-1}=\underbrace{\frac{4-2}{1}}_{=2}$$ より，$\alpha=5,\ \beta=-4$ ……(答)

⇦ $\dfrac{\alpha-1}{2}=2$ より，$\alpha=5$

$\dfrac{\beta+2}{-1}=2$ より，$\beta=-4$

(2) 点 $\mathbf{Q}$ は l 上の点より，①$=t$（媒介変数）とおくと，

$\dfrac{x-1}{2}=\dfrac{y+2}{-1}=\dfrac{z-2}{1}=t$ から，

$\mathbf{Q}(2t+1,\ -t-2,\ t+2)$ となる。

- $\dfrac{x-1}{2}=t$ より，$x=2t+1$
- $\dfrac{y+2}{-1}=t$ より，$y=-t-2$
- $\dfrac{z-2}{1}=t$ より，$z=t+2$

よって，$\overrightarrow{\mathrm{OQ}}=(2t+1,\ -t-2,\ t+2)$

と l，すなわち $\vec{d}=(2,\ -1,\ 1)$ が垂直になるとき，

⇦ イメージ

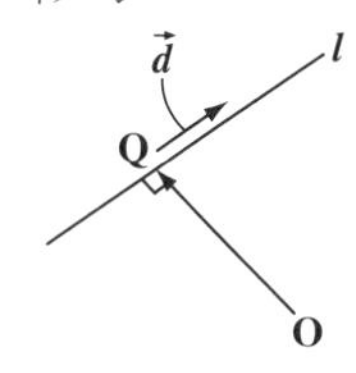

$$\vec{d}\cdot\overrightarrow{\mathrm{OQ}}=(2,\ -1,\ 1)\cdot(2t+1,\ -t-2,\ t+2)$$
$$=2(2t+1)-1\cdot(-t-2)+1\cdot(t+2)$$
$$=4t+2+t+2+t+2=6t+6=0$$

$\vec{d}\perp\overrightarrow{\mathrm{OQ}}$ のとき，

$\vec{d}\cdot\overrightarrow{\mathrm{OQ}}=|\vec{d}||\overrightarrow{\mathrm{OQ}}|\underbrace{\cos 90^\circ}_{0}=0$ となる。

$\therefore 6t=-6$ より，$t=-1$

これを点 $\mathbf{Q}$ の座標に代入して，

$\mathbf{Q}(-1,\ -1,\ 1)$ となる。……………………………(答)

⇦ $\mathbf{Q}(2\cdot(-1)+1,\ -(-1)-2,\ -1+2)$

直線と球面

元気力アップ問題 24 難易度 ★★ CHECK 1 CHECK 2 CHECK 3

点 $\mathbf{C}(1, -2, 3)$ を中心とし，半径 $r=3$ の球面 S と，点 $\mathbf{A}(1, -1, 1)$ を通り，方向ベクトル $\vec{d}=(2, 1, 1)$ の直線 l がある。球面 S と直線 l の 2 つの交点の座標を求めよ。

ヒント！ (直線 l の方程式)$=t$ とおいて，l と S の交点 $\mathbf{P}$ の各座標を t で表す。そして，これは S 上の点でもあるので，S の方程式に代入して，t の値を求めればいいんだね。

解答＆解説

・中心 $\mathbf{C}(1, -2, 3)$，半径 $r=3$ の球面 S の方程式は，
$(x-1)^2+(y+2)^2+(z-3)^2=9$ ……① である。

・点 $\mathbf{A}(1, -1, 1)$ を通り，方向ベクトル $\vec{d}=(2, 1, 1)$ の直線 l の方程式は，

$$\frac{x-1}{2}=\frac{y+1}{1}=\frac{z-1}{1}\ (=t)\ \cdots\cdots②$$ である。

ここで，S と l の交点を $\mathbf{P}$ とおくと，$\mathbf{P}$ は l 上の点より，
$\mathbf{P}(2t+1,\ t-1,\ t+1)$
となる。また，交点 $\mathbf{P}$ は，S 上の点でもあるので，この座標を球面 S の方程式①に代入しても成り立つ。

②から $\cdot\ \frac{x-1}{2}=t$ より，$x=2t+1$
$\cdot\ \frac{y+1}{1}=t$ より，$y=t-1$
$\cdot\ \frac{z-1}{1}=t$ より，$z=t+1$

$(2t)^2+(t+1)^2+(t-2)^2=9$ これをまとめて，
$4t^2+t^2+2t+1+t^2-4t+4=9$
$6t^2-2t-4=0$ $3t^2-t-2=0$ ← t の2次方程式

たすきがけ：
3×2
1×-1

$(t-1)(3t+2)=0$ $\therefore t=1$ または $-\frac{2}{3}$

これらを，$\mathbf{P}(2t+1,\ t-1,\ t+1)$ に代入して，
求める2交点の座標は，

$(3, 0, 2)$，$\left(-\frac{1}{3}, -\frac{5}{3}, \frac{1}{3}\right)$ である。……………(答)

ココがポイント

⇦ $(x-1)^2+\{y-(-2)\}^2+(z-3)^2=3^2$

⇦ $\frac{x-1}{2}=\frac{y-(-1)}{1}=\frac{z-1}{1}$

⇦ イメージ

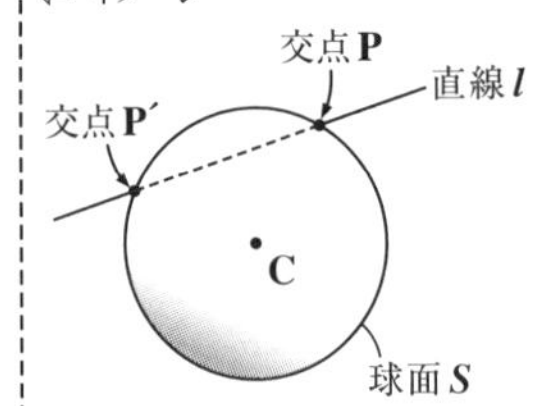

⇦ $(2t+1-1)^2+(t-1+2)^2+(t+1-3)^2=9$

⇦ $\mathbf{P}(2\cdot1+1,\ 1-1,\ 1+1)$
または，
$\left(2\cdot\left(-\frac{2}{3}\right)+1,\ -\frac{2}{3}-1,\ -\frac{2}{3}+1\right)$

平面の方程式

元気力アップ問題 25　難易度 ★★　CHECK 1　CHECK 2　CHECK 3

座標空間に，3 点 A$(1,\ 0,\ 1)$，B$(2,\ 1,\ -1)$，C$(0,\ 2,\ 2)$ を通る平面 π がある。平面 π の方程式を求めよ。また，点 D$(4,\ \alpha,\ -3)$ が平面 π 上の点であるとき，α の値を求めよ。

ヒント！ 平面 π の方程式を $ax+by+cz+d=0$ とおいて，これに 3 点 A，B，C の座標を代入すればいい。点 D は平面 π 上の点より，D の座標を平面 π の方程式に代入すればいい。これは，解法パターンは異なるけれど，元気力アップ問題 18 と類似問題なんだね。

解答＆解説

3 点 A，B，C を通る平面 π の方程式を

$ax+by+cz+d=0$ ……① とおくと，

① に A$(1,\ 0,\ 1)$，B$(2,\ 1,\ -1)$，C$(0,\ 2,\ 2)$ の各座標を代入して成り立つので，

$$\begin{cases} a \quad\ +c+d=0 & \cdots\cdots ② \\ 2a+b-c+d=0 & \cdots\cdots ③ \\ \quad 2b+2c+d=0 & \cdots\cdots ④ \end{cases}$$ となる。

（未知数 $a,\ b,\ c,\ d$ の 4 つに対して，方程式は 3 つしかないけれど，これでいいんだね。）

③ − ② より，$a+b-2c=0$ ……⑤

② − ④ より，$a-2b-c=0$ ……⑥

（d を消去した）

⑤ − ⑥ より，$3b-c=0$　$\therefore c=3b$ ……⑦（a を消去した）

⑦ を ⑤ に代入して，$a+b-6b=0$　$\therefore a=5b$ ……⑧

⑦ と ⑧ を ② に代入して，

$5b+3b+d=0$　$\therefore d=-8b$ ……⑨

以上 ⑦，⑧，⑨ を ① に代入して，

$5bx+by+3bz-8b=0$　両辺を $b(\neq 0)$ で割って，

求める π の方程式は，$5x+y+3z-8=0$ ……⑩ …(答)

点 D$(4,\ \alpha,\ -3)$ は，平面 π 上の点より，この座標を ⑩ に代入して，$5\cdot 4+\alpha+3\cdot(-3)-8=0$

$\alpha+\underbrace{20-9-8}_{3}=0$　$\therefore \alpha=-3$ ……………………(答)

（$\overrightarrow{AB}=(1,\ 1,\ -2)$，$\overrightarrow{AC}=(-1,\ 2,\ 1)$ より，法線ベクトル $\vec{h}=\overrightarrow{AB}\times\overrightarrow{AC}=(5,\ 1,\ 3)$ をもち，通る点 A$(1,\ 0,\ 1)$ の平面 π は，$5(x-1)+1\cdot y+3(z-1)=0$　$5x+y+3z-8=0$ と求められる。）

（$\overrightarrow{AB}\times\overrightarrow{AC}$ の計算
$\begin{matrix} 1 & 1 & -2 & 1 \\ -1 & 2 & 1 & -1 \end{matrix}$
$\to\ 3]\ [5,\ \ 1,$）

ココがポイント

⇦ イメージ

平面 π：$ax+by+cz+d=0$

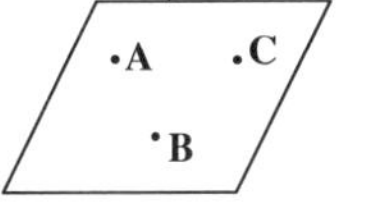

⇦ $\begin{cases} 1\cdot a+0\cdot b+1\cdot c+d=0 \\ 2\cdot a+1\cdot b-1\cdot c+d=0 \\ 0\cdot a+2b+2c+d=0 \end{cases}$

⇦ $c=3b$ … ⑦ より，a と d も b で表そう！

⇦ $b=0$ とすると，$0=0$ となって，平面の方程式にならない。よって，$b\neq 0$ なんだね。

直線と平面

元気力アップ問題 26	難易度 ★★	CHECK 1	CHECK 2	CHECK 3

座標空間に，点 $\mathbf{A}(-2,\ 4,\ 2)$ を通り，方向ベクトル $\vec{d}=(-1,\ 3,\ -2)$ の直線 l と，平面 π：$2x+3y+4z-12=0$ がある。

(1) 直線 l と平面 π の交点 P の座標を求めよ。

(2) 点 P を通り，平面 π と垂直な直線 m の方程式を求めよ。

ヒント！ (1)(直線 l の方程式)$=t$ とおいて，交点 P の座標を t で表し，P は平面 π 上の点でもあるので，これらの座標を π の方程式に代入すればいいんだね。(2) の平面 π の垂線 m の方向ベクトルとして，平面 π の法線ベクトルを使えるんだね。

解答＆解説

(1) 点 $\mathbf{A}(-2, 4, 2)$ を通り，方向ベクトル $\vec{d}=(-1, 3, -2)$ の直線 l の方程式は，

$$\frac{x+2}{-1}=\frac{y-4}{3}=\frac{z-2}{-2}\ (=t)\ \cdots\cdots①$$ である。

⇦ $\dfrac{x-(-2)}{-1}=\dfrac{y-4}{3}=\dfrac{z-2}{-2}$

平面 π：$2x+3y+4z-12=0\ \cdots\cdots②$ とおく。

直線 l と平面 π の交点 P の座標は，P が直線 l 上の点より，媒介変数 t を用いて，

$\mathrm{P}(-t-2,\ 3t+4,\ -2t+2)$ と表せる。

⇦ ①から，$\dfrac{x+2}{-1}=t$ より，$x=-t-2$

$\dfrac{y-4}{3}=t$ より，$y=3t+4$

$\dfrac{z-2}{-2}=t$ より，$z=-2t+2$

点 P は，平面 π 上の点でもあるので，これらの座標を②に代入して，成り立つ。よって，

$$2(-t-2)+3(3t+4)+4(-2t+2)-12=0$$

⇦ $-2t-4+9t+\cancel{12}$
$-8t+8-\cancel{12}=0$
$-t+4=0$
$\therefore t=4$

これを解いて，$t=4$　$\mathrm{P}(-4-2,\ 3\cdot4+4,\ -2\cdot4+2)$

$\therefore$ P の座標は，$\mathrm{P}(-6,\ 16,\ -6)$ である。……(答)

(2) 点 $\mathrm{P}(-6,\ 16,\ -6)$ を通り，平面 π に垂直な直線 m の方向ベクトルとして，②の平面 π の法線ベクトル $\vec{n}=(2,\ 3,\ 4)$ を用いることができる。よって，P を通り，平面 π と垂線な直線 m の方程式は，

$$\frac{x+6}{2}=\frac{y-16}{3}=\frac{z+6}{4}$$ である。……………………(答)

⇦ イメージ

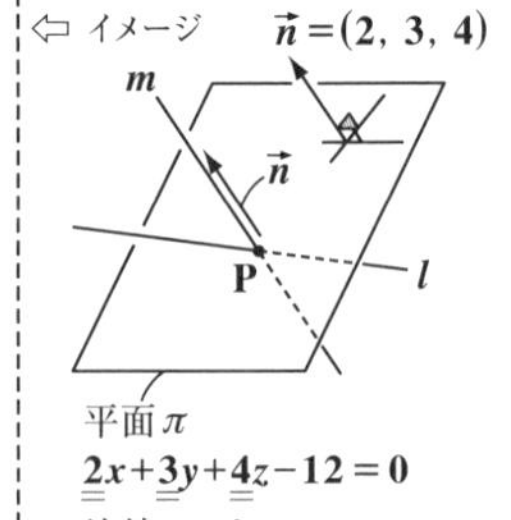

球面と平面

元気力アップ問題 27　難易度 ★★　CHECK 1　CHECK 2　CHECK 3

座標空間に，中心 $\mathbf{A}(2,\ 3,\ 3)$，半径 r の球面 S と，
平面 α ： $2x-2y+z+8=0$ がある。球面 S と平面 α の交わりの円 C の半径 r' が $r'=4$ のとき，球面 S の方程式を求めよ。

ヒント！ 球面 S の中心 $\mathbf{A}$ と平面 α との間の距離 h を求めると，三平方の定理から，$r^2=r'^2+h^2$ となって，球面 S の半径 r が求まるので，S の方程式が決定できるんだね。

解答＆解説

・中心 $\mathbf{A}(2,\ 3,\ 3)$，半径 r の球面 S の方程式は，
$(x-2)^2+(y-3)^2+(z-3)^2=r^2$ ……① となる。

・平面 α ： $2x-2y+1\cdot z+8=0$ ……② とおく。そして，球面 S と平面 α の交わりの円 C の半径 $r'=4$ ……③ である。

ここで，球面 S の中心 $\mathbf{A}(2,\ 3,\ 3)$ と平面 α との間の距離を h とおくと，

$$h=\frac{|2\cdot2-2\cdot3+1\cdot3+8|}{\sqrt{2^2+(-2)^2+1^2}}=\frac{|4-6+3+8|}{\sqrt{9}}=\frac{9}{3}=3 \quad \cdots\cdots ④$$

また，交円 C の中心を $\mathbf{A}'$，C の周上のある点を $\mathbf{P}$ とおくと，$\triangle \mathbf{AA'P}$ は $\angle \mathbf{A}'=90°$ の直角三角形となる。よって，三平方の定理より，

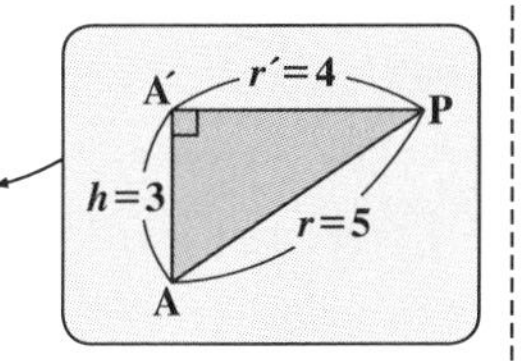

$$r^2=\underbrace{r'^2}_{4^2(③より)}+\underbrace{h^2}_{3^2(④より)}=4^2+3^2=16+9=25 \quad (③,\ ④より)$$

$\therefore r^2=25$ を①に代入して，求める球面 S の方程式は，
$(x-2)^2+(y-3)^2+(z-3)^2=25$ である。…………(答)

(これは，中心 $\mathbf{A}(2,\ 3,\ 3)$，半径 $r=5$ の球面である。)

ココがポイント

⇦ イメージ

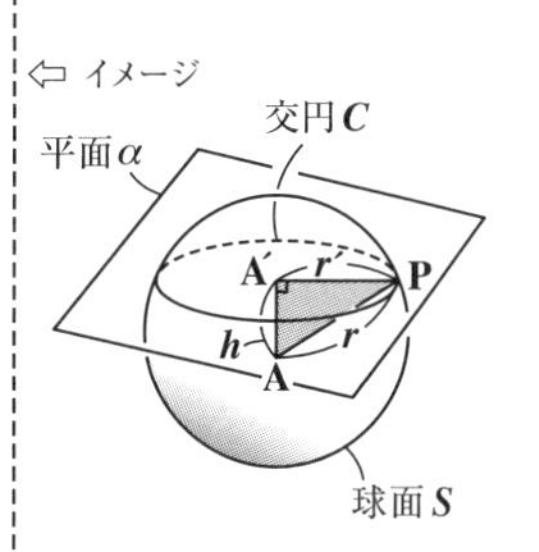

⇦ 点 $\mathbf{A}(x_1,\ y_1,\ z_1)$ と平面 $ax+by+cz+d=0$ との間の距離 h は，
$$h=\frac{|ax_1+by_1+cz_1+d|}{\sqrt{a^2+b^2+c^2}}$$
となるんだね。

第 2 章 ● 空間ベクトルの公式の復習

1. 2 点 $A(x_1, y_1, z_1)$, $B(x_2, y_2, z_2)$ 間の距離 AB

$$AB = \sqrt{(x_1 - x_2)^2 + (y_1 - y_2)^2 + (z_1 - z_2)^2}$$

2. 空間ベクトルの 1 次結合

任意の空間ベクトル $\overrightarrow{OP}$ は，3 つの 1 次独立なベクトル $\overrightarrow{OA}$，$\overrightarrow{OB}$，$\overrightarrow{OC}$ の 1 次結合：$\overrightarrow{OP} = s\overrightarrow{OA} + t\overrightarrow{OB} + u\overrightarrow{OC}$ （s, t, u：実数）で表される。

3. 内積の成分表示

$\vec{a} = (x_1, y_1, z_1)$，$\vec{b} = (x_2, y_2, z_2)$ のとき，

(i) $a \cdot b = x_1x_2 + y_1y_2 + z_1z_2$

(ii) $\cos\theta = \dfrac{\vec{a} \cdot \vec{b}}{|\vec{a}||\vec{b}|} = \dfrac{x_1x_2 + y_1y_2 + z_1z_2}{\sqrt{x_1^2 + y_1^2 + z_1^2}\sqrt{x_2^2 + y_2^2 + z_2^2}}$

4. △ABC の面積 S

$$S = \frac{1}{2}\sqrt{|\overrightarrow{AB}|^2|\overrightarrow{AC}|^2 - (\overrightarrow{AB} \cdot \overrightarrow{AC})^2}$$

5. 球面の方程式

(i) $|\overrightarrow{OP} - \overrightarrow{OA}| = r$ （中心 A，半径 r の球面）

(ii) $(x - a)^2 + (y - b)^2 + (z - c)^2 = r^2$

6. 平面の方程式

(i) $\overrightarrow{OP} = \overrightarrow{OA} + s\vec{d_1} + t\vec{d_2}$

(ii) $\vec{n} \cdot (\overrightarrow{OP} - \overrightarrow{OA}) = 0$ （法線ベクトル：$\vec{n} = (a, b, c)$）

$a(x - x_1) + b(y - y_1) + c(z - z_1) = 0$

$ax + by + cz + d = 0$

7. 直線の方程式

(i) $\overrightarrow{OP} = \overrightarrow{OA} + t\vec{d}$ （方向ベクトル：$\vec{d} = (l, m, n)$）

(ii) $\dfrac{x - a}{l} = \dfrac{y - b}{m} = \dfrac{z - c}{n}$ $(= t)$

（または，$x = lt + a$，$y = mt + b$，$z = nt + c$）

第３章
CHAPTER

3 複素数平面

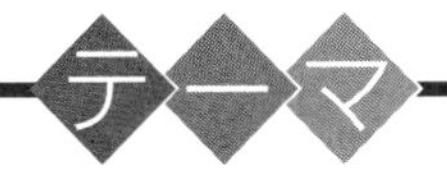

▶ 複素数平面の基本

$\left(\alpha = a + bi,\ |\alpha|^2 = \alpha \cdot \overline{\alpha}\right)$

▶ 極形式とド・モアブルの定理

$\left((\cos\theta + i\sin\theta)^n = \cos n\theta + i\sin n\theta\right)$

▶ 複素数平面と図形

$$\left(\frac{w - \alpha}{z - \alpha} = r(\cos\theta + i\sin\theta)\right)$$

第3章 複素数平面 ●公式＆解法パターン

1. 複素数の定義

複素数 $\alpha = a + bi$ （a，b：実数，i：**虚数単位**（$i^2 = -1$））

（a を**実部**，b を**虚部**という。）

> $b = 0$ のとき，α は実数になるし，$b \neq 0$ のとき，α は虚数になる。そして，$a = 0$ かつ $b \neq 0$ のとき，α は**純虚数**になる。たとえば，$\alpha = 3$（実数），$\alpha = 4 - 5i$（虚数），$\alpha = 7i$（純虚数）だ。

2. 複素数 $a + bi$ と複素数平面上の点

複素数 $\alpha = a + bi$ は，x 軸を**実軸**（じつじく），y 軸を**虚軸**（きょじく）とする複素数平面上の点 $\mathrm{A}(a + bi)$ を表す。

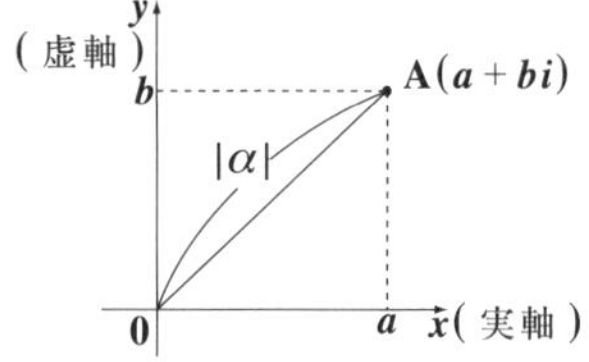

ここで，複素数 $\alpha = a + bi$ の**絶対値** $|\alpha|$ は，

$|\alpha| = \sqrt{a^2 + b^2}$ となる。

> これは，原点 0 と点 α との間の距離と同じだ。

3. 複素数の重要公式

複素数 $\alpha = a + bi$ の**共役複素数**（きょうやくふくそすう）$\overline{\alpha}$ は，$\overline{\alpha} = a - bi$ で定義される。よって，$\alpha = a + bi$，$\overline{\alpha} = a - bi$，$-\overline{\alpha} = -a + bi$，$-\alpha = -a - bi$ の絶対値はみんな等しく，$|\alpha| = |\overline{\alpha}| = |-\overline{\alpha}| = |-\alpha| \ (= \sqrt{a^2 + b^2})$ となる。さらに，

$|\alpha|^2 = a^2 + b^2$，および $\alpha \cdot \overline{\alpha} = (a + bi) \cdot (a - bi) = a^2 - b^2 \boxed{i^2} = a^2 + b^2$ より，（$i^2 = -1$）

$|\alpha|^2 = \alpha \cdot \overline{\alpha}$ も成り立つ。

4. 共役複素数と絶対値の公式

(1) 2つの複素数 α，β について，次の公式が成り立つ。

（i）$\overline{\alpha + \beta} = \overline{\alpha} + \overline{\beta}$　　（ii）$\overline{\alpha - \beta} = \overline{\alpha} - \overline{\beta}$

（iii）$\overline{\alpha \cdot \beta} = \overline{\alpha} \cdot \overline{\beta}$　　（iv）$\overline{\left(\dfrac{\alpha}{\beta}\right)} = \dfrac{\overline{\alpha}}{\overline{\beta}}$　（$\beta \neq 0$）

(2) α の実数条件と純虚数条件

（i）α が実数 $\iff \alpha = \overline{\alpha}$

（ii）α が純虚数 $\iff \alpha + \overline{\alpha} = 0$ かつ $\alpha \neq 0$

(3) 積・商の絶対値の公式

(ⅰ) $|\alpha\beta| = |\alpha||\beta|$　　　(ⅱ) $\left|\dfrac{\alpha}{\beta}\right| = \dfrac{|\alpha|}{|\beta|}$　$(\beta \neq 0)$

(4) 複素数の相等(そうとう)

$a + bi = c + di \iff a = c$ かつ $b = d$　(a, b, c, d：実数, $i = \sqrt{-1}$)

5. 複素数の実数倍，複素数の和・差

(1) 複素数 $\alpha = a + bi$ に実数 k をかけた $k\alpha$ について，$k = -1$, $\dfrac{1}{2}$, 1, 2 のときの点を右図に示す。（これは，$k\overrightarrow{OA}$ と同様だ。）

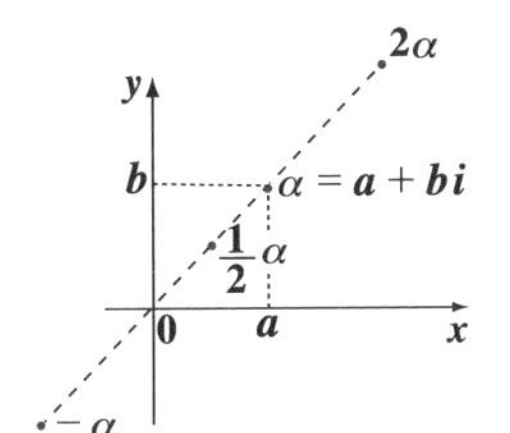

(2) 2 つの複素数 α と β の和と差について，

(ⅰ) $\gamma = \alpha + \beta$ ← $\overrightarrow{OC} = \overrightarrow{OA} + \overrightarrow{OB}$ と同様だね。

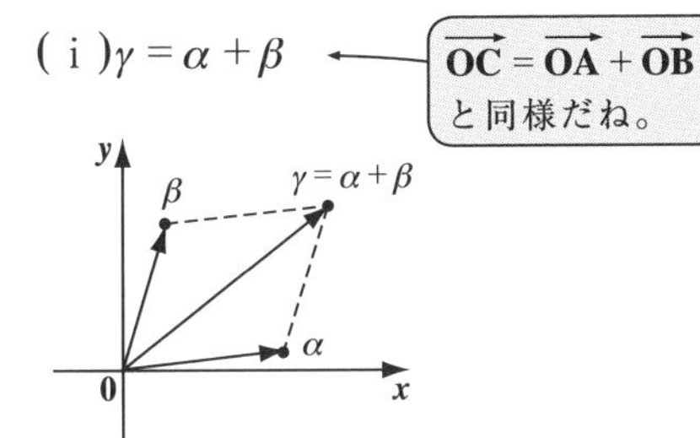

(ⅱ) $\delta = \alpha - \beta$ ← $\overrightarrow{OD} = \overrightarrow{OA} - \overrightarrow{OB}$ と同様だね。

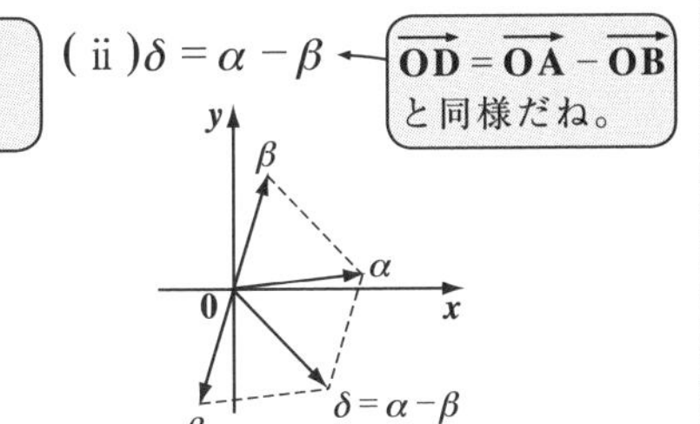

(3) 2 点 α, β 間の距離 $|\alpha - \beta|$

$\alpha = a + bi$, $\beta = c + di$ のとき，$|\alpha - \beta| = \sqrt{(a-c)^2 + (b-d)^2}$ となる。

6. 複素数の極形式表示

一般に，複素数 $z = a + bi$ は，次の**極形式**で表すことができる。

$z = r(\cos\theta + i\sin\theta)$　(r：絶対値，θ：**偏角**)

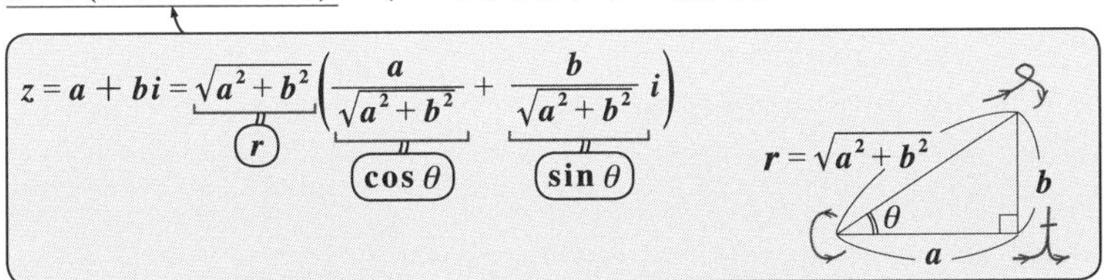

(ex) $z = 2 + 2i = 2\sqrt{2}\left(\dfrac{1}{\sqrt{2}} + \dfrac{1}{\sqrt{2}}i\right)$

$r = \sqrt{2^2 + 2^2} = \sqrt{8}$　$\cos 45^\circ$　$\sin 45^\circ$

$= 2\sqrt{2}(\cos 45^\circ + i\sin 45^\circ)$ と表せる。

$r = 2\sqrt{2}$　2　45°　2

7. 極形式の複素数の公式

(1) 極形式の複素数の積・商の公式では，偏角に気をつけよう。

$z_1 = r_1(\cos\theta_1 + i\sin\theta_1)$，$z_2 = r_2(\cos\theta_2 + i\sin\theta_2)$ のとき，

(i) $z_1 \times z_2 = r_1 r_2\{\cos(\theta_1 + \theta_2) + i\sin(\theta_1 + \theta_2)\}$

(ii) $\dfrac{z_1}{z_2} = \dfrac{r_1}{r_2}\{\cos(\theta_1 - \theta_2) + i\sin(\theta_1 - \theta_2)\}$

極形式の複素数同士の (i) かけ算では，偏角はたし算になり，(ii) 割り算では偏角は引き算になることに要注意だ！

(2) 原点 0 のまわりの回転と拡大（または縮小）

$w = r(\cos\theta + i\sin\theta)z \iff$ 点 w は，点 z を原点 0 のまわりに θ だけ回転して，r 倍に拡大(または縮小) したものである。

(3) **ド・モアブルの定理**では，n は負の整数でも構わない。

$$(\cos\theta + i\sin\theta)^n = \cos n\theta + i\sin n\theta \quad (n：整数)$$

n は 0 でも負の整数でもいい

8. 複素数の内分・外分公式

(1) 内分点の公式を押さえよう。

複素数平面上の 2 点 $\alpha = x_1 + iy_1$ と $\beta = x_2 + iy_2$ を両端点にもつ線分 $\alpha\beta$ を $m:n$ に内分する点を z とおくと，z は次式で表される。

$$z = \frac{n\alpha + m\beta}{m + n}$$

これは，$\overrightarrow{OC} = \dfrac{n\overrightarrow{OA} + m\overrightarrow{OB}}{m+n}$ と同様だね。

α，β を両端点にもつ線分を $t：1-t$ に内分する点を z とおくと，

$z = (1-t)\alpha + t\beta$ となる。$(0 < r < 1)$　これも，$\overrightarrow{OC} = (1-t)\overrightarrow{OA} + t\overrightarrow{OB}$ と同様だ。

(2) 外分点の公式も，ベクトルと同様だ。

複素数平面上の 2 点 $\alpha = x_1 + iy_1$ と $\beta = x_2 + iy_2$ を両端点にもつ線分 $\alpha\beta$ を $m:n$ に外分する点を w とおくと，w は次式で表される。

$$w = \frac{-n\alpha + m\beta}{m - n}$$

これは，$\overrightarrow{OD} = \dfrac{-n\overrightarrow{OA} + m\overrightarrow{OB}}{m-n}$ と同様だ。

9. 円の方程式

(1) 中心 α，半径 $r\ (>0)$ の円を描く動点 z の方程式は，

$|z-\alpha|=r$ となる。

> これも，円のベクトル方程式 $|\overrightarrow{OP}-\overrightarrow{OA}|=r$ と同様だね。

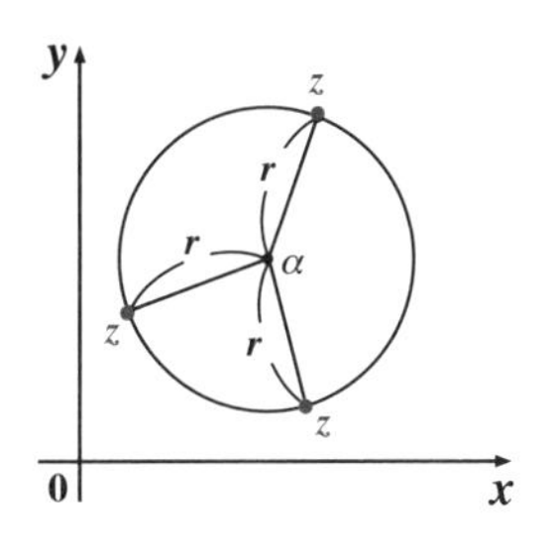

(2) 円の方程式は次のように表される。

$z\overline{z}-\overline{\alpha}z-\alpha\overline{z}+k=0$ 　(k：実数)

> (ex) $z\overline{z}-iz+i\overline{z}=0$ を変形すると，$z(\overline{z}-i)+i(\overline{z}-i)=-i^2$
>
> （$-i$ は $-\overline{\alpha}$，i は $-\alpha$ のこと，$-i^2$ は $-(-1)=1$）
>
> $(z+i)(\overline{z}-i)=1$ 　（$\overline{z}-i=\overline{z+i}$）　$(z+i)(\overline{z+i})=1$ 　$|z+i|^2=1$ より，
>
> $|z+i|=1$，つまり $|z-(-i)|=1$ より，これは中心 $-i$，半径 1 の円だね。

10. 回転と拡大（または縮小）の応用公式

$$\frac{w-\alpha}{z-\alpha}=r(\cos\theta+i\sin\theta)\quad\cdots\cdots(*)$$

このとき，点 w は，点 z を点 α のまわりに θ だけ回転して，r 倍に拡大（または縮小）した点のことなんだね。$(*)$ の公式と右図のイメージをシッカリ頭に入れておこう。

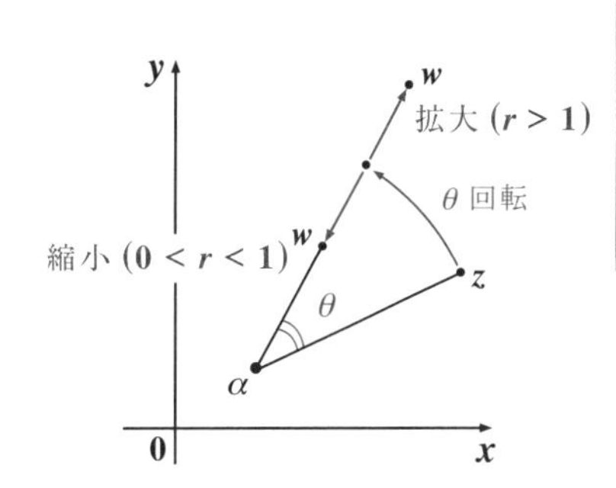

(ⅰ) $\theta=\pm\frac{\pi}{2}\ (=\pm 90°)$ のとき，$(*)$ は

$\frac{w-\alpha}{z-\alpha}=ki$（純虚数）となり，

(ⅱ) $\theta=0,\ \pi$ のとき，$(*)$ は

$\frac{w-\alpha}{z-\alpha}=k$（実数）となることも，覚えておこう。$(k=\pm r)$

元気力アップ問題 28　難易度 ★★　CHECK 1　CHECK 2　CHECK 3

複素数平面上に **2** 点 $\alpha = 1 - 2i$, $\beta = 2 + i$ がある。ここで，新たに **2** 点 γ, δ を $\gamma = \overline{\alpha} + \beta$, $\delta = 3\alpha - \overline{\beta}$ とおく。

(1) $|\gamma|$ と $|\delta|$ と $|\gamma - \delta|$ を求めよ。

(2) $\angle\gamma 0\delta = \theta$ とおくとき，$\cos\theta$ を求めよ。

ヒント！ **3** 点 **0**, γ, δ でできる $\triangle 0\gamma\delta$ について，**(1)** では，**3** 辺 $|\gamma|$, $|\delta|$, $|\gamma - \delta|$ を求め，**(2)** では，**(1)** の結果から余弦定理を使って頂角 θ の余弦を求めよう。

解答＆解説

$\alpha = 1 - 2i \cdots$ ①，$\beta = 2 + i \cdots$ ②より，

(1) ・$\gamma = \overline{\alpha} + \beta = 1 + 2i + (2 + i) = 3 + 3i \cdots$ ③

・$\delta = 3\alpha - \overline{\beta} = 3\cdot(1 - 2i) - (2 - i)$

$= 3 - 6i - 2 + i = 1 - 5i \cdots\cdots$ ④

・$\gamma - \delta = 3 + 3i - (1 - 5i) = 2 + 8i \cdots\cdots$ ⑤

以上③，④，⑤より，

・$|\gamma| = \sqrt{3^2 + 3^2} = \sqrt{18} = 3\sqrt{2}$ ……… ⑥ ………(答)

・$|\delta| = \sqrt{1^2 + (-5)^2} = \sqrt{26}$ ………… ⑦ ………(答)

・$|\gamma - \delta| = \sqrt{2^2 + 8^2} = \sqrt{68} = 2\sqrt{17}$ … ⑧ ………(答)

(2) 右図に示すように $\triangle 0\gamma\delta$ ついて，⑥，⑦，⑧より，

3 辺の長さ $0\gamma = |\gamma| = 3\sqrt{2}$，$0\delta = |\delta| = \sqrt{26}$，

$\gamma\delta = |\gamma - \delta| = 2\sqrt{17}$

が分かっているので，$\angle\gamma 0\delta = \theta$ とおいて，

$\Delta 0\gamma\delta$ に余弦定理を用いると，

$$\underbrace{(2\sqrt{17})^2}_{|\gamma-\delta|^2} = \underbrace{(3\sqrt{2})^2}_{|\gamma|^2} + \underbrace{(\sqrt{26})^2}_{|\delta|^2} - 2\cdot\underbrace{3\sqrt{2}}_{|\gamma|}\cdot\underbrace{\sqrt{26}}_{|\delta|}\cdot\cos\theta$$

$12\sqrt{13}\cos\theta = 18 + 26 - 68 \ (= -24)$

$\therefore \cos\theta = -\dfrac{24}{12\sqrt{13}} = -\dfrac{2}{\sqrt{13}} = -\dfrac{2\sqrt{13}}{13}$ ……(答)

ココがポイント

⇦一般に，$z = x + iy$ のとき，$\overline{z} = x - iy$ より，
・$\alpha = 1 - 2i$，$\overline{\alpha} = 1 + 2i$
・$\beta = 2 + i$，$\overline{\beta} = 2 - i$
となる。

⇦ $z = x + iy$ のとき，$|z| = \sqrt{x^2 + y^2}$ だね。

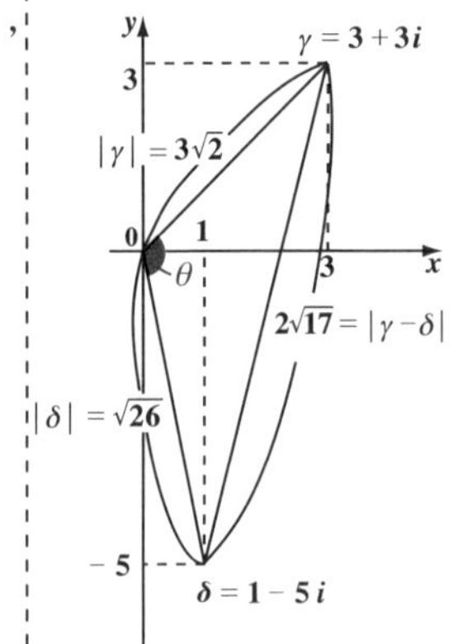

公式 $|\alpha|^2=\alpha\overline{\alpha}$, $|\alpha|=|\overline{\alpha}|$ など

元気力アップ問題 29　難易度 ★★　CHECK 1　CHECK 2　CHECK 3

(1) $|\alpha|=1$，$|\beta|=1$ のとき，(α，β は複素数)

$\overline{\alpha\beta}(\overline{\alpha}\beta+2\alpha\overline{\beta})=\overline{\alpha^2+2\beta^2}$ ……$(*1)$ が成り立つことを示せ。

(2) $|\alpha|=1$ のとき $|\alpha\overline{\beta}+\overline{\gamma}|=|\alpha\gamma+\beta|$ ……$(*2)$ が成り立つことを示せ。

(ただし α，β，γ は複素数で，$\beta \fallingdotseq 0$，$\gamma \fallingdotseq 0$ とする。)　(茨城大*)

ヒント！ 複素数の公式 $|\alpha|^2=\alpha\overline{\alpha}$，$|\alpha|=|\overline{\alpha}|$，$|\alpha\beta|=|\alpha||\beta|$，$\overline{\alpha\beta}=\overline{\alpha}\cdot\overline{\beta}$ など…の公式をうまく利用して，解いていこう。

解答&解説

(1) $|\alpha|=|\beta|=1$ より，$|\alpha|^2=1$ ……①，$|\beta|^2=1$ ……②

$((*1)$ の左辺$)=\overline{\alpha}\overline{\beta}(\overline{\alpha}\beta+2\alpha\overline{\beta})$

$=\overline{\alpha}^2\cdot\underbrace{\beta\overline{\beta}}_{|\beta|^2=1}+2\underbrace{\alpha\overline{\alpha}}_{|\alpha|^2=1}\cdot\overline{\beta}^2$ ←（①，②より）

$=\overline{\alpha}^2+2\overline{\beta}^2=\overline{\alpha^2}+\overline{2\beta^2}$

$=\overline{\alpha^2+2\beta^2}=((*1)$ の右辺$)$

$\therefore (*1)$ は成り立つ。……………………………(終)

(2) $|\alpha|=1$ より，$|\overline{\alpha}|=1$ ……③

$(*2)$ の左辺に③をかけて変形すると，

$((*2)$ の左辺$)=\underbrace{|\overline{\alpha}|}_{1(③より)}\cdot|\alpha\overline{\beta}+\overline{\gamma}|$ ← 1をかけても変化しない。

$=|\overline{\alpha}(\alpha\overline{\beta}+\overline{\gamma})|=|\underbrace{\alpha\overline{\alpha}}_{|\alpha|^2=1^2=1}\overline{\beta}+\underbrace{\overline{\alpha}\,\overline{\gamma}}_{\overline{\alpha\gamma}}|$

$=|\overline{\alpha\gamma}+\overline{\beta}|=|\overline{\alpha\gamma+\beta}|$

$=|\alpha\gamma+\beta|=((*2)$ の右辺$)$

$\therefore (*2)$ は成り立つ。……………………………(終)

ココがポイント

⇦ $\alpha\cdot\overline{\alpha}=|\alpha|^2=1$
$\beta\cdot\overline{\beta}=|\beta|^2=1$

⇦ 公式：$\overline{\alpha}\cdot\overline{\beta}=\overline{\alpha\beta}$
$\overline{\alpha}+\overline{\beta}=\overline{\alpha+\beta}$ などより，
・$\overline{\alpha}^2=\overline{\alpha}\cdot\overline{\alpha}=\overline{\alpha\cdot\alpha}=\overline{\alpha^2}$
・$2\overline{\beta}^2=\overline{2}\cdot\overline{\beta}\cdot\overline{\beta}=\overline{2\cdot\beta\cdot\beta}=\overline{2\beta^2}$

⇦ 公式
・$|\alpha|=|\overline{\alpha}|=|-\alpha|=|-\overline{\alpha}|$

⇦ 公式
・$|\alpha||\beta|=|\alpha\beta|$
・$|\alpha|^2=\alpha\overline{\alpha}$

⇦ 公式
・$\overline{\alpha}\cdot\overline{\beta}=\overline{\alpha\beta}$
・$\overline{\alpha}+\overline{\beta}=\overline{\alpha+\beta}$
・$|\overline{\alpha}|=|\alpha|$

複素数の相等

元気力アップ問題 30	難易度 ★★	CHECK 1	CHECK 2	CHECK 3

虚部が正の複素数 z が，$2iz^2+4iz+1+2i=0$ ……① をみたすとき，複素数 z を求めよ。(ただし，i：虚数単位とする。)　(横浜市大)

ヒント！ A，B が実数で，$A+Bi=0$ のとき，$A=0$ かつ $B=0$ となる。これを複素数の相等というんだね。$z=x+iy$ とおいて，この複素数の相等を利用しよう。(これを $0+0i$ と考える。)

解答＆解説

$z=x+iy$ … ② (x，y：実数) とおくと，

$z^2=(x+iy)^2=x^2+2ixy+i^2y^2$　($i^2=(-1)$)

$=x^2-y^2+2ixy$ …… ③ となる。

②，③を $2iz^2+4iz+1+2i=0$ … ①に代入して，

$2i(x^2-y^2+2ixy)+4i(x+iy)+1+2i=0$

$i(2x^2-2y^2)+4\cdot i^2\cdot xy+4ix+4i^2y+1+2i=0$　($i^2=(-1)$)

$(-4xy-4y+1)+i(2x^2-2y^2+4x+2)=0$　(A(実数)，B(実数))

ここで，複素数の相等より，

$y(x+1)=\frac{1}{4}$ ……④ かつ $(x+1)^2=y^2$ ……⑤

⑤より，$x+1=\pm y$　ここで，$x+1=-y$ は不適。

このとき④より，$-y^2=\frac{1}{4}$ (yは実数) より，解なしだね。($-y^2$：0以下)

$\therefore x+1=y$ … ⑤′　⑤′を④に代入して，虚部yは正であることに注意して，$y=\frac{1}{2}$，$x=\frac{1}{2}-1=-\frac{1}{2}$

$\therefore z=x+iy=-\frac{1}{2}+\frac{1}{2}i$ ……………(答)

ココがポイント

⇦ $z=x+iy$ とおいて，(実部 x，虚部⊕ y) x と y を求めよう。

⇦ $A+Bi=0$ (A, B：実数) のとき，$A=0$ かつ $B=0$ (複素数の相等)
- $-4xy-4y+1=0$ より，$4y(x+1)=1$　$\therefore y(x+1)=\frac{1}{4}$ …… ④
- $2x^2+4x+2-2y^2=0$ より，$x^2+2x+1=y^2$　$\therefore (x+1)^2=y^2$ …… ⑤

⇦ $y^2=\frac{1}{4}$　$y=\pm\frac{1}{2}$　虚部 y は正より，$y=\frac{1}{2}$　⑤′より，$x=y-1=-\frac{1}{2}$

ド・モアブルの定理

元気力アップ問題 31　難易度 ★★　CHECK 1　CHECK 2　CHECK 3

(1) $\left(\dfrac{1+\sqrt{3}i}{2}\right)^{14}$ の値を求めよ。（東京農工大）

(2) $z = \cos\theta + i\sin\theta$ のとき z^3 を求めることにより三角関数の 3 倍角の公式

$\cos3\theta = 4\cos^3\theta - 3\cos\theta$ と $\sin3\theta = 3\sin\theta - 4\sin^3\theta$ を導け。（慶応大*）

ヒント！ (1), (2) 共に, ド・モアブルの定理 $(\cos\theta + i\sin\theta)^n = \cos n\theta + i\sin n\theta$ を利用して解いていけばいい。特に, (2) は3倍角の公式の導き方として覚えておいていいよ。

解答＆解説

(1) $\left(\dfrac{1+\sqrt{3}i}{2}\right)^{14} = (\cos60^\circ + i\sin60^\circ)^{14}$

$= \cos(14\times60^\circ) + i\sin(14\times60^\circ)$

$840^\circ = 120^\circ + 2\times360^\circ$

$= \cos120^\circ + i\sin120^\circ = -\dfrac{1}{2} + \dfrac{\sqrt{3}}{2}i$ ……………(答)

ド・モアブルの定理 $(\cos\theta + i\sin\theta)^n = \cos n\theta + i\sin n\theta$

(2) $z = \cos\theta + i\sin\theta$ のとき, z^3 を次の 2 通りに表す。

(i) $z^3 = (\cos\theta + i\sin\theta)^3 = \cos3\theta + i\sin3\theta$ ……… ①

(ii) $z^3 = (\cos\theta + i\sin\theta)^3$

$= \cos^3\theta + 3\cdot\cos^2\theta\cdot i\sin\theta + 3\cdot\cos\theta\cdot(i\sin\theta)^2 + (i\sin\theta)^3$

$= \cos^3\theta + i\cdot3\cos^2\theta\sin\theta - 3\cdot\cos\theta\sin^2\theta - i\sin^3\theta$

$= \cos^3\theta - 3\cos\theta\sin^2\theta + i(3\cos^2\theta\sin\theta - \sin^3\theta)$ … ②

①, ②を比較して, 複素数の相等により,

・ $\cos3\theta = \cos^3\theta - 3\cos\theta\cdot\sin^2\theta$　（$\sin^2\theta = 1-\cos^2\theta$）

$c^3 - 3c\cdot(1-c^2) = c^3 - 3c + 3c^3 = 4c^3 - 3c$

$= 4\cos^3\theta - 3\cos\theta$ となり,

・ $\sin3\theta = 3\cos^2\theta\sin\theta - \sin^3\theta$　（$\cos^2\theta = 1-\sin^2\theta$）

$3(1-s^2)\cdot s - s^3 = 3s - 3s^3 - s^3 = 3s - 4s^3$

$= 3\sin\theta - 4\sin^3\theta$

となる。…………………………………………(終)

ココがポイント

⇦ $\dfrac{1}{2} = \cos60^\circ$, $\dfrac{\sqrt{3}}{2} = \sin60^\circ$

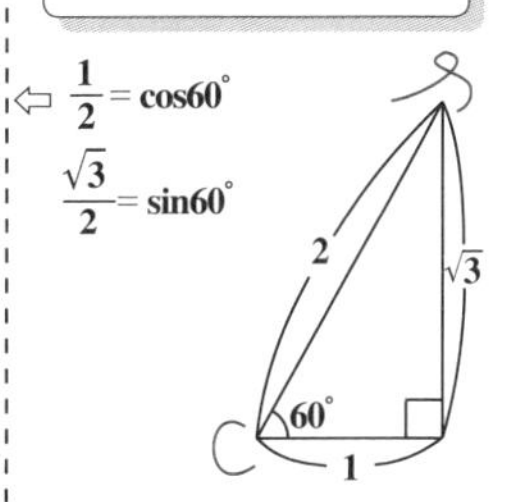

⇦ ド・モアブルの定理を用いた。

⇦ $\cos\theta = c$, $\sin\theta = s$ とおくと,

$(c+is)^3$
$= c^3 + 3c^2is + 3c(is)^2 + (is)^3$
$= c^3 + 3c^2is + 3i^2cs^2 + i^3s^3$
（$i^2 = -1$, $i^3 = -i$）

⇦ 複素数の相等：
$a + bi = c + di$ のとき,
$a = c$ かつ $b = d$
(a, b, c, d : 実数)

2次方程式とド・モアブルの定理

元気力アップ問題 32　難易度 ★★　CHECK 1　CHECK 2　CHECK 3

虚部が $\mathbf{0}$ 以上の複素数 z が，$z+\dfrac{1}{z}=2\cos\theta$ ……①（$0^\circ \leqq \theta \leqq 180^\circ$）をみたすものとする。

(1) z を求めよ。

(2) $\theta=9^\circ$ のとき，$z^5+\dfrac{1}{z^5}$ の値を求めよ。　（九州工大＊）

ヒント！ (1) ①を変形して $z^2-2\cos\theta\cdot z+1=0$ と，z の2次方程式として解けばいい。(2) では，ド・モアブルの定理を利用すれば，うまくいくんだね。

解答＆解説

(1) $z+\dfrac{1}{z}=2\cos\theta$ …①（$0^\circ \leqq \theta \leqq 180^\circ$）の両辺に z をかけて，

$z^2+1=2\cos\theta\cdot z$　　$\underbrace{1}_{a}\cdot z^2\underbrace{-2\cos\theta}_{2b'}\cdot z+\underbrace{1}_{c}=0$

これを解いて，

$z=\cos\theta\pm\sqrt{\cos^2\theta-1\cdot 1}$

$\sqrt{-(1-\cos^2\theta)}=\sqrt{-\sin^2\theta}=i|\sin\theta|=\pm i\sin\theta$

（$\sqrt{\ }$ の前に既に $\pm$ があるので，この $\pm$ は不要だね。）

$\therefore z=\cos\theta\pm i\sin\theta$

ここで，$0^\circ \leqq \theta \leqq 180^\circ$ より $\sin\theta \geqq 0$ であり，z の虚部は 0 以上なので，

$z=\cos\theta+i\sin\theta$ …… ②である。………………（答）

(2) $\theta=9^\circ$ のとき，②より，

$$z^5+\frac{1}{z^5}=z^5+z^{-5}$$

$$=(\cos\theta+i\sin\theta)^5+(\cos\theta+i\sin\theta)^{-5}$$

$$=\cos5\theta+i\sin5\theta+\underbrace{\cos(-5\theta)}_{\cos5\theta}+i\underbrace{\sin(-5\theta)}_{-\sin5\theta}$$

$$=\cos5\theta+\cancel{i\sin5\theta}+\cos5\theta-\cancel{i\sin5\theta}$$

$$=2\cos5\underbrace{\theta}_{9^\circ}=2\cos45^\circ=2\cdot\frac{1}{\sqrt{2}}=\sqrt{2}$$ ……（答）

ココがポイント

⇦2次方程式 $az^2+2b'z+c=0$ の解 $z=\dfrac{-b'\pm\sqrt{b'^2-ac}}{a}$

⇦ド・モアブルの定理 $(\cos\theta+i\sin\theta)^n=\cos n\theta+i\sin n\theta$（$n$ は，負の整数でも構わない。）

3次方程式の複素数解

元気力アップ問題 33　難易度 ★★　CHECK 1　CHECK 2　CHECK 3

方程式 $z^3+3z^2+3z-7=0$ …… ① を解け。

ヒント！ ①は $(z+1)^3=8$ と変形できるので，$w=z+1=r(\cos\theta+i\sin\theta)$ とおく。

解答＆解説

①を変形して，$(z+1)^3=8$ …… ②となる。（$w=r\cdot(\cos\theta+i\sin\theta)$）

ここで，$w=z+1=r(\cos\theta+i\sin\theta)$

$(r>0,\ 0^\circ\leqq\theta<360^\circ)$ とおくと，

$\cdot\ w^3=(z+1)^3=\{r(\cos\theta+i\sin\theta)\}^3$

$=r^3(\cos3\theta+i\sin3\theta)$ … ③となる。また，

$\cdot\ 8=2^3\cdot1=2^3\cdot(\underbrace{\cos360^\circ n}_{1}+i\underbrace{\sin360^\circ n}_{0})$ … ④となる。$(n=0,\ 1,\ 2)$

③, ④を②に代入して，

$r^3\cdot(\cos3\theta+i\sin3\theta)=2^3\cdot(\cos360^\circ n+i\sin360^\circ n)$

両辺の絶対値と偏角を比較して，

$r^3=8$ …… ⑤，　$3\theta=360^\circ n$ …… ⑥ $(n=0,\ 1,\ 2)$

⑤より，$r=2$　⑥より，$\theta=0^\circ,\ 120^\circ,\ 240^\circ$ となる。

$\therefore\ w=z+1=2(\underbrace{\cos0^\circ}_{1}+\underbrace{i\sin0^\circ}_{0}),\ 2(\underbrace{\cos120^\circ}_{-\frac{1}{2}}+i\underbrace{\sin120^\circ}_{\frac{\sqrt{3}}{2}}),$

$2(\underbrace{\cos240^\circ}_{-\frac{1}{2}}+i\underbrace{\sin240^\circ}_{-\frac{\sqrt{3}}{2}})$ より，

$z+1=2$，または $-1+\sqrt{3}i$，または $-1-\sqrt{3}i$

$\therefore\ z=1$，または $-2+\sqrt{3}i$，または $-2-\sqrt{3}i$ ……(答)

ココがポイント

⇦①は
$z^3+3z^2+3z+1=8$
$(z+1)^3=8$ と変形できる。

⇦3次方程式なので，一般角の $360^\circ n$ は，$n=0,\ 1,\ 2$ の3通りを調べれば十分だ。

⇦ $3\theta=360^\circ n\quad(n=0,1,2)$
$=0^\circ,\ 360^\circ,\ 720^\circ$
$\therefore\ \theta=0^\circ,\ 120^\circ,\ 240^\circ$

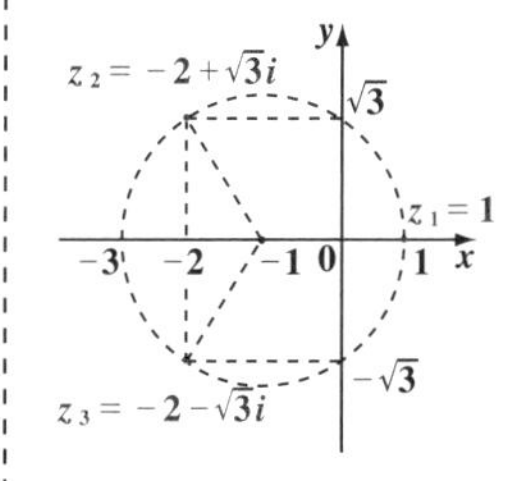

原点のまわりの回転と拡大

元気力アップ問題 34　難易度 ★★　CHECK 1　CHECK 2　CHECK 3

複素数平面上に，原点 $\mathbf{O}(\mathbf{0})$ と，$\mathbf{A}(\alpha = \mathbf{4} - \mathbf{3}i)$，$\mathbf{B}(\beta)$ がある。$\triangle\mathbf{OAB}$ の $\mathbf{3}$ 辺の比が $\mathbf{OA}:\mathbf{AB}:\mathbf{OB} = \mathbf{1}:\mathbf{1}:\sqrt{\mathbf{2}}$ であるとき，複素数 β を求めよ。

ヒント！ 点 α を原点 $\mathbf{O}$ のまわりに θ だけ回転して，r 倍に拡大（または縮小）した点を β とおくと公式：$\beta = \underbrace{r}_{\text{拡大（縮小）}}\underbrace{(\cos\theta + i\sin\theta)}_{\text{回転}}\alpha$ が成り立つんだね。

解答＆解説

原点 $\mathbf{O}$ と点 $\mathbf{A}(\alpha = \mathbf{4} - \mathbf{3}i)$ と点 $\mathbf{B}(\beta)$ でできる $\triangle\mathbf{OAB}$ の $\mathbf{3}$ 辺の比が，$\mathbf{1}:\mathbf{1}:\sqrt{\mathbf{2}}$ より，右図に示すように，$\triangle\mathbf{OAB}$ は $\angle\mathbf{OAB} = \mathbf{90}^\circ$，$\mathbf{OA} = \mathbf{AB}$ の直角二等辺三角形である。

よって，点 β は，点 α を原点 $\mathbf{O}$ のまわりに $\pm\mathbf{45}^\circ$ だけ回転して，$\sqrt{\mathbf{2}}$ 倍に拡大したものであるので，

$$\beta = \sqrt{2}\{\underbrace{\cos(\pm 45^\circ)}_{\cos 45^\circ = \frac{1}{\sqrt{2}}} + \underbrace{i\sin(\pm 45^\circ)}_{\pm\sin 45^\circ = \pm\frac{1}{\sqrt{2}}}\}\underbrace{\alpha}_{(4-3i)}$$

$$= \sqrt{2}\left(\frac{1}{\sqrt{2}} \pm \frac{1}{\sqrt{2}}i\right)(4 - 3i)$$

$$= (1 \pm i)(4 - 3i)$$

$$= 4 - 3i \pm 4i \mp 3\underbrace{i^2}_{(-1)}$$

$$= 4 \pm 3 + (-3 \pm 4)i \quad (\text{複号同順})$$

以上より，求める点 $\mathbf{B}$ を表す複素数 β は，

$\beta = \mathbf{7} + i$，または $\mathbf{1} - \mathbf{7}i$ である。……………………（答）

ココがポイント

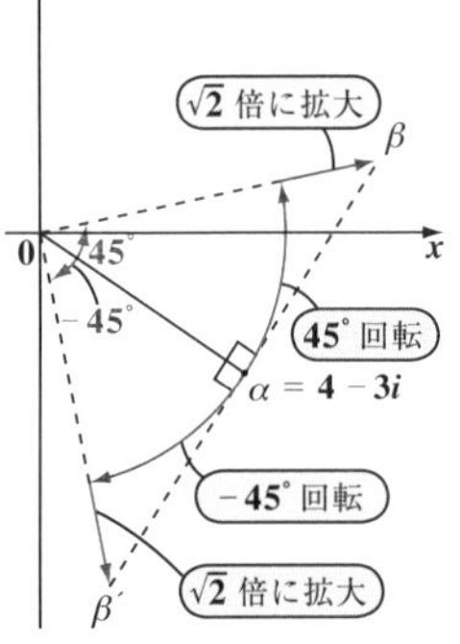

（図から明らかに，求める点 $\mathbf{B}(\beta)$ は $\mathbf{2}$ つ存在するんだね。）

⇦これは別々に計算して，

・$(1+i)(4-3i)$
$= 4 - 3i + 4i - 3\underbrace{i^2}_{(-1)}$
$= 7 + i$

・$(1-i)(4-3i)$
$= 4 - 3i - 4i + 3\underbrace{i^2}_{(-1)}$
$= 1 - 7i$ としてもいい。

同一直線と直交条件

元気力アップ問題 35　難易度 ☆☆　CHECK 1　CHECK 2　CHECK 3

複素数平面上に原点 $\mathbf{O}(0)$ と, $\mathbf{O}$ と異なる **2** 点 $\mathbf{A}(\alpha)$, $\mathbf{B}(\beta)$ $(\alpha \neq \beta)$ がある。

(1) **3** 点 **O**, **A**, **B** が同一直線上にあるとき, $\overline{\alpha}\beta - \alpha\overline{\beta} = 0$ ……$(*1)$ が成り立つことを示せ。

(2) $\angle \mathbf{AOB} = 90^\circ$ のとき, $\overline{\alpha}\beta + \alpha\overline{\beta} = 0$ ……$(*2)$ が成り立つことを示せ。

ヒント！ $\angle \mathbf{AOB} = \theta$ とおくと, **(1)** は $\theta = 0^\circ$, 180° のときに, **(2)** は $\theta = \pm 90^\circ$ のときに対応する。よって, **(1)** では $\dfrac{\beta}{\alpha} = (\text{実数})$, **(2)** では $\dfrac{\beta}{\alpha} = (\text{純虚数})$ になることに気を付けよう。

解答&解説

点 α を原点 **O** のまわりに θ だけ回転して, r 倍に拡大(または縮小) した点が β であるとき,

$\dfrac{\beta}{\alpha} = r(\cos\theta + i\sin\theta)$ … ①となる。

(1) **3** 点 **O**, $\mathbf{A}(\alpha)$, $\mathbf{B}(\beta)$ が同一直線上にあるとき,

$\theta = 0^\circ$ または 180° より, $\sin\theta = 0$　∴①より,

$\dfrac{\beta}{\alpha} = r\cos\theta$ (実数) となる。

よって, $\dfrac{\beta}{\alpha} = \overline{\left(\dfrac{\beta}{\alpha}\right)} = \dfrac{\overline{\beta}}{\overline{\alpha}}$ より,

$\overline{\alpha}\beta = \alpha\overline{\beta}$　　∴ $\overline{\alpha}\beta - \alpha\overline{\beta} = 0$ ……$(*1)$ …………(終)

(z が実数である条件は, $z = \overline{z}$ だね。)

(2) $\angle \mathbf{AOB} = 90^\circ$ のとき,

$\theta = \pm 90^\circ$ より, $\cos\theta = 0$　∴①より,

$\dfrac{\beta}{\alpha} = \underbrace{ir\sin\theta}_{\pm r(\neq 0)}$ (純虚数) となる。

よって, $\dfrac{\beta}{\alpha} + \overline{\left(\dfrac{\beta}{\alpha}\right)} = 0$ より,

$\dfrac{\beta}{\alpha} + \dfrac{\overline{\beta}}{\overline{\alpha}} = 0$　　両辺に $\alpha\overline{\alpha}$ をかけて,

$\overline{\alpha}\beta + \alpha\overline{\beta} = 0$ ……$(*2)$ ……………………(終)

($z(\neq 0)$ が純虚数である条件は, $z + \overline{z} = 0$ だね。)

ココがポイント

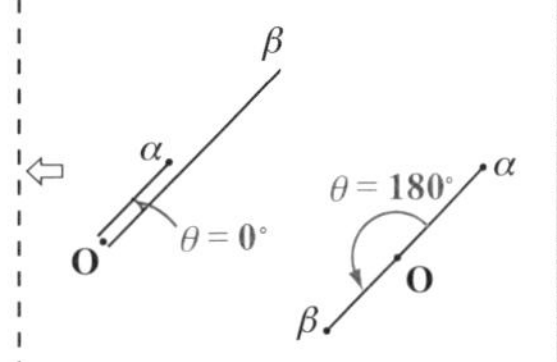

⇐ $z = x + iy$ のとき, $\overline{z} = x - iy$ より,
$z = \overline{z} \Leftrightarrow x + iy = x - iy$
$\Leftrightarrow 2iy = 0$
$\Leftrightarrow y = 0$ となって,
$z = x$ (実数)

⇐ $z = x + iy$ $(y \neq 0)$ のとき, $\overline{z} = x - iy$ より,
$z + \overline{z} = 0 \Leftrightarrow x + iy + x - iy = 0$
$\Leftrightarrow 2x = 0$
$\Leftrightarrow x = 0$ となって,
$z = yi$ (純虚数)

元気力アップ問題 36　難易度 ★★　CHECK 1　CHECK 2　CHECK 3

5 つの複素数 **0**, $\alpha = -3+2i$, $\beta = 3+5i$, γ, δ の表す点を順に **O**, **A**, **B**, **C**, **D** とおく。

(1) 線分 **AB** を **1**：**2** に内分する点を $\mathrm{C}(\gamma)$ とおき，線分 **AB** を **1**：**2** に外分する点を $\mathrm{D}(\delta)$ とおく。γ と δ を求めよ。

(2) △**OCD** の面積 S を求めよ。

ヒント！ (1) は，内分点と外分点の公式通りに計算すればいい。(2) では，(1) で求めた γ, δ から $\overrightarrow{OC}$ と $\overrightarrow{OD}$ の成分表示を求め，平面ベクトルにおける△**OCD** の面積を求める公式：$S = \frac{1}{2}(x_1y_2 - x_2y_1)$ を利用すれば，楽に結果が得られるはずだ。

解答＆解説

(1) $\mathrm{A}(\alpha = -3+2i)$, $\mathrm{B}(\beta = 3+5i)$, $\mathrm{C}(\gamma)$, $\mathrm{D}(\delta)$ とおく。

(i) 線分 **AB** を **1**：**2** に内分する点 $\mathrm{C}(\gamma)$ の γ は，内分点の公式より，

$$\gamma = \frac{2\alpha + 1\cdot\beta}{1+2} = \frac{2(-3+2i)+1\cdot(3+5i)}{3}$$

$$= \frac{-3+9i}{3} = -1+3i \cdots\cdots①　\cdots\cdots(答)$$

(ii) 線分 **AB** を **1**：**2** に外分する点 $\mathrm{D}(\delta)$ の δ は，外分点の公式より，

$$\delta = \frac{-2\cdot\alpha + 1\cdot\beta}{1-2} = \frac{-2(-3+2i)+1\cdot(3+5i)}{-1}$$

$$= \frac{9+i}{-1} = -9-i \cdots\cdots②　\cdots\cdots(答)$$

(2) ①，②より，$\overrightarrow{OC} = (-1,\ 3)$, $\overrightarrow{OD} = (-9,\ -1)$

（$\gamma = -1+3\cdot i$）（$\delta = -9-1\cdot i$）

よって，△**OCD** の面積 S は，

$$S = \frac{1}{2}|-1\cdot(-1)-(-9)\cdot 3| = \frac{28}{2} = 14 \cdots\cdots(答)$$

ココがポイント

⇦内分点の公式
$\gamma = \frac{n\alpha + m\beta}{m+n}$

⇦外分点の公式
$\delta = \frac{-n\alpha + m\beta}{m-n}$

⇦$\overrightarrow{OC} = (x_1, y_1)$, $\overrightarrow{OD} = (x_2, y_2)$ のとき，△**OCD** の面積 S は，
$S = \frac{1}{2}|x_1y_2 - x_2y_1|$

円の方程式 (I)

元気力アップ問題 37　難易度 ★★　CHECK 1　CHECK 2　CHECK 3

複素数 $z=x+iy$ (x, y：実数) が次の各方程式をみたすとき，z の描く図形の方程式を x と y で表せ。

(1) $|2z-1|=|z-2|$ …… ①　(日本女子大)

(2) $2|z+i|=|z-2i|$ …… ②　(東京農工大＊)

ヒント！ $w=p+qi$ (p, q：実数) のとき，$|w|^2=p^2+q^2$ となる。(1), (2) 共に，この要領で展開して，円の方程式を導けばいいんだね。頑張ろう！

解答＆解説

$z=x+iy$ … ③ (x, y：実数) とおく。

(1) ①の両辺に③を代入して，

$|2(\underbrace{x+iy}_{z})-1|=|\underbrace{x+iy}_{z}-2|$　両辺を 2 乗して，

$|(2x-1)+i\cdot 2y|^2=|(x-2)+iy|^2$ より，

$(2x-1)^2+(2y)^2=(x-2)^2+y^2$　これをまとめて，

$x^2+y^2=1$ となる。……………………………(答)

(中心 O(0, 0)，半径 $r=1$ の円の方程式だね。)

(2) ②の両辺に③を代入して，

$2|\underbrace{x+iy}_{z}+i|=|\underbrace{x+iy}_{z}-2i|$　この両辺を 2 乗して，

$4|x+(y+1)i|^2=|x+(y-2)i|^2$ より，

$4\{x^2+\underbrace{(y+1)^2}_{y^2+2y+1}\}=x^2+\underbrace{(y-2)^2}_{y^2-4y+4}$

$4x^2+4y^2+8y+\cancel{4}=x^2+y^2-4y+\cancel{4}$

$3x^2+3y^2+12y=0$

両辺を 3 で割って，まとめると，

$x^2+(y+2)^2=4$ となる。……………………(答)

(これは，中心 (0, −2)，半径 $r=2$ の円の方程式だ。)

(複素数で表すと，$0-2i=-2i$ のことだ。)

ココがポイント

⇦ $|p+qi|^2=p^2+q^2$ を利用する。

⇦ $4x^2-\cancel{4x}+1+4y^2=x^2-\cancel{4x}+4+y^2$
$3x^2+3y^2=3$
$x^2+y^2=1$

⇦ $|p+qi|^2=p^2+q^2$ を利用する。

⇦ $x^2+y^2+4y=0$
$x^2+(y^2+4y+4)=0+4$
(2 で割って 2 乗)
$x^2+(y+2)^2=4$

円の方程式(Ⅱ)

元気力アップ問題 38　難易度 ☆☆　CHECK 1　CHECK 2　CHECK 3

複素数 z が次の各方程式をみたすとき，z が中心 α，半径 r の円を描くこと，すなわち $|z-\alpha|=r$ の形で表されることを示せ。

(1) $|2z-1|=|z-2|$ ……①　(日本女子大)

(2) $2|z+i|=|z-2i|$……②　(東京農工大＊)

ヒント！ 元気力アップ問題37と同じ問題だけれど，今回は(1)，(2)共に複素数平面における円の方程式 $|z-\alpha|=r$ (中心 α，半径 r) の形に変形しよう。

解答＆解説

(1) ①の両辺を2乗して，$|2z-1|^2=|z-2|^2$

$(2z-1)(\overline{2z-1})=(z-2)(\overline{z-2})$

$\overline{2z-1}=\overline{2}\cdot\overline{z}-\overline{1}=2\overline{z}-1$，$\overline{z-2}=\overline{z}-\overline{2}=\overline{z}-2$

$(2z-1)(2\overline{z}-1)=(z-2)(\overline{z}-2)$　これを変形して，

$4z\overline{z}-2z-2\overline{z}+1=z\overline{z}-2z-2\overline{z}+4$

$3z\overline{z}=3$　　$z\overline{z}=1$　　$|z|^2=1$

$\therefore |z-0|=1$ より，z は中心 $\alpha=0+0i=0$，（$0=\alpha$，$1=r$）

半径 $r=1$ の円を描く。……………………(終)

(2) ②の両辺を2乗して，$4|z+i|^2=|z-2i|^2$

$4(z+i)(\overline{z+i})=(z-2i)(\overline{z-2i})$

$\overline{z+i}=\overline{z}+\overline{i}=\overline{z}-i$，$\overline{z-2i}=\overline{z}-\overline{2i}=\overline{z}-(-2i)=\overline{z}+2i$

$4(z+i)(\overline{z}-i)=(z-2i)(\overline{z}+2i)$

これをまとめて，

$3z\overline{z}-6iz+6i\overline{z}=0$　　$z\overline{z}-2iz+2i\overline{z}=0$

$z(\overline{z}-2i)+2i(\overline{z}-2i)=0-4i^2$　（$i^2=-1$）

$(z+2i)(\overline{z}-2i)=4$　　$(z+2i)(\overline{z+2i})=4$

$|z+2i|^2=4$ より，$|z-(-2i)|=2$　（$-2i=\alpha$，$2=r$）

$\therefore z$ は中心 $\alpha=0-2i=-2i$，半径 $r=2$ の円を描く。

……(終)

ココがポイント

⇦ a が実数のとき，$\overline{a}=a$ だね。（$\because \overline{a+0i}=a-0i=a$）

⇦ $|z-\alpha|=r$ の形にまとめた！

⇦ $4(z\overline{z}-iz+i\overline{z}+1)$（$1=-i^2$）$=z\overline{z}+2iz-2i\overline{z}+4$（$4=-4i^2$）

⇦ $|z-\alpha|=r$ の形にまとめた。

円の方程式(Ⅲ)

元気力アップ問題 39　難易度　CHECK 1　CHECK 2　CHECK 3

複素数平面上で，点 z が中心 $\alpha=2$，半径 $r=1$ の円を描く。また，点 w は点 z を原点 0 のまわりに $\frac{\pi}{3}$ だけ回転させて，2 倍に拡大した位置にあるものとする。このとき，点 w の描く図形の方程式を求めよ。

ヒント！ 円の方程式と，回転と拡大の問題の融合問題だね。複素数 z は $|z-2|=1$ を満たすので，これを w の式に書き換えればいいんだね。

解答＆解説

点 z は，中心 $\alpha=2$，半径 $r=1$ の円を描く。よって，

$|z-2|=1$ ……① をみたす。

ここで，点 w は，点 z を原点のまわりに $\frac{\pi}{3}(=60^\circ)$ 回転して，2 倍に拡大したものより，

$$w=2\cdot(\underbrace{\cos60^\circ}_{\frac{1}{2}}+i\underbrace{\sin60^\circ}_{\frac{\sqrt{3}}{2}})z=2\cdot\left(\frac{1}{2}+\frac{\sqrt{3}}{2}i\right)z$$

$\therefore\ w=(1+\sqrt{3}i)z$ ……② となる。②より，

$$z=\frac{w}{1+\sqrt{3}i}\ \cdots\cdots②'$$

②′を①に代入して，

$$\left|\frac{w}{1+\sqrt{3}i}-2\right|=1 \qquad \left|\frac{w-2(1+\sqrt{3}i)}{1+\sqrt{3}i}\right|=1$$

$$\frac{|w-(2+2\sqrt{3}i)|}{\underbrace{|1+\sqrt{3}i|}_{\sqrt{1^2+(\sqrt{3})^2}=\sqrt{4}=2}}=1$$

$\therefore\ |w-(2+2\sqrt{3}i)|=2$ ……③となる。………(答)

これは，円 $|z-2|=1$ を，原点 0 のまわりに 60° 回転して，2 倍に拡大したもので，中心 $\alpha'=2+2\sqrt{3}i$、半径 $r'=2$ の円である。

ココがポイント

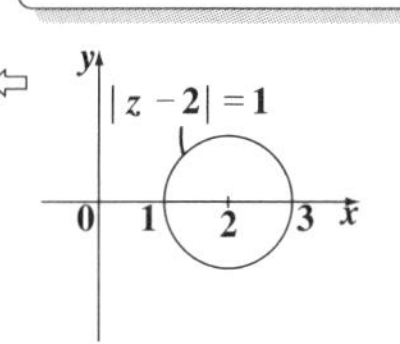

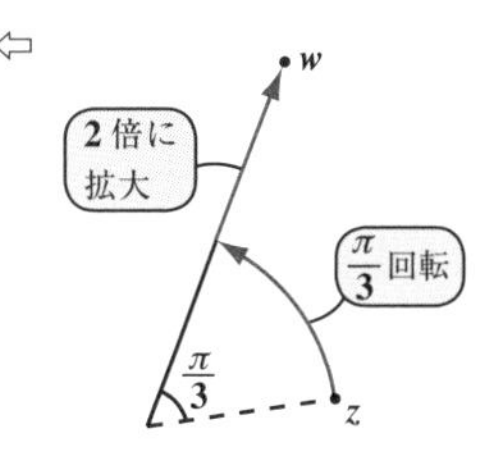

⇦公式：$\left|\frac{\beta}{\alpha}\right|=\frac{|\beta|}{|\alpha|}$

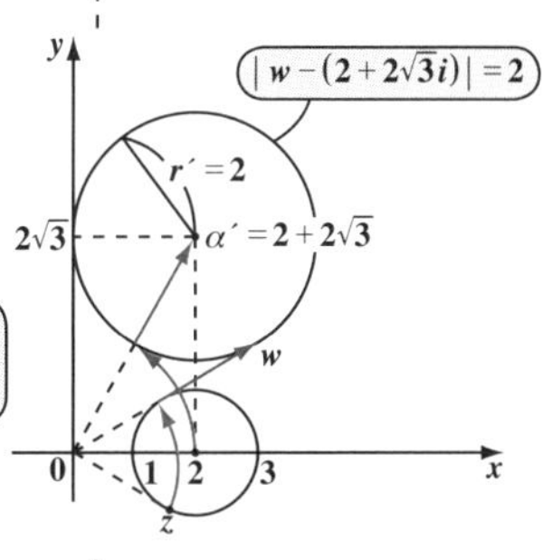

円の方程式(Ⅳ)

元気力アップ問題 40	難易度 ★★	CHECK 1	CHECK 2	CHECK 3

複素数平面上で式 $z\bar{z}-(2+3i)z-(2-3i)\bar{z}+4=0$ …①をみたす複素数 z は，どのような図形を描くか。また，この図形が虚軸から切り取る線分の長さを求めよ。（群馬大＊）

ヒント！ $\alpha=2-3i$ とおくと，①は $z\bar{z}-\bar{\alpha}z-\alpha\bar{z}+k=0$（$k$：実数定数）の形をしているので，これを変形して円の方程式 $|z-\alpha|=r$ にもち込めばいいね。

解答＆解説

$z\bar{z}-\underbrace{(2+3i)}_{\bar{\alpha}}z-\underbrace{(2-3i)}_{\alpha}\bar{z}=-4$ …① について，

$\alpha=2-3i$ とおくと，$\bar{\alpha}=2+3i$　また，

$\alpha\bar{\alpha}=|\alpha|^2=2^2+(-3)^2=4+9=\underline{13}$ となる。

これらを利用して①を変形すると，

$z\bar{z}-\bar{\alpha}z-\alpha\bar{z}+\underbrace{\alpha\bar{\alpha}}_{13}=-4+\underbrace{\alpha\bar{\alpha}}_{13}$ ← 両辺に $\alpha\bar{\alpha}(=13)$ をたした。

$z(\bar{z}-\bar{\alpha})-\alpha(\bar{z}-\bar{\alpha})=9$

$(z-\alpha)(\bar{z}-\bar{\alpha})=9$　　$(z-\alpha)(\overline{z-\alpha})=9$

$|z-\underbrace{\alpha}_{(2-3i)}|^2=9$　$\therefore |z-\underbrace{(2-3i)}_{中心\alpha}|=\underbrace{3}_{半径 r}$ …②となる。②から

点 z は，中心 $2-3i$，半径 3 の円を描く。………（答）

よって，この中心 $\alpha=2-3i$ を表す点を A，A から虚軸に下した垂線の足を H, この円と虚軸との交点を P, Q とおくと，右図に示すように △APH は

∠PHA = 90°，HA = 2，AP = 3

の直角三角形となる。よって，三平方の定理より，$PH=\sqrt{3^2-2^2}=\sqrt{5}$

同様に $HQ=\sqrt{5}$ より，この円が虚軸から切り取る線分の長さ PQ は，

P, $r=3$, $\sqrt{5}$ ← $\sqrt{3^2-2^2}$（三平方の定理），H, A, $\underline{2}$ ← $\alpha=\underline{2}-3i$

$PQ=2\cdot PH=2\sqrt{5}$ である。………………………（答）

ココがポイント

⇦ $z\bar{z}-\bar{\alpha}z-\alpha\bar{z}+\alpha\bar{\alpha}=r^2$
$z(\bar{z}-\bar{\alpha})-\alpha(\bar{z}-\bar{\alpha})=r^2$
$(z-\alpha)(\bar{z}-\bar{\alpha})=r^2$
$(z-\alpha)(\overline{z-\alpha})=r^2$
$|z-\alpha|^2=r^2$
$|z-\alpha|=r$
↑ 中心 α，半径 r の円

この要領で変形すればいいんだね。

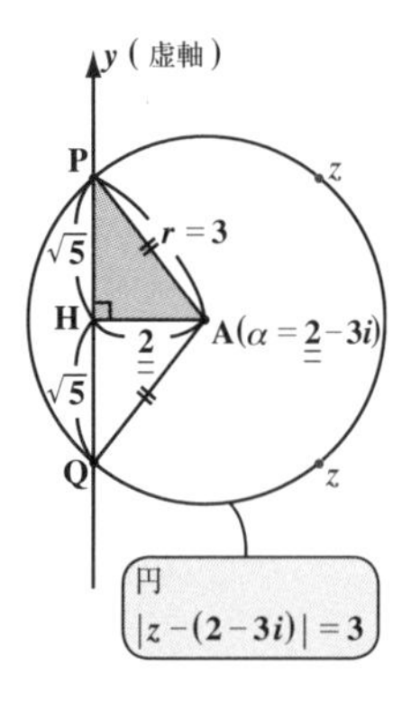

円の方程式 (V)

元気力アップ問題 41 　難易度 ★★　CHECK 1　CHECK 2　CHECK 3

複素数平面上で，複素数 z が，$|z-4|=2$ …①をみたす。

(1) z の偏角を θ とおくとき，θ の取り得る値の範囲を求めよ。ただし，$-180^\circ \leqq \theta < 180^\circ$ とする。

(2) $w=z-6i$ とおくとき，絶対値 $|w|$ の取り得る値の範囲を求めよ。

（福岡教育大＊）

ヒント！ z は，①より中心 $\alpha=4+0i$，半径 $r=2$ の円周上の点であることに気を付けて，図を描きながら考えると，分かりやすいと思う。

解答＆解説

ココがポイント

(1) 複素数 z は，$|z-4|=2$ …①をみたすので，右図に示すように，点 z は，中心 $\alpha=4$，半径 $r=2$ の円周上の点である。よって，z の偏角 θ は，z が z_1 にあるとき最大値 30° をとり，z_2 にあるとき最小値 -30° をとる。これから，θ の取り得る値の範囲は，

$-30^\circ \leqq \theta \leqq 30^\circ$ である。……………………(答)

（中心 α，半径 r；$\sqrt{4^2-2^2}=2\sqrt{3}$，$r=2$，30°，4）

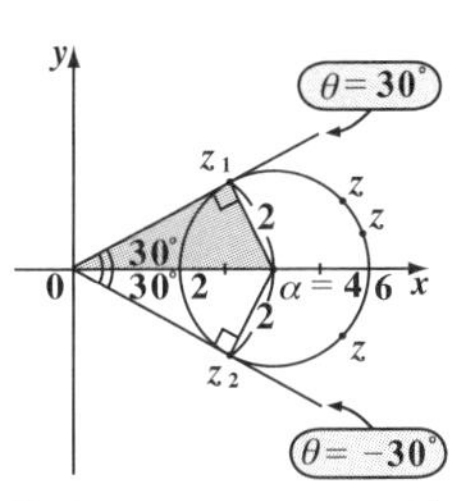

（直線 $0z_1$ と $0z_2$ は，0 から円に引いた接線を表す。）

(2) $\beta=6i$ とおくと，$w=z-6i$ の絶対値 $|w|=|z-6i|$ は，①の円周上の動点 z と $\beta\,(=6i)$ との間の距離を表す。よって，右図に示すように，$|w|$ は，動点 z が z_3 にあるとき最大値 $2\sqrt{13}+2$ をとり，z_4 にあるとき最小値 $2\sqrt{13}-2$ をとる。

（$2\sqrt{13}$：α，β 間の距離；2：r；$\sqrt{6^2+4^2}=2\sqrt{13}$）

∴求める $|w|$ の取り得る値の範囲は，

$2\sqrt{13}-2 \leqq |w| \leqq 2\sqrt{13}+2$ である。…………(答)

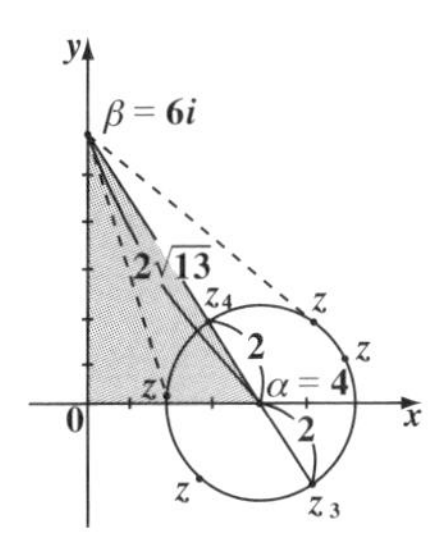

（直線 βz_3 と βz_4 は，中心 α を通る直線である。）

原点以外の点のまわりの回転

元気力アップ問題 42　難易度 ★★　CHECK 1　CHECK 2　CHECK 3

複素数平面上に，複素数 $\alpha=1-4i$，$\beta=-3+2i$，γ で表される 3 つの点 A(α)，B(β)，C(γ) がある。△ABC が正三角形となるような γ の値を求めよ。

ヒント！ △ABC が正三角形となるための条件は，「点 γ が，点 β を点 α のまわりに $\pm60°$ だけ回転したものである。」ことなんだね。

解答＆解説

A($\alpha=1-4i$)，B($\beta=-3+2i$)，C(γ) を 3 つの頂点とする△ABC が正三角形となるための条件は，点 γ が，点 β を点 α のまわりに $\pm60°$ 回転した位置にあることである。よって，

(i) $\dfrac{\gamma-\alpha}{\beta-\alpha}=\underbrace{\cos60°}_{\frac{1}{2}}+i\underbrace{\sin60°}_{\frac{\sqrt{3}}{2}}$ を変形して，

$\gamma=\left(\dfrac{1}{2}+\dfrac{\sqrt{3}}{2}i\right)\underbrace{(\beta-\alpha)}_{-3+2i-(1-4i)=-4+6i}+\underbrace{\alpha}_{1-4i}$

$=(1+\sqrt{3}i)(-2+3i)+1-4i$

$=-(1+3\sqrt{3})-(1+2\sqrt{3})i$ …………………(答)

(ii) $\dfrac{\gamma-\alpha}{\beta-\alpha}=\underbrace{\cos(-60°)}_{\cos60°=\frac{1}{2}}+\underbrace{i\sin(-60°)}_{-\sin60°=-\frac{\sqrt{3}}{2}}$ を変形して，

$\gamma=\left(\dfrac{1}{2}-\dfrac{\sqrt{3}}{2}i\right)\underbrace{(\beta-\alpha)}_{-4+6i}+\underbrace{\alpha}_{1-4i}$

$=(1-\sqrt{3}i)(-2+3i)+1-4i$

$=-(1-3\sqrt{3})-(1-2\sqrt{3})i$

以上 (i)(ii) より，

$\gamma=-(1\pm3\sqrt{3})-(1\pm2\sqrt{3})i$…(答)

(複号同順)

(i)，(ii) をまとめて，$\dfrac{\gamma-\alpha}{\beta-\alpha}=\dfrac{1}{2}\pm\dfrac{\sqrt{3}}{2}i$ から，これを求めても，もちろんいい。

ココがポイント

⇦点 γ が，点 β を点 α のまわりに θ だけ回転して，r 倍に拡大 (縮小) したものであるとき，
$\dfrac{\gamma-\alpha}{\beta-\alpha}=r(\cos\theta+i\sin\theta)$

⇦

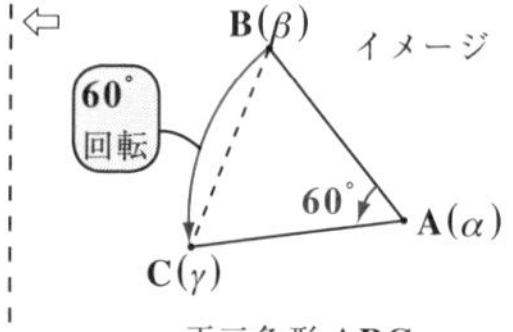

正三角形 ABC

⇦ $-2+3i-2\sqrt{3}i+3\sqrt{3}i^2$
$+1-4i$
$=-1-3\sqrt{3}-(1+2\sqrt{3})i$

⇦

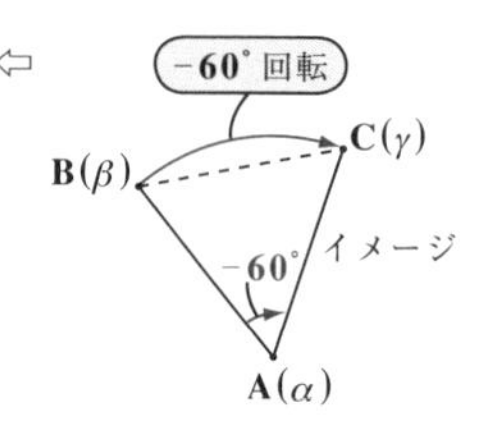

⇦ $-2+3i+2\sqrt{3}i-3\sqrt{3}i^2$
$+1-4i$
$=-1+3\sqrt{3}-(1-2\sqrt{3})i$

原点以外の点のまわりの回転と縮小

元気力アップ問題 43　難易度 ★★　CHECK 1　CHECK 2　CHECK 3

複素数平面上に，複素数 $\alpha = 2i$，$\beta = 4-2i$，γ で表される 3 つの点 $A(\alpha)$，$B(\beta)$，$C(\gamma)$ がある。△ABC が ∠ACB = 90° の直角三角形で，3 辺の比が AB : BC : CA = 2 : 1 : $\sqrt{3}$ であるとき，γ の値を求めよ。

ヒント！ △ABC が，AB : BC : CA = 2 : 1 : $\sqrt{3}$ で，∠ACB = 90° の直角三角形となるための条件は，「点 γ が，点 β を点 α のまわりに ±30° だけ回転して，$\frac{\sqrt{3}}{2}$ 倍に縮小したものである。」ことなんだね。

解答&解説

ココがポイント

$A(\alpha=2i)$，$B(\beta=4-2i)$，$C(\gamma)$ を3つの頂点とする△ABC が，辺の比 AB : BC : CA = 2 : 1 : $\sqrt{3}$ の直角三角形となるため　⇦ イメージ

（これは，∠BCA = 90°，∠CAB = 30°，∠ABC = 60° の直角三角形だ。）

の条件は，右図に示すように，

点 γ が，点 β を点 α のまわりに ±30° だけ回転して，$\frac{\sqrt{3}}{2}$ 倍に縮小した位置にあることである。よって，

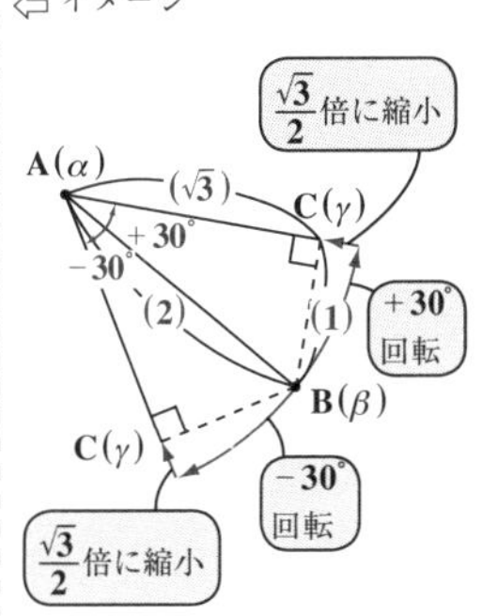

$$\frac{\gamma-\alpha}{\beta-\alpha} = \frac{\sqrt{3}}{2}\{\cos(\pm30°) + i\sin(\pm30°)\}$$

（$\cos30° = \frac{\sqrt{3}}{2}$，$\pm\sin30° = \pm\frac{1}{2}$）　（±30° の場合をまとめて計算しよう。）

これを変形して，

$$\gamma = \frac{\sqrt{3}}{2}\left(\frac{\sqrt{3}}{2} \pm \frac{1}{2}i\right)(\beta-\alpha) + \alpha$$

（$\frac{3}{4} \pm \frac{\sqrt{3}}{4}i$）（$4-2i-2i = 4-4i$）（$2i$）

$$= (3 \pm \sqrt{3}i)(1-i) + 2i$$

$$= 3 - 3i \pm \sqrt{3}i \mp \sqrt{3}i^2 + 2i$$

（$i^2 = -1$）

$$\therefore \gamma = 3 \pm \sqrt{3} + (-1 \pm \sqrt{3})i \quad (\text{複号同順}) \cdots\cdots\cdots\cdots(\text{答})$$

⇦ $\gamma = 3+\sqrt{3}+(-1+\sqrt{3})i$ または，$3-\sqrt{3}+(-1-\sqrt{3})i$ と書いてもいいよ。

点のまわりの回転と拡大

元気力アップ問題 44　難易度 ★★★　CHECK 1　CHECK 2　CHECK 3

右図のように，複素数平面上の原点を $\mathbf{P_0}$ とし，$\mathbf{P_0}$ から実軸の正の向きに **1** 進んだ点を $\mathbf{P_1}$ とする。$\mathbf{P_1}$ に到達した後，$\mathbf{90^\circ}$ 回転してから $\sqrt{\mathbf{2}}$ 進んで到達する点を $\mathbf{P_2}$ とおく。以下同様にして，点 $\mathbf{P}_n(n=1,\ 2,\ 3,\ \cdots)$ に到達した後，$\mathbf{90^\circ}$ 回転してから，前回進んだ距離 $(\mathbf{P}_{n-1}\mathbf{P}_n)$ の $\sqrt{\mathbf{2}}$ 倍進んで到達する点を $\mathbf{P}_{n+1}$ とする。このとき，点 $\mathbf{P_{20}}$ が表す複素数を求めよ。　　(東京工大＊)

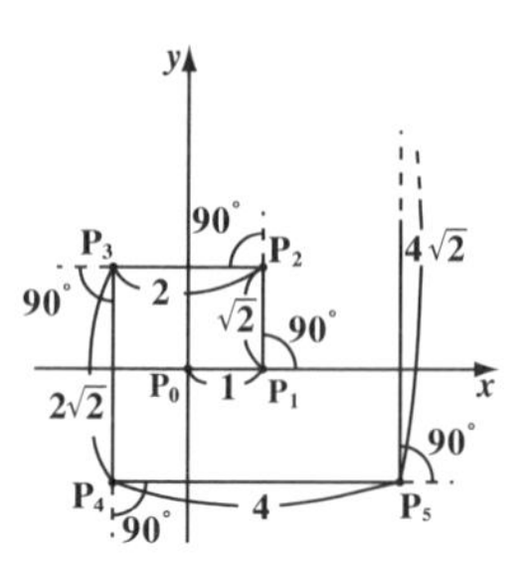

ヒント！ まず，ベクトルのまわり道の原理を使って，$\overrightarrow{\mathbf{P_0P_{20}}}=\overrightarrow{\mathbf{P_0P_1}}+\overrightarrow{\mathbf{P_1P_2}}+\overrightarrow{\mathbf{P_2P_3}}+\cdots+\overrightarrow{\mathbf{P_{19}P_{20}}}$ とし，$\overrightarrow{\mathbf{P_0P_1}}=(\mathbf{1},\ \mathbf{0})$ を複素数表示で，$\overrightarrow{\mathbf{P_0P_1}}=\mathbf{1}+\mathbf{0}\,i=\mathbf{1}$ など…，と表せばよいことに気付けば，複素数の回転と拡大の問題に帰着することが分かるはずだ。頑張ろう！

解答＆解説

右図のように，実軸上の長さ **1** の線分 $\mathbf{P_0P_1}$ から始めて，順に長さを $\sqrt{\mathbf{2}}$ 倍に拡大しながら，$\mathbf{90^\circ}$ ずつ折れた折れ線が $\mathbf{P_1P_2}$，$\mathbf{P_2P_3}$，$\mathbf{P_3P_4}$，…と描かれていくとき，$\mathbf{P_{20}}$ が表す複素数を求める。

まず，ベクトル $\overrightarrow{\mathbf{P_0P_{20}}}$ にまわり道の原理を用いると，

$\overrightarrow{\mathbf{P_0P_{20}}}=\overrightarrow{\mathbf{P_0P_1}}+\overrightarrow{\mathbf{P_1P_2}}+\overrightarrow{\mathbf{P_2P_3}}+\cdots+\overrightarrow{\mathbf{P_{19}P_{20}}}$ … ①となる。

ここで，$\overrightarrow{\mathbf{P_0P_1}}=(\mathbf{1},\ \mathbf{0})$ を複素数で表すと，

$\overrightarrow{\mathbf{P_0P_1}}=\mathbf{1}+\mathbf{0}\cdot i=\mathbf{1}$ … ②となる。

次に，$\overrightarrow{\mathbf{P_1P_2}}$ は，右図に示すように，$\overrightarrow{\mathbf{P_0P_1}}$ を $\mathbf{90^\circ}$ だけ回転して $\sqrt{\mathbf{2}}$ 倍に拡大したものなので，

$\alpha=\sqrt{2}\,(\underbrace{\cos 90^\circ}_{0}+i\underbrace{\sin 90^\circ}_{1})=\sqrt{2}\,i$

とおくと，

$\overrightarrow{\mathbf{P_1P_2}}=\alpha\underbrace{\overrightarrow{\mathbf{P_0P_1}}}_{1}=\alpha\cdot\mathbf{1}=\alpha$ … ③となる。

ココがポイント

⇦

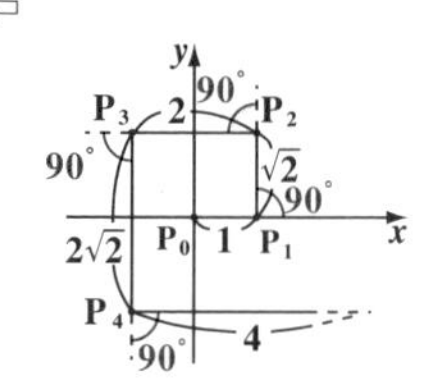

⇦

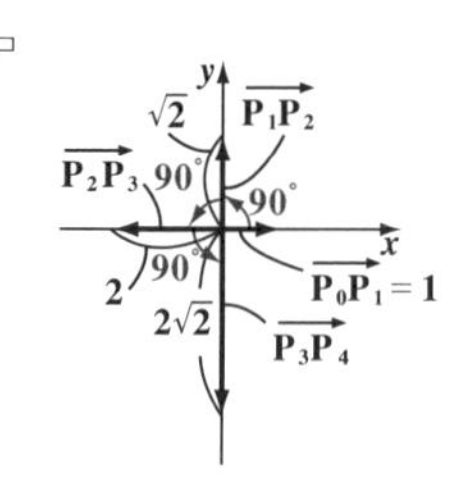

ベクトルの成分表示では，始点を原点にもってきて考えるから，上図のようになるんだね。

$\overrightarrow{P_2P_3}$ も $\overrightarrow{P_1P_2}$ を $90°$ だけ回転して $\sqrt{2}$ 倍に拡大したものなので，

$\overrightarrow{P_2P_3} = \alpha \underbrace{\overrightarrow{P_1P_2}}_{\alpha(③より)} = \alpha \cdot \alpha = \alpha^2$ …④となる。

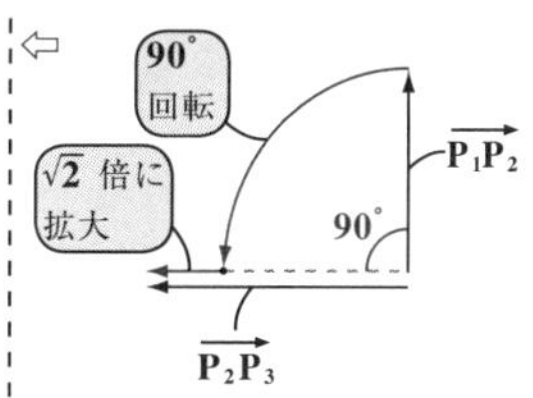

同様に，

$\overrightarrow{P_3P_4} = \alpha^3$，$\overrightarrow{P_4P_5} = \alpha^4$，…，$\overrightarrow{P_{19}P_{20}} = \alpha^{19}$ …⑤となる。

これら②，③，④，⑤を①に代入して，

$\overrightarrow{P_0P_{20}} = 1 + \alpha + \alpha^2 + \cdots + \alpha^{19}$ ……⑥となる。

これは初項 $a = 1$，公比 $r = \alpha$，項数 $n = 20$ の等比数列の和より，⑥は

$$\overrightarrow{P_0P_{20}} = \frac{1 \cdot (1 - \alpha^{20})}{1 - \alpha} \quad \text{……⑥}' \text{ となる。}$$

⇦ 等比数列の和の公式：

$S_n = a + ar + ar^2 + \cdots + ar^{n-1}$

$= \dfrac{a(1 - r^n)}{1 - r} \quad (r \neq 1)$

（今回は $a = 1$，$r = \alpha$ とおけば⑥′になる。）

ここで，$\alpha^{20} = (\sqrt{2}\,i)^{20} = \underbrace{(\sqrt{2})^{20}}_{1024} \cdot \underbrace{i^{20}}_{1} = 1024$ より，

⇦ $\cdot\ (\sqrt{2})^{20} = \left(2^{\frac{1}{2}}\right)^{20} = 2^{10} = 1024$

$\cdot\ i^{20} = (i^2)^{10} = (-1)^{10} = 1$

（$2^5 = 32$ と $2^{10} = 1024$ は覚えておこう。）

⑥′は

$$\overrightarrow{P_0P_{20}} = \frac{1 - 1024}{1 - \sqrt{2}i} = -\frac{1023}{1 - \sqrt{2}i}$$

$$= -\frac{1023(1 + \sqrt{2}i)}{(1 - \sqrt{2}i)(1 + \sqrt{2}i)}$$

（分子・分母に $1 + \sqrt{2}i$ をかけた。）

$$= -\frac{1023 + 1023\sqrt{2}i}{3}$$

$$= -\frac{1023}{3} - \frac{1023\sqrt{2}}{3}i = -341 - 341\sqrt{2}\,i$$

∴求める点 P_{20} が表す複素数は，

$-341 - 341\sqrt{2}\,i$ である。…………………………(答)

⇦ これは，ベクトルの成分表示では，

$\overrightarrow{P_0P_{20}} = (-341,\ -341\sqrt{2})$

のことだ。

第 3 章 ● 複素数平面の公式の復習

1. 絶対値 $|\alpha|$

$\alpha = a + bi$ のとき，$|\alpha| = \sqrt{a^2 + b^2}$ ← これは，原点 0 と点 α との間の距離を表す。

2. 共役複素数と絶対値の公式

(1) $\overline{\alpha \pm \beta} = \overline{\alpha} \pm \overline{\beta}$　(2) $\overline{\alpha \times \beta} = \overline{\alpha} \times \overline{\beta}$　(3) $\overline{\left(\dfrac{\alpha}{\beta}\right)} = \dfrac{\overline{\alpha}}{\overline{\beta}}$

(4) $|\alpha| = |\overline{\alpha}| = |-\alpha| = |-\overline{\alpha}|$　(5) $|\alpha|^2 = \alpha\overline{\alpha}$

3. 実数条件と純虚数条件

(ⅰ) α が実数 $\Longleftrightarrow \alpha = \overline{\alpha}$　(ⅱ) α が純虚数 $\Longleftrightarrow \alpha + \overline{\alpha} = 0$ かつ $\alpha \neq 0$

4. 2 点間の距離

$\alpha = a + bi$, $\beta = c + di$ のとき，2 点 α, β 間の距離は，

$|\alpha - \beta| = \sqrt{(a-c)^2 + (b-d)^2}$

5. 複素数の積と商

$z_1 = r_1(\cos\theta_1 + i\sin\theta_1)$, $z_2 = r_2(\cos\theta_2 + i\sin\theta_2)$ のとき，

(1) $z_1 \times z_2 = r_1 r_2\{\cos(\theta_1 + \theta_2) + i\sin(\theta_1 + \theta_2)\}$

(2) $\dfrac{z_1}{z_2} = \dfrac{r_1}{r_2}\{\cos(\theta_1 - \theta_2) + i\sin(\theta_1 - \theta_2)\}$

6. 積と商の絶対値

(1) $|\alpha\beta| = |\alpha||\beta|$　(2) $\left|\dfrac{\alpha}{\beta}\right| = \dfrac{|\alpha|}{|\beta|}$

7. ド・モアブルの定理

$(\cos\theta + i\sin\theta)^n = \cos n\theta + i\sin n\theta$　(n：整数)

8. 内分点，外分点，三角形の重心の公式，および円の方程式は，平面ベクトルと同様である。

9. 垂直二等分線とアポロニウスの円

$|z - \alpha| = k|z - \beta|$ をみたす動点 z の軌跡は，

(ⅰ) $k = 1$ のとき，線分 $\alpha\beta$ の垂直二等分線。

(ⅱ) $k \neq 1$ のとき，アポロニウスの円。

10. 回転と拡大（縮小）の合成変換

$\dfrac{w - \alpha}{z - \alpha} = r(\cos\theta + i\sin\theta)$　$(z \neq \alpha)$

$\Longleftrightarrow$ 点 w は，点 z を点 α のまわりに θ だけ回転し，さらに r 倍に拡大（縮小）した点である。

第 4 章
CHAPTER

4 式と曲線

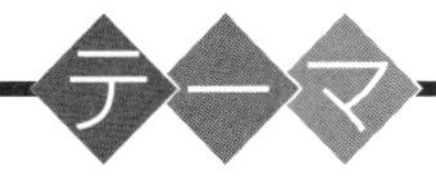

▶ 2次曲線（放物線・だ円・双曲線）

$$\left(\frac{x^2}{a^2} + \frac{y^2}{b^2} = 1,\ \frac{x^2}{a^2} - \frac{y^2}{b^2} = \pm 1 \text{ など} \right)$$

▶ 媒介変数表示された曲線

$$\left(x = a\cos^3\theta,\quad y = a\sin^3\theta \text{ など} \right)$$

▶ 極座標と極方程式

$$\left(r = \frac{k}{1 \pm e\cos\theta} \text{ など} \right)$$

第4章 式と曲線 ●公式＆解法パターン

1. 放物線，だ円，双曲線

(1) 放物線では，**焦点**と**準線**を押さえよう。

(i) $x^2=4py$ $(p\neq 0)$ ← たての放物線

・頂点：原点 $(0,\ 0)$ ・対称軸：$x=0$

・焦点 $F(0,\ p)$ ・準線 $y=-p$

・曲線上の点を Q とおくと $QF=QH$

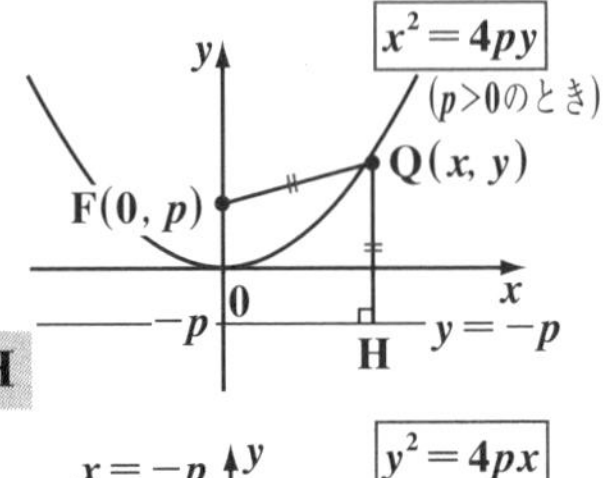

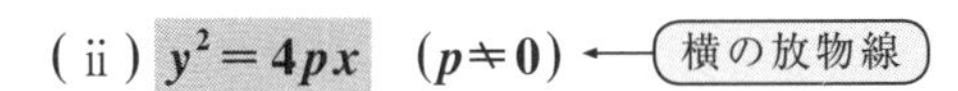

(ii) $y^2=4px$ $(p\neq 0)$ ← 横の放物線

・頂点：原点 $(0,\ 0)$ ・対称軸：$y=0$

・焦点 $F(p,\ 0)$ ・準線 $x=-p$

・曲線上の点を Q とおくと $QF=QH$

(2) だ円には，横長とたて長の 2 種類がある。

だ円：$\dfrac{x^2}{a^2}+\dfrac{y^2}{b^2}=1$ $(a>0,\ b>0)$

(i) $a>b$ のとき，横長だ円

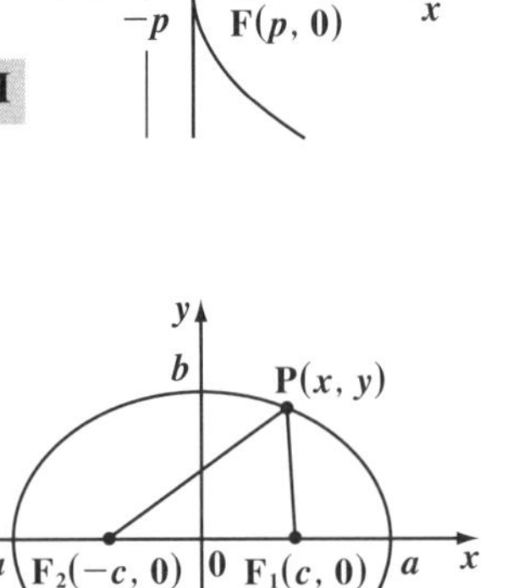

・中心：原点 $(0,\ 0)$

・長軸の長さ $2a$，短軸の長さ $2b$

・焦点 $F_1(c,\ 0)$，$F_2(-c,\ 0)$

（ただし，$c=\sqrt{a^2-b^2}$）

・曲線上の点を P とおくと，$PF_1+PF_2=2a$ となる。

(ii) $b>a$ のとき，たて長だ円

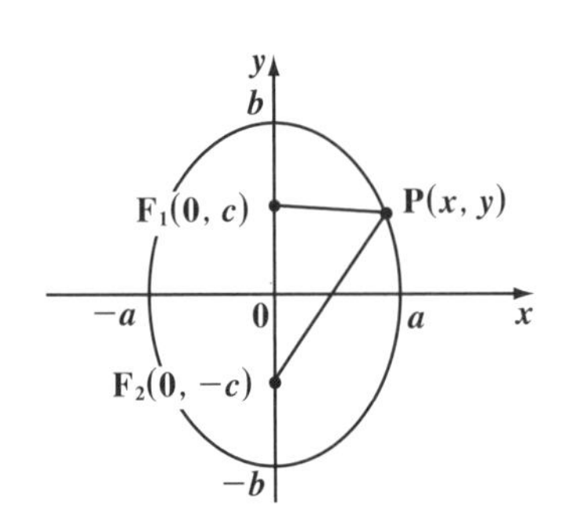

・中心：原点 $(0,\ 0)$

・長軸の長さ $2b$，短軸の長さ $2a$

・焦点 $F_1(0,\ c)$，$F_2(0,\ -c)$

（ただし，$c=\sqrt{b^2-a^2}$）

・曲線上の点を P とおくと，

$PF_1+PF_2=2b$ となる。

（だ円 $\frac{x^2}{a^2}+\frac{y^2}{b^2}=1$ は，単位円 $x^2+y^2=1$ を，x 軸方向に a 倍，y 軸方向に b 倍だけ拡大(または縮小)したものだ。）

(3) 双曲線にも，左右と上下の **2** 種類がある。

（i）左右対称な双曲線

$$\frac{x^2}{a^2}-\frac{y^2}{b^2}=1 \quad (a>0,\ b>0)$$

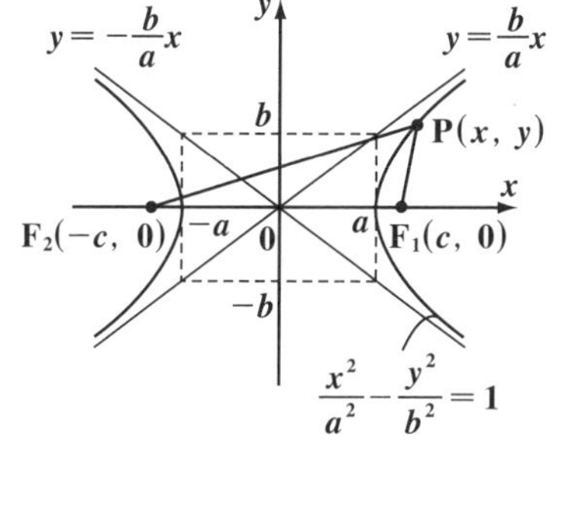

- 中心：原点 $(0,\ 0)$
- 頂点 $(a,\ 0)$，$(-a,\ 0)$
- 焦点 $\mathrm{F_1}(c,\ 0)$，$\mathrm{F_2}(-c,\ 0)$ $(c=\sqrt{a^2+b^2})$
- 漸近線：$y=\pm\frac{b}{a}x$
- 曲線上の点を P とおくと，$|\mathrm{PF_1}-\mathrm{PF_2}|=2a$

（ii）上下対称な双曲線

$$\frac{x^2}{a^2}-\frac{y^2}{b^2}=-1 \quad (a>0,\ b>0)$$

- 中心：原点 $(0,\ 0)$
- 頂点 $(0,\ b)$，$(0,\ -b)$
- 焦点 $\mathrm{F_1}(0,\ c)$，$\mathrm{F_2}(0,\ -c)$ $(c=\sqrt{a^2+b^2})$
- 漸近線：$y=\pm\frac{b}{a}x$
- 曲線上の点を P とおくと，$|\mathrm{PF_1}-\mathrm{PF_2}|=2b$

2. 2次曲線と軌跡

動点 $\mathrm{P}(x,\ y)$ に与えられた条件から，x と y の関係式を導けば，それが動点 P の軌跡の方程式になる。ここでは，この軌跡の方程式が，**2** 次曲線(放物線，だ円，双曲線)になる問題もよく出題される。

3. 2次曲線と直線の位置関係

2 次曲線 $\left(\text{たとえば，}\ y^2=4px,\ \frac{x^2}{a^2}+\frac{y^2}{b^2}=1,\ \frac{x^2}{a^2}-\frac{y^2}{b^2}=\pm1\right)$ と，直線 $y=mx+n$ との位置関係は，たとえば y を消去して，x の **2** 次方程式を導き，その判別式を D とおくと，これから次のことが分かる。

(ⅰ) $D>0$ のとき，異なる **2** 点で交わる。

(ⅱ) $D=0$ のとき，接する。

(ⅲ) $D<0$ のとき，共有点をもたない。

4. 媒介変数表示された曲線

(1) 円：$x^2+y^2=r^2$ （r：半径）を媒介変数 θ を使って表すと，

$$\begin{cases} x=r\cos\theta \\ y=r\sin\theta \end{cases}$$ （θ：媒介変数）となる。

(2) だ円 $\frac{x^2}{a^2}+\frac{y^2}{b^2}=1$ （$a>0$，$b>0$）を媒介変数 θ を使って表すと，

$$\begin{cases} x=a\cos\theta \\ y=b\sin\theta \end{cases}$$ （θ：媒介変数）となる。

(3) らせん円

(ⅰ) $\begin{cases} x=e^{-\theta}\cos\theta \\ y=e^{-\theta}\sin\theta \end{cases}$ (ⅱ) $\begin{cases} x=e^{\theta}\cos\theta \\ y=e^{\theta}\sin\theta \end{cases}$ （θ：媒介変数）

(4) サイクロイド曲線

$$\begin{cases} x=a(\theta-\sin\theta) \\ y=a(1-\cos\theta) \end{cases}$$ （θ：媒介変数，a：正の定数）

（サイクロイド曲線は，初め原点で接していた半径 a の円の接点を **P** とおき，この円をスリップさせることなく，x 軸に沿って回転させるとき，点 **P** が描くカマボコ型の曲線のことだ。）

(5) アステロイド曲線

$$\begin{cases} x=a\cos^3\theta \\ y=a\sin^3\theta \end{cases}$$ （θ：媒介変数，a：正の定数）

5. 極座標

xy座標上の点$\mathbf{P}(x,\ y)$は，動径OPの長さrと偏角θを用いた極座標により$\mathbf{P}(r,\ \theta)$と表すことができる。一般に，rは負にもなり得るし，偏角θも一般角で表すと，$\mathbf{P}(x,\ y)$から$\mathbf{P}(r,\ \theta)$への変換は一意ではなくなるんだけれど，ここで，$r>0$，$0 \leqq \theta < 2\pi$のように指定することにより，

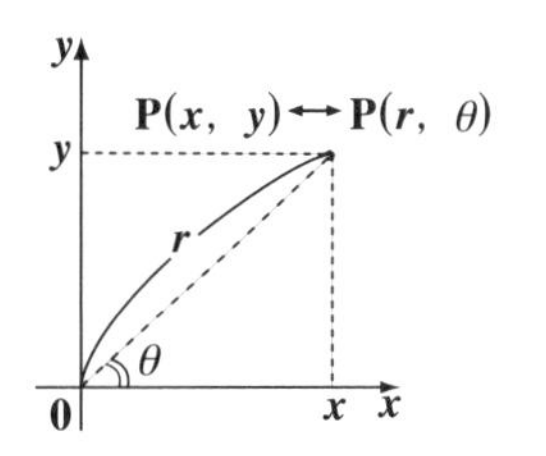

$\mathbf{P}(x,\ y) \longrightarrow \mathbf{P}(r,\ \theta)$への変換は一意（一通り）に定まる。

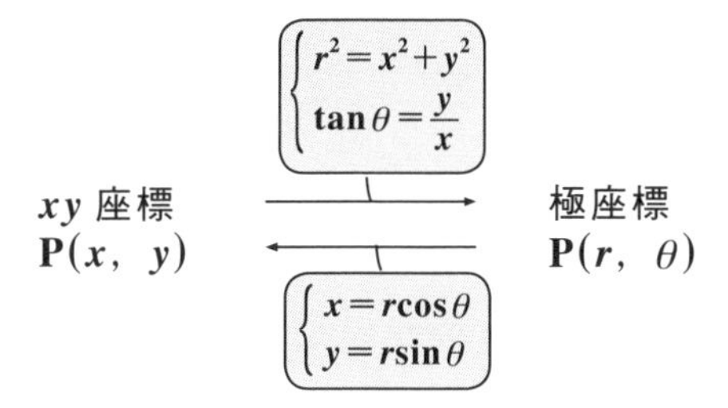

6. 極方程式

(1) 一般に，xy座標での方程式（xとyの関係式）と，極座標での方程式（rとθの関係式）も，同様に，次のように変換できる。

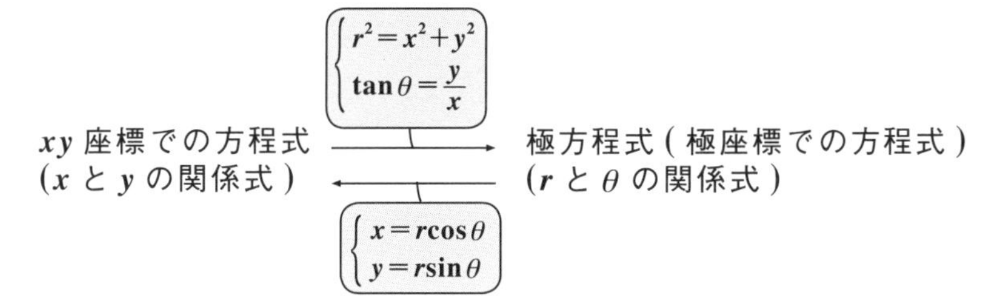

(2) 2次曲線の方程式

$$r = \frac{k}{1 - e\cos\theta} \quad \left[\text{または，}\ r = \frac{k}{1 + e\cos\theta} \right] \qquad (e：\text{離心率})$$

(ⅰ) $0 < e < 1$：だ円　　(ⅱ) $e = 1$：放物線　　(ⅲ) $1 < e$：双曲線

放物線

元気力アップ問題 45　難易度 ★★　CHECK 1　CHECK 2　CHECK 3

xy 平面において，点 $\mathbf{F}(1,3)$ からの距離と直線 $y=1$ からの距離とが等しい動点 $\mathbf{P}(x,y)$ がある。

(1) 動点 $\mathbf{P}$ の軌跡の方程式を求めよ。

(2) 原点から，$\mathbf{P}$ の軌跡の曲線に引いた接線の方程式を求めよ。

ヒント！ (1)動点 $\mathbf{P}$ は焦点 $\mathbf{F}(1,3)$，準線 $y=1$ をもつ放物線を描くことになるね。(2)では，求める直線を $y=mx$ とおいて，(1)の方程式と連立させて考えよう。

解答＆解説

(1) 動点 $\mathbf{P}(x,y)$ は，点 $\mathbf{F}(1,3)$ からの距離と，直線 $y=1$ からの距離を等しく保ちながら動くので，

右図より，$\sqrt{(x-1)^2+(y-3)^2}=|y-1|$ …①となる。

①の両辺を 2 乗して，

$(x-1)^2+\underbrace{(y-3)^2}_{y^2-6y+9}=\underbrace{(y-1)^2}_{y^2-2y+1}$　これをまとめて，

$4y=(x-1)^2+8$

よって，$\mathbf{P}$ の軌跡の方程式は，

$y=\frac{1}{4}(x-1)^2+2$ ………②　である。…………(答)

(2) ②の曲線に原点から引いた接線の方程式を，

$y=mx$　…③　とおく。

②，③より y を消去して，

$mx=\frac{1}{4}(x-1)^2+2$　　これを変形して，

$4mx=x^2-2x+1+8$

$\underbrace{1}_{a}\cdot x^2\underbrace{-2(2m+1)}_{2b'}x+\underbrace{9}_{c}=0$ …④　　④の判別式を

D とおくと，$\frac{D}{4}=(2m+1)^2-1\cdot 9=0$ ← $\frac{D}{4}=b'^2-ac$

これを解いて，$m=1$，または -2 ← これが m_1 と m_2 だ

∴求める接線の方程式は，

$y=x$，と $y=-2x$ である。………………………(答)

ココがポイント

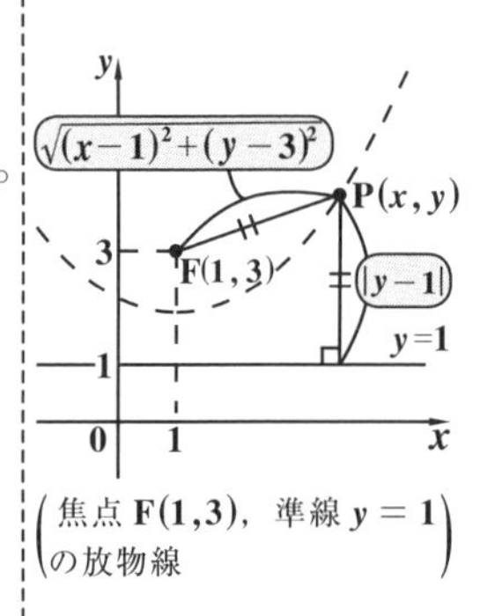

（焦点 $\mathbf{F}(1,3)$，準線 $y=1$ の放物線）

⇦これは，頂点 $(1,2)$ の下に凸の放物線

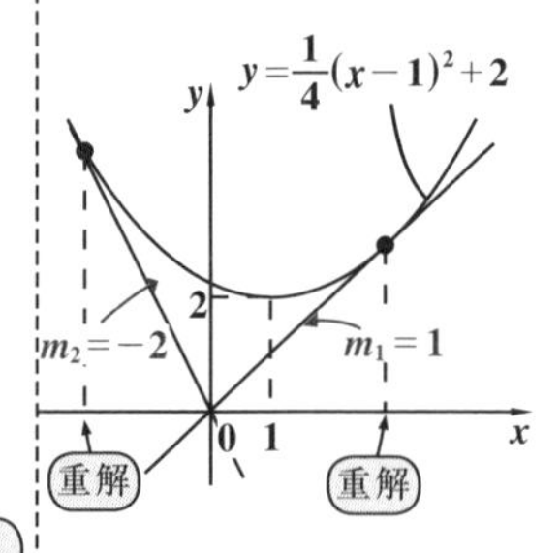

⇦②と③は接するので，④は重解をもつ。

$4m^2+4m-8=0$

$m^2+m-2=0$

$(m+2)(m-1)=0$

だ円

元気力アップ問題 46	難易度 ★★	CHECK 1	CHECK 2	CHECK 3

xy 平面上にだ円 E: $(x-2)^2+\dfrac{y^2}{4}=1$ と直線 l: $y=-x+k$ がある。E と l が異なる 2 点 A, B で交わるような k の値の範囲を求めよ。また k がこの範囲で変化するとき，線分 AB の中点 P が描く軌跡の方程式を求めよ。
(岩手大＊)

ヒント！ Eとlの方程式からyを消去してxの2次方程式とし，この判別式$D>0$となる条件からkの範囲を求めよう。動点Pの軌跡では解と係数の関係も利用する。

解答＆解説

だ円 E: $\dfrac{(x-2)^2}{1^2}+\dfrac{y^2}{2^2}=1$ …① ← だ円 $\dfrac{x^2}{1^2}+\dfrac{y^2}{2^2}=1$ を $(2,0)$ だけ平行移動したもの

直線 l: $y=-x+k$ ………②より y を消去して，

$4(x-2)^2+(-x+k)^2=4$ 〔$4(x^2-4x+4)$，$x^2-2kx+k^2$〕

$5x^2-2(k+8)x+k^2+12=0$……③ 〔a，$b=2b'$，c〕

xの2次方程式③の判別式をDとおくと，①と②が異なる2点A, Bで交わる条件は，

$\dfrac{D}{4}=(k+8)^2-5(k^2+12)>0$ である。これを解いて，

$2-\sqrt{5}<k<2+\sqrt{5}$ ……④ ………………………(答)

次に，A, Bの x 座標をそれぞれα, βとおくと，これは③の相異なる2実数解である。よって，解と係数の関係より，$\alpha+\beta=\dfrac{2(k+8)}{5}$ …⑤ ←$\alpha+\beta=-\dfrac{b}{a}$ となる。

ここで，線分 ABの中点 P を P(x, y) とおくと，⑤より

$x=\dfrac{\alpha+\beta}{2}=\dfrac{k+8}{5}$ $\therefore k=5x-8$ ……⑥ P は l 上の点より，②から， $y=-\dfrac{k+8}{5}+k=\dfrac{4}{5}k-\dfrac{8}{5}$ ……⑦

⑥を⑦に代入して，求める P の軌跡の方程式は，

$y=\dfrac{4}{5}(5x-8)-\dfrac{8}{5}=4x-8$ $\left(\dfrac{10-\sqrt{5}}{5}<x<\dfrac{10+\sqrt{5}}{5}\right)$ ………(答)

ココがポイント

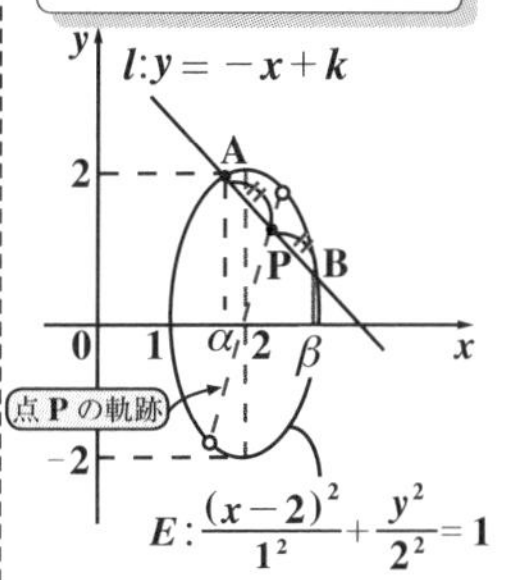

⇦ $\dfrac{D}{4}=b'^2-ac$
$k^2+16k+64-5k^2-60>0$
$4k^2-16k-4<0$
$k^2-4k-1<0$
(ここで $k^2-4k-1=0$ の解 $k=2\pm\sqrt{2^2+1}$ より)
$2-\sqrt{5}<k<2+\sqrt{5}$

⇦⑥と⑦より k を消去して，x と y の関係式を求めれば，それが動点 P の軌跡の方程式になる。

⇦④と⑥より，
$2-\sqrt{5}<5x-8<2+\sqrt{5}$
$10-\sqrt{5}<5x<10+\sqrt{5}$
$\dfrac{10-\sqrt{5}}{5}<x<\dfrac{10+\sqrt{5}}{5}$

双曲線

元気力アップ問題 47	難易度 ★★	CHECK 1	CHECK 2	CHECK 3

双曲線 $C: x^2-\frac{y^2}{9}=1$……①と，直線 $l: y=mx+n$……②がある。

(1) 双曲線 C の焦点の座標と漸近線の方程式を求めよ。

(2) 双曲線 C と直線 l が異なる 2 交点をもつための m と n の条件を求めよ。

(弘前大＊)

ヒント！ (1) 双曲線の焦点と漸近線の式は公式通りに求めよう。(2) では，①と②から y を消去して，x の 2 次方程式を作り，これが相異なる実数解をもつようにするんだね。

解答＆解説

(1) 双曲線 $C: \frac{x^2}{1^2}-\frac{y^2}{3^2}=1$…①の焦点 F の座標は，

$F(\underbrace{\pm\sqrt{10}}_{\pm\sqrt{1^2+3^2}}, 0)$，漸近線の式は，$y=\underbrace{\pm 3}_{\pm\frac{3}{1}}x$ である。……(答)

⇦双曲線 $\frac{x^2}{a^2}-\frac{y^2}{b^2}=1$ について，焦点 $(\pm\sqrt{a^2+b^2}, 0)$，漸近線 $y=\pm\frac{b}{a}x$ となるんだね。

(2) 双曲線 $C: x^2-\frac{y^2}{9}=1$…①と

直線 $l: y=mx+n$……② から y を消去して，

$9x^2-\underbrace{(mx+n)^2}_{(m^2x^2+2mnx+n^2)}=9 \qquad 9x^2-m^2x^2-2mnx-n^2=9$

$\underbrace{(m^2-9)}_{a(\neq 0)}x^2+\underbrace{2mn}_{2b'}x+\underbrace{n^2+9}_{c}=0$ …③ ← この実数解が右図の交点P，Qのx座標になる。

⇦

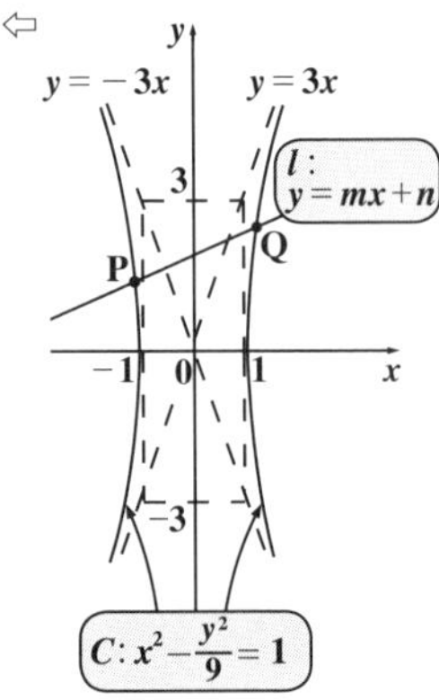

右図に示すように，双曲線 C と直線 l が異なる 2 点 P，Q で交わるための条件は，

(i) ③が x の 2 次方程式であり，かつ
(ii) ③が相異なる 2 実数解をもつことである。

⇦ $m^2-9=0$ のとき③は x の 1 次方程式となって，不適。$\therefore m^2-9\neq 0$

よって，③の判別式を D とおくと，

(i) $m^2-9\neq 0$ より，$m\neq\pm 3$，かつ
(ii) $\frac{D}{4}=(mn)^2-(m^2-9)(n^2+9)>0$ より，$m^2-n^2<9$

である。……………………………………………(答)

⇦ $m^2n^2-m^2n^2-9m^2+9n^2+81>0$
$9m^2-9n^2<81$
$\therefore m^2-n^2<9$

だ円の媒介変数表示

元気力アップ問題 48	難易度 ★★	CHECK 1	CHECK 2	CHECK 3

だ円 E: $\frac{x^2}{9}+\frac{(y-1)^2}{4}=1$ 上の点 $P(x, y)$ について，$2x+3y$ の最大値と最小値を求めよ。

ヒント！ だ円周上の点の座標を媒介変数表示で表すことに気付けば，後は三角関数の合成と最大値・最小値問題に帰着するんだね。頑張ろう！

解答＆解説

だ円 E: $\frac{x^2}{3^2}+\frac{(y-1)^2}{2^2}=1$ の周上の点 P を $P(x, y)$ とおくと，媒介変数 θ を用いて，

$$\begin{cases} x = 3\cos\theta & \cdots\cdots① \\ y = 2\sin\theta+1 & \cdots② \end{cases} \quad (0^\circ \leqq \theta < 360^\circ) \text{ と表せる。}$$

（これで，だ円周上を一周できる。）

ここで，$u = 2x+3y$…③ とおいて，③に①，②を代入すると，

$u = 2\cdot3\cos\theta+3\cdot(2\sin\theta+1)$

$= 6\sin\theta+6\cos\theta+3$

$6\sqrt{2}\left(\frac{1}{\sqrt{2}}\sin\theta+\frac{1}{\sqrt{2}}\cos\theta\right) = 6\sqrt{2}(\sin\theta\cos45^\circ+\cos\theta\sin45^\circ)$

$= 6\sqrt{2}\sin(\theta+45^\circ)$

（$\frac{1}{\sqrt{2}}$：$\cos45^\circ$，$\frac{1}{\sqrt{2}}$：$\sin45^\circ$）

$\therefore\ u = 6\sqrt{2}\sin(\theta+45^\circ)+3 \quad (0^\circ \leqq \theta < 360^\circ)$

ここで，$45^\circ \leqq \theta+45^\circ < 405^\circ$ より，

(i) $\theta+45^\circ = 90^\circ$，すなわち $\theta = 45^\circ$ のとき，
$u = 2x+3y$ は最大値 $6\sqrt{2}\times1+3 = 6\sqrt{2}+3$ をとり，

(ii) $\theta+45^\circ = 270^\circ$，すなわち $\theta = 225^\circ$ のとき，
$u = 2x+3y$ は最小値 $6\sqrt{2}\times(-1)+3 = -6\sqrt{2}+3$
をとる。……………………………………(答)

ココがポイント

⇦ 一般に，だ円：
$\frac{(x-x_1)^2}{a^2}+\frac{(y-y_1)^2}{b^2}=1$
の媒介変数表示は，
$\begin{cases} x = a\cos\theta+x_1 \\ y = b\sin\theta+y_1 \end{cases}$
（θ: 媒介変数）となる。

⇦ 三角関数の合成

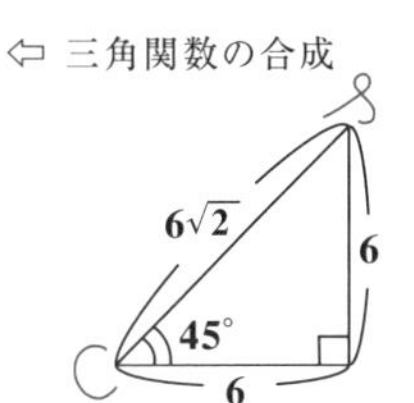

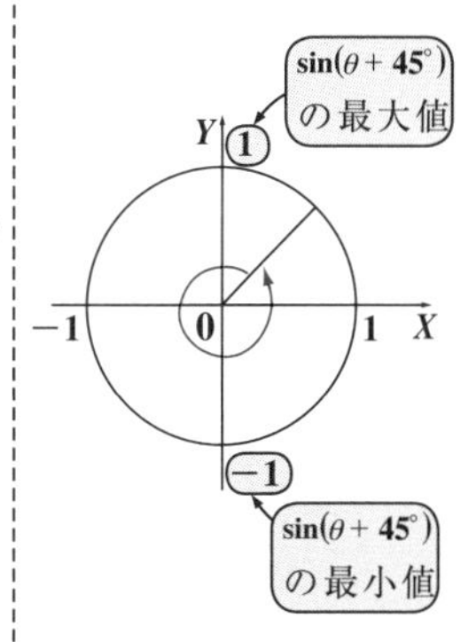

だ円の媒介変数表示と接線

元気力アップ問題 49　難易度 ★★　CHECK 1　CHECK 2　CHECK 3

曲線 $C: \frac{x^2}{25}+\frac{y^2}{9}=1$ $(x>0, y>0)$ 上の動点 P における C の接線と x 軸と y 軸とで囲まれた三角形の面積の最小値を求めよ。　（東京医大＊）

ヒント！ だ円 $\frac{x^2}{a^2}+\frac{y^2}{b^2}=1$ の周上の点 $\mathrm{P}(x_1, y_1)$ における接線の方程式は，公式：$\frac{x_1}{a^2}x+\frac{y_1}{b^2}y=1$ で表される。これと，だ円周上の点の媒介変数表示とを組み合わせて解いていけばいいんだね。

解答＆解説

ココがポイント

$x>0, y>0$ より，右図に示すように，第 1 象限についてのみ考える。

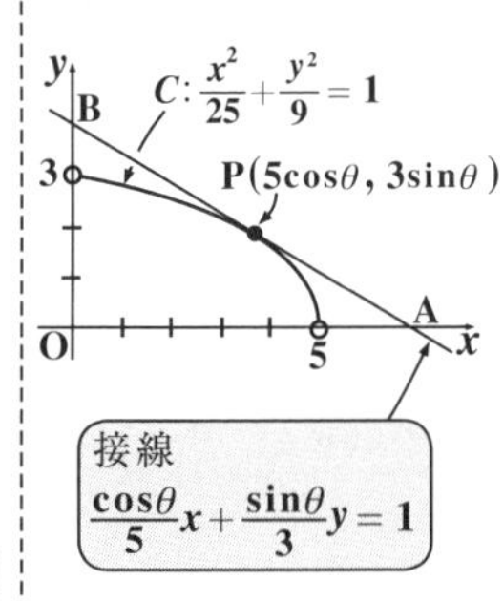

だ円 $C: \frac{x^2}{25}+\frac{y^2}{9}=1$ ……① $(x>0, y>0)$ 上の動点

$\mathrm{P}(5\cos\theta, 3\sin\theta)$ における①の接線の方程式は，

（だ円周上の点の媒介変数表示 $(0°<\theta<90°)$）

$$\frac{5\cos\theta}{25}x+\frac{3\sin\theta}{9}y=1 \text{ より，}$$

$$\frac{\cos\theta}{5}x+\frac{\sin\theta}{3}y=1 \quad \cdots\cdots②$$

（だ円：$\frac{x^2}{a^2}+\frac{y^2}{b^2}=1$ 上の点 (x_1, y_1) における接線の式：$\frac{x_1}{a^2}x+\frac{y_1}{b^2}y=1$）

（$x_1=5\cos\theta, y_1=3\sin\theta$ となる。）

②と x 軸，y 軸との交点をそれぞれ A，B とおく。

・$y=0$ のとき，②より，$x=\frac{5}{\cos\theta}$　∴ $\mathrm{A}\left(\frac{5}{\cos\theta}, 0\right)$

・$x=0$ のとき，②より，$y=\frac{3}{\sin\theta}$　∴ $\mathrm{B}\left(0, \frac{3}{\sin\theta}\right)$

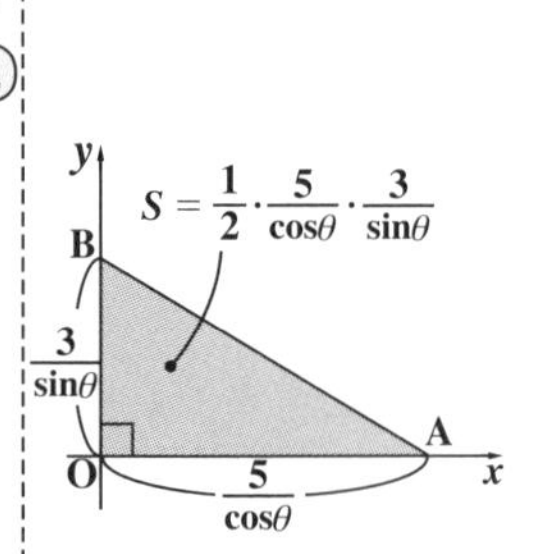

よって，△OAB の面積 S は次のようになる。

$$S=\frac{1}{2}\cdot\frac{5}{\cos\theta}\cdot\frac{3}{\sin\theta}=\frac{15}{2\sin\theta\cos\theta}=\frac{15}{\sin2\theta} \quad (0°<\theta<90°)$$

⇦2 倍角の公式 $\sin2\theta=2\sin\theta\cos\theta$

（これが，$2\theta=90°$ で最大値 $\sin90°=1$ となるとき，S は最小になる。）

∴ $\theta=45°$ のとき，S は最小値 $\frac{15}{1}=15$ をとる。…(答)

だ円の媒介変数表示

元気力アップ問題 50　難易度 ★★　CHECK 1　CHECK 2　CHECK 3

$t=\tan\theta$ $(45°\leqq\theta\leqq90°)$ のとき，動点 $P(x, y)$ が
$x=\dfrac{1-t^2}{1+t^2}$ …①，$y=\dfrac{4t}{1+t^2}$ …② で表されている。このとき，
動点 P の描く図形を図示せよ。

ヒント！ $t=\tan\theta$ のとき，$\cos2\theta=\dfrac{1-t^2}{1+t^2}$，$\sin2\theta=\dfrac{2t}{1+t^2}$ となることは，覚えていた方がいい。今回は，この少し応用問題になっているんだね。

解答＆解説

$t=\tan\theta$ $(45°\leqq\theta\leqq90°)$ のとき，

・$\cos2\theta=\cos^2\theta-\sin^2\theta=\underbrace{\cos^2\theta}_{\frac{1}{1+\tan^2\theta}}\Big(1-\underbrace{\dfrac{\sin^2\theta}{\cos^2\theta}}_{\tan^2\theta}\Big)$

$=\dfrac{1-\tan^2\theta}{1+\tan^2\theta}=\dfrac{1-t^2}{1+t^2}$ ……③ となり，

・$\sin2\theta=2\sin\theta\cos\theta=2\underbrace{\dfrac{\sin\theta}{\cos\theta}}_{\tan\theta}\cdot\underbrace{\cos^2\theta}_{\frac{1}{1+\tan^2\theta}}$

$=\dfrac{2\tan\theta}{1+\tan^2\theta}=\dfrac{2t}{1+t^2}$ ……④ となる。

よって，③, ④より，①, ②は，

$$\begin{cases} x=\dfrac{1-t^2}{1+t^2}=\cos2\theta & \cdots\cdots①' \\ y=2\cdot\dfrac{2t}{1+t^2}=2\sin2\theta & \cdots②' \end{cases}$$

$(90°\leqq2\theta\leqq180°)$ 第2象限

①′，②′より，$x^2+\dfrac{y^2}{4}=1$　$(x\leqq0, y\geqq0)$

よって，動点 $P(x, y)$ の描く図形は右図のようになる。 ……………………(答)

ココがポイント

⇦ 公式：
$1+\tan^2\theta=\dfrac{1}{\cos^2\theta}$
$\tan\theta=\dfrac{\sin\theta}{\cos\theta}$

⇦ ①$'^2$＋$\left(\dfrac{②'}{2}\right)^2$ より，
$x^2+\left(\dfrac{y}{2}\right)^2=\cos^22\theta+\sin^22\theta$
$=1$ となる。

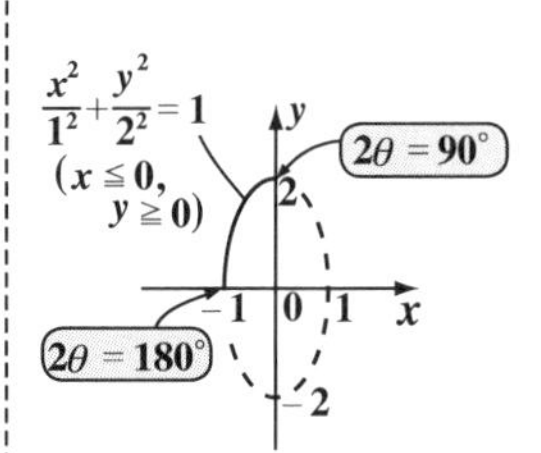

元気力アップ問題 51　難易度 ★★★　CHECK 1　CHECK 2　CHECK 3

右図に示すように，原点 $\mathbf{O}$ を中心とする半径 $a\ (>0)$ の円 C_1 と，これに外接する中心 $\mathbf{A}$，半径 $\dfrac{a}{4}$ の円 C_2 がある。最初，点 $(a,\ 0)$ で円 C_1 と接していた円 C_2 が円 C_1 に沿って滑ることなく回転していくとき，初めに点 $(a,\ 0)$ にあった円 C_2 上の点 $\mathbf{P}(x,\ y)$ が描く曲線の方程式は，

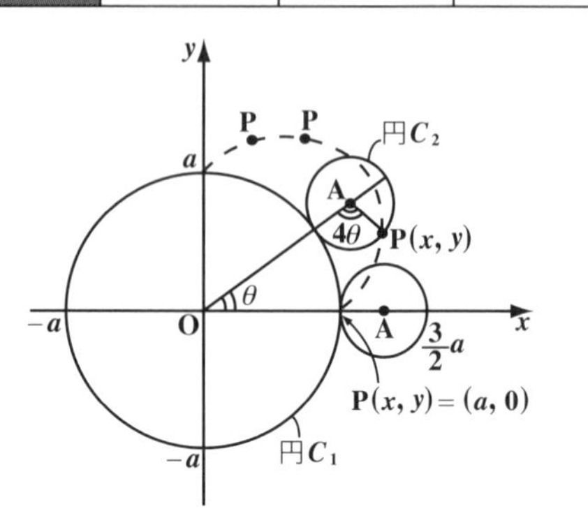

$\angle \mathbf{AO}x = \theta\ \ (0 \leqq \theta < 2\pi)$ とおいて，θ を媒介変数として表すと，

$x = \dfrac{a}{4}(5\cos\theta - \cos 5\theta)$ ……①，　$y = \dfrac{a}{4}(5\sin\theta - \sin 5\theta)$ ……②

で表されることを示せ。

ヒント！ ベクトルのまわり道の原理から，$\overrightarrow{\mathrm{OP}} = \overrightarrow{\mathrm{OA}} + \overrightarrow{\mathrm{AP}}$ となるので，$\overrightarrow{\mathrm{OA}}$ と $\overrightarrow{\mathrm{AP}}$ を媒介変数 θ を使って表せば，①と②の方程式が導けるんだね。これは，円 C_2 が内側をまわるときのアステロイド曲線に対して，外側をまわる場合の変形ヴァージョンの曲線なんだね。

解答＆解説

ココがポイント

動点 $\mathbf{P}(x,\ y)$ を動ベクトルで表すと，

$\overrightarrow{\mathrm{OP}} = (x,\ y) = \overrightarrow{\mathrm{OA}} + \overrightarrow{\mathrm{AP}}$ ……③　（A：円 C_2 の中心）

となる。

ここで，$\angle \mathbf{AO}x = \theta\ \ (0 \leqq \theta < 2\pi)$ とおく。

(i) まず，$\overrightarrow{\mathrm{OA}}$ について，

$|\overrightarrow{\mathrm{OA}}| = \dfrac{5}{4}a$，$\angle \mathbf{AO}x = \theta$ より，

$\overrightarrow{\mathrm{OA}} = \left(\dfrac{5}{4}a\cos\theta,\ \dfrac{5}{4}a\sin\theta\right)$ ……④　となる。

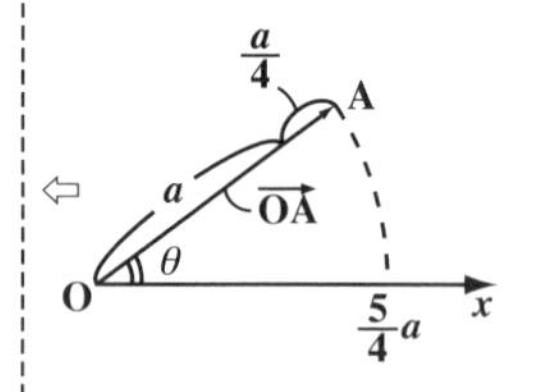

（点 A は，半径 $\dfrac{5}{4}a$ の円周上を θ だけ回転した位置にくる。）

(ii) 次に，$\overrightarrow{AP}$ について，

右図のように，円 C_1 と円 C_2 が接触した円弧の長さは等しいので，

$\underbrace{\overset{\frown}{P_0Q}}_{a\theta} = \underbrace{\overset{\frown}{PQ}}_{\frac{a}{4}\cdot 4\theta}$ ……⑤ となる。

ここで，円C_1の半径aに対して円 C_2 の半径は $\frac{a}{4}$ なので，⑤が成り立つためには，扇形 OP_0Q の中心角 θ に対して，扇形 APQ の中心角は 4θ となる。

ここで右図に示すように，$\overrightarrow{AP}$ の成分は，A を基準点としたときの点 P の座標のことである。また，点 P は A を中心とする半径 $\frac{a}{4}$ の円 C_2 上で，角 $\theta+\pi+4\theta=\pi+5\theta$ だけ回転した位置にある。

$$\therefore\ \overrightarrow{AP}=\left(\frac{a}{4}\underbrace{\cos(\pi+5\theta)}_{-\cos5\theta},\ \frac{a}{4}\underbrace{\sin(\pi+5\theta)}_{-\sin5\theta}\right)$$

$$=\left(-\frac{a}{4}\cos5\theta,\ -\frac{a}{4}\sin5\theta\right)\ \cdots\cdots ⑥$$

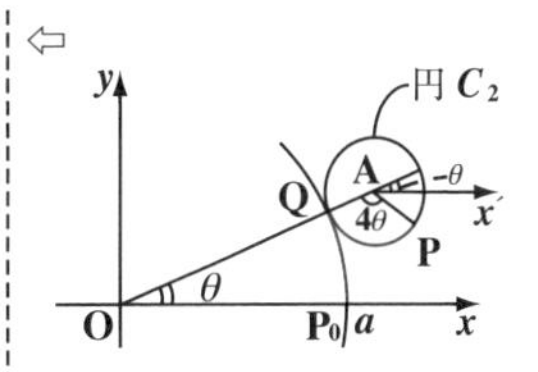

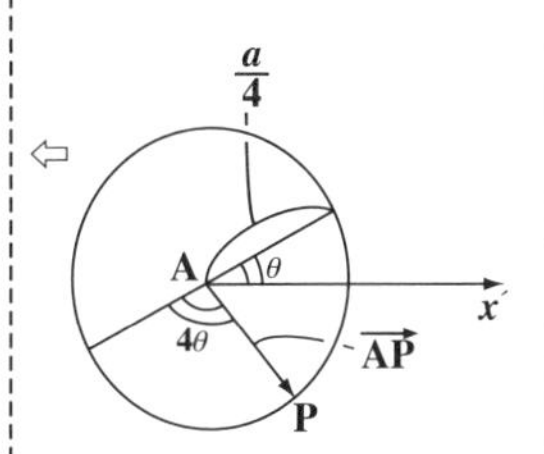

⇦ $\cos(\pi+\alpha)=-\cos\alpha$
$\sin(\pi+\alpha)=-\sin\alpha$
となるからね。
($\alpha=5\theta$ と考える。)

以上 (i)(ii) より，④，⑥を③に代入すると，

$$\overrightarrow{OP}=(x,y)=\left(\frac{5}{4}a\cos\theta,\frac{5}{4}a\sin\theta\right)+\left(-\frac{a}{4}\cos5\theta,\ -\frac{a}{4}\sin5\theta\right)$$

$$=\left(\frac{a}{4}(5\cos\theta-\cos5\theta),\ \frac{a}{4}(5\sin\theta-\sin5\theta)\right)$$

これから，動点 $P(x,y)$ の描く曲線の方程式は

$$\begin{cases} x=\frac{a}{4}(5\cos\theta-\cos5\theta) & \cdots\cdots ① \\ y=\frac{a}{4}(5\sin\theta-\sin5\theta) & \cdots\cdots ② \end{cases}\quad (\theta:\text{媒介変数})$$

で表される。……………………………………………(終)

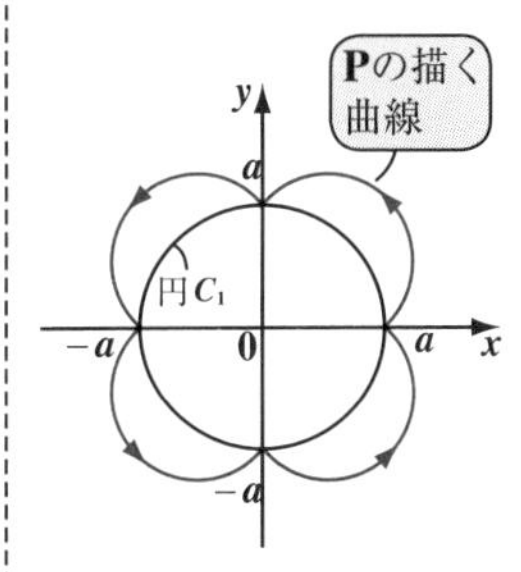

極方程式(Ⅰ)

元気力アップ問題 52　難易度 ★★　CHECK 1　CHECK 2　CHECK 3

次の極方程式を，xy 座標の方程式に書き換えて，そのグラフの概形を描け。

(1) $r = 4\cos\theta + 2\sin\theta$　　(2) $r^2(7\cos^2\theta + 9) = 144$　　(奈良教育大)

ヒント！ 極方程式(r と θ の方程式)は，$x = r\cos\theta$，$y = r\sin\theta$，$r^2 = x^2 + y^2$ の変換公式を用いて，x と y の方程式に書き換えることができる。

解答＆解説

(1) $r = 4\cos\theta + 2\sin\theta$ …① の両辺に r をかけて，

$$\underbrace{r^2}_{x^2+y^2} = 4\underbrace{r\cos\theta}_{x} + 2\underbrace{r\sin\theta}_{y}$$

$x^2 + y^2 = 4x + 2y$　　$x^2 - 4x + y^2 - 2y = 0$

$(x^2 - 4x + 4) + (y^2 - 2y + 1) = 4 + 1$

$(x-2)^2 + (y-1)^2 = 5$ …② となる。…………(答)

②は中心 $C(2, 1)$，半径 $r = \sqrt{5}$ の円より，このグラフは右図のようになる。…………(答)

(2) $r^2(7\cos^2\theta + 9) = 144$ …③ を変形して，

$$7\underbrace{r^2\cos^2\theta}_{(r\cos\theta)^2 = x^2} + 9\underbrace{r^2}_{(x^2+y^2)} = 144$$

$7x^2 + 9(x^2 + y^2) = 144$

$16x^2 + 9y^2 = 16 \times 9$

$\therefore \dfrac{x^2}{9} + \dfrac{y^2}{16} = 1$ …④となる。…………(答)

④は，$\dfrac{x^2}{3^2} + \dfrac{y^2}{4^2} = 1$ より，原点を中心とする右図のような短軸 6，長軸 8 のたて長のだ円である。

………(答)

ココがポイント

⇦変換公式：
$r^2 = x^2 + y^2$
$\begin{cases} x = r\cos\theta \\ y = r\sin\theta \end{cases}$

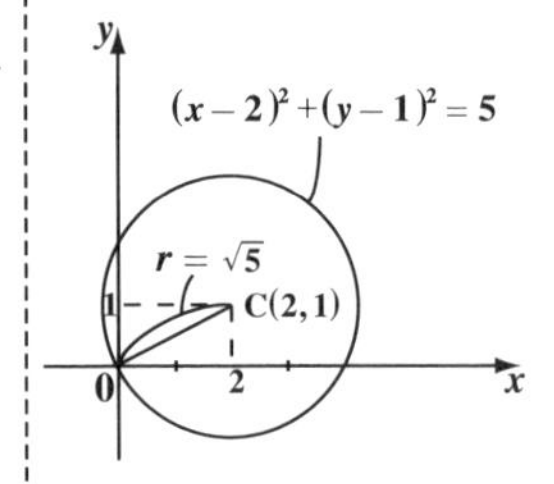

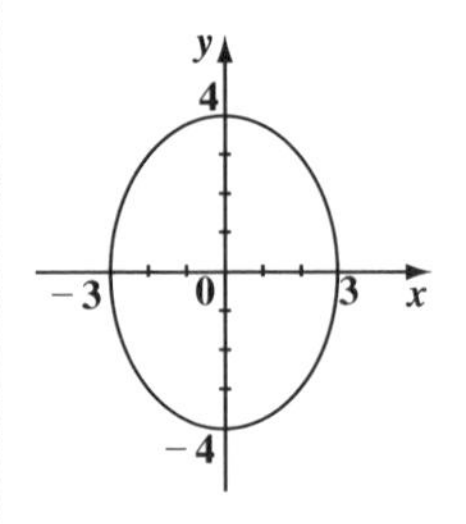

極方程式(Ⅱ)

元気力アップ問題 53　難易度 ★★　CHECK 1　CHECK 2　CHECK 3

極方程式で表された曲線 $C: r = \dfrac{1}{1-\sin\theta}$ …①，直線 $l: \theta = \dfrac{\pi}{4}$ …②
がある。①と②を xy 座標の方程式に書き換え，これらの交点の座標を求めよ。

ヒント！ 変換公式として，$r^2 = x^2 + y^2$，$x = r\cos\theta$，$y = r\sin\theta$ 以外に，$\tan\theta = \dfrac{y}{x}$ も利用しよう。これは，$\dfrac{y}{x} = \dfrac{\cancel{r}\sin\theta}{\cancel{r}\cos\theta} = \tan\theta$ となるからなんだね。

解答＆解説

・曲線 $C: r = \dfrac{1}{1-\sin\theta}$ …① を変形して，

$r(1-\sin\theta) = 1$　　$r - \underbrace{r\sin\theta}_{y} = 1$

$r = y + 1$　この両辺を 2 乗して，

$\underbrace{r^2}_{x^2+y^2} = (y+1)^2$　　$x^2 + \cancel{y^2} = \cancel{y^2} + 2y + 1$

∴①は放物線 $y = \dfrac{1}{2}x^2 - \dfrac{1}{2}$ …①´となる。……(答)

⇦変換公式：$y = r\sin\theta$，$r^2 = x^2 + y^2$ を利用する。

・直線 $l: \theta = \dfrac{\pi}{4}$ …② の両辺の正接 (tan) をとって，

$\underbrace{\tan\theta}_{\frac{y}{x}} = \tan\dfrac{\pi}{4} = 1$　　$\dfrac{y}{x} = 1$

⇦変換公式：$\tan\theta = \dfrac{y}{x}$

∴②は直線 $y = x$ ……②´である。……………………(答)

①´，②´より y を消去して，$x = \dfrac{1}{2}x^2 - \dfrac{1}{2}$

$x^2 - 2x - 1 = 0$　これを解いて，$x = 1 \pm \sqrt{2}$

これを②´に代入して，$y = 1 \pm \sqrt{2}$

以上より，①´と②´の交点の座標は，

$(1+\sqrt{2},\ 1+\sqrt{2})$，$(1-\sqrt{2},\ 1-\sqrt{2})$ である。………(答)

ココがポイント

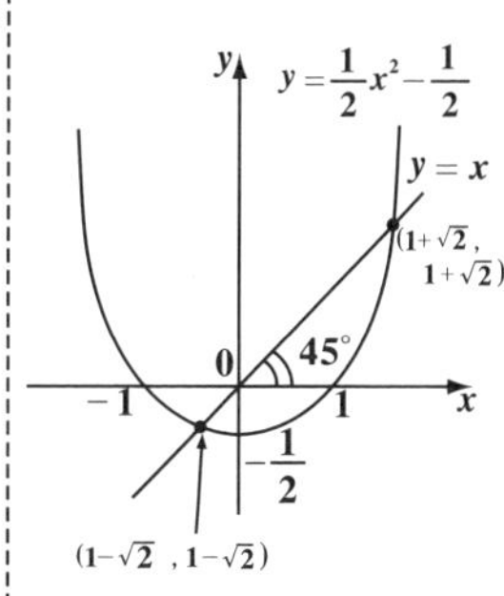

平面ベクトル 1
空間ベクトル 2
複素数平面 3
式と曲線 4

極方程式 (Ⅲ)

元気力アップ問題 54　難易度 ★★　CHECK 1　CHECK 2　CHECK 3

次の極方程式を xy 座標の方程式に書き換えて，そのグラフの概形を描け。

(1) $r=\dfrac{-4}{1+\cos\theta}$　(2) $r=\dfrac{6}{2-\sin\theta}$　(3) $r=\dfrac{-6}{1+2\cos\theta}$

ヒント！ 2 次曲線の極方程式は，$r=\dfrac{k}{1\pm e\cos\theta}$…(*)（ただし (i) $0<e<1$ のときはだ円，(ii) $e=1$ のときは放物線，(iii) $1<e$ のときは双曲線になる。）で表されることはシッカリ頭に入れておこう。今回の (2) や元気力アップ問題 53 のように $\cos\theta$ の代わりに $\sin\theta$ が (*) に入ったとしても，同様に曲線が描けることも，実際に問題を解いて，確認しておこう。

解答＆解説

ココがポイント

(1) $r=\dfrac{-4}{1+\cos\theta}$ …① を変形して，$r(1+\cos\theta)=-4$

$r+r\cos\theta=-4$　　$r=-x-4$

（$r\cos\theta$ は x ←変換公式）

この両辺を 2 乗して，$r^2=(-x-4)^2$

（変換公式→ r^2 は x^2+y^2，$(-x-4)^2$ は $(x+4)^2=x^2+8x+16$）

$x^2+y^2=x^2+8x+16$

∴①は放物線 $y^2=4\cdot2(x+2)$ である。…………(答)

（これは，放物線 $y^2=4\cdot2\cdot x$ を $(-2,0)$ だけ平行移動したもの）

このグラフの概形を右図に示す。…………………(答)

⇦ $r=\dfrac{-4}{1+1\cdot\cos\theta}$ より，これは放物線になる。

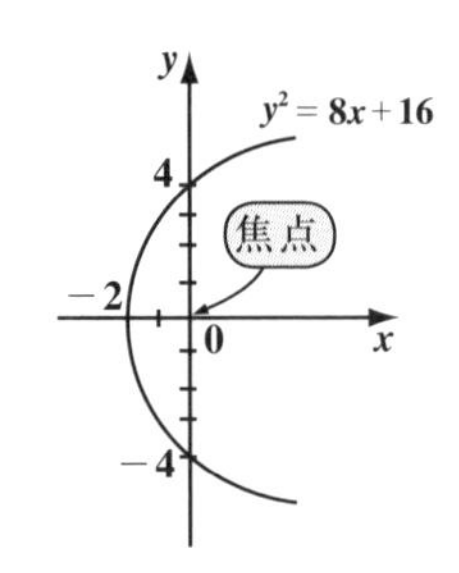

(2) $r=\dfrac{6}{2-\sin\theta}$ …② を変形して，

$r(2-\sin\theta)=6$　　$2r-r\sin\theta=6$

（$r\sin\theta$ は y ←変換公式）

$2r=y+6$　この両辺を 2 乗して，

$4r^2=(y+6)^2$　　$4(x^2+y^2)=y^2+12y+36$

（r^2 は x^2+y^2 ←変換公式）

⇦ $r=\dfrac{3}{1-\frac{1}{2}\cdot\sin\theta}$ より，これはだ円を表す。

$$4x^2+3y^2-12y=36$$

$$4x^2+3(y^2-4y+\underline{\underline{4}})=36+\underline{\underline{12}}$$

$$4x^2+3(y-2)^2=48$$

∴②はだ円 $\dfrac{x^2}{12}+\dfrac{(y-2)^2}{16}=1$ である。…………(答)

これは，だ円 $\dfrac{x^2}{(2\sqrt{3})^2}+\dfrac{y^2}{4^2}=1$ を $(0,\ 2)$ だけ平行移動したもの

このグラフの概形を右図に示す。………………(答)

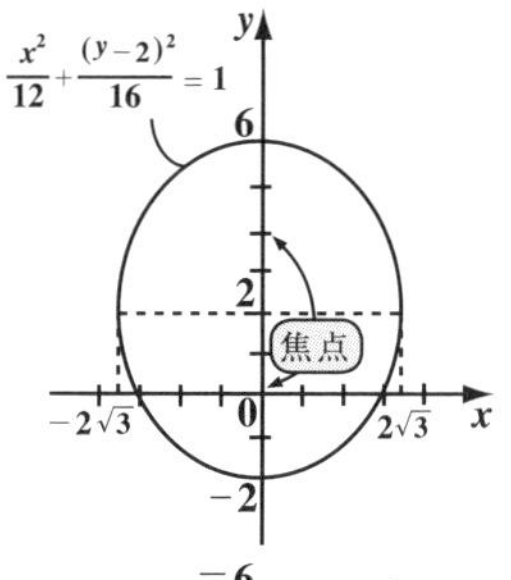

(3) $r=\dfrac{-6}{1+2\cos\theta}$ …③ を変形して，

⇦ $r=\dfrac{-6}{1+2\cdot\cos\theta}$ より，これは双曲線を表す。

$$r(1+2\cos\theta)=-6 \qquad r+2\underbrace{r\cos\theta}_{x}=-6$$

変換公式

$r=-2x-6$　この両辺を **2** 乗して，

$$\underbrace{r^2}_{x^2+y^2}=\underbrace{(-2x-6)^2}_{(2x+6)^2=4x^2+24x+36}$$

変換公式

$$x^2+y^2=4x^2+24x+36$$

$$3x^2+24x-y^2=-36$$

$$3(x^2+8x+\underline{\underline{16}})-y^2=-36+\underline{\underline{48}}$$

$$3(x+4)^2-y^2=12$$

∴③は双曲線 $\dfrac{(x+4)^2}{4}-\dfrac{y^2}{12}=1$ である。……(答)

これは，双曲線 $\dfrac{x^2}{2^2}-\dfrac{y^2}{(2\sqrt{3})^2}=1$ を $(-4,\ 0)$ だけ平行移動したもの

このグラフの概形を右図に示す。………………(答)

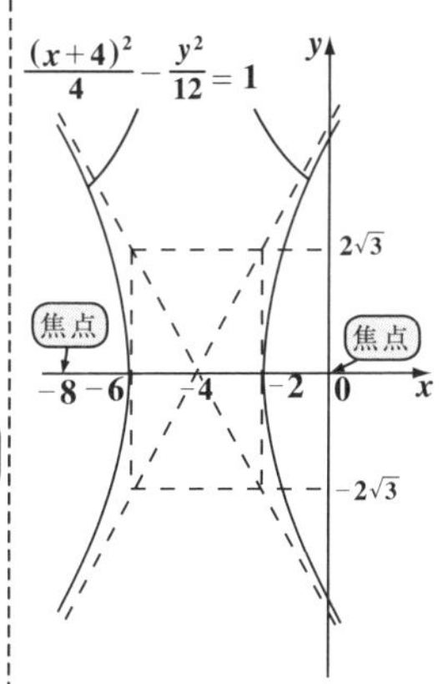

第4章 ● 式と曲線の公式の復習

1. 放物線の公式

(i) $x^2 = 4py\ (p \neq 0)$ の場合，(ア) 焦点 $F(0,\ p)$ (イ) 準線：$y = -p$

(ウ) $QF = QH$ (Q：曲線上の点，QH：Q と準線との距離)

(ii) $y^2 = 4px\ (p \neq 0)$ の場合，(ア) 焦点 $F(p,\ 0)$ (イ) 準線：$x = -p$

(ウ) $QF = QH$ (Q：曲線上の点，QH：Q と準線との距離)

2. だ円：$\dfrac{x^2}{a^2} + \dfrac{y^2}{b^2} = 1$ の公式

(i) $a > b$ の場合，(ア) 焦点 $F_1(c,\ 0)$，$F_2(-c,\ 0)$ $(c = \sqrt{a^2 - b^2})$

(イ) $PF_1 + PF_2 = 2a$ (P：曲線上の点)

(ii) $b > a$ の場合，(ア) 焦点 $F_1(0,\ c)$，$F_2(0,\ -c)$ $(c = \sqrt{b^2 - a^2})$

(イ) $PF_1 + PF_2 = 2b$ (P：曲線上の点)

3. 双曲線の公式

(i) $\dfrac{x^2}{a^2} - \dfrac{y^2}{b^2} = 1$ の場合，(ア) 焦点 $F_1(c,\ 0)$，$F_2(-c,\ 0)$ $(c = \sqrt{a^2 + b^2})$

(イ) 漸近線：$y = \pm\dfrac{b}{a}x$ (ウ) $|PF_1 - PF_2| = 2a$ (P：曲線上の点)

(ii) $\dfrac{x^2}{a^2} - \dfrac{y^2}{b^2} = -1$ の場合，(ア) 焦点 $F_1(0,\ c)$，$F_2(0,\ -c)$ $(c = \sqrt{a^2 + b^2})$

(イ) 漸近線：$y = \pm\dfrac{b}{a}x$ (ウ) $|PF_1 - PF_2| = 2b$ (P：曲線上の点)

4. アステロイド曲線の媒介変数表示

$x = a\cos^3\theta,\ y = a\sin^3\theta$ (θ：媒介変数，a：正の定数)

5. サイクロイド曲線の媒介変数表示

$x = a(\theta - \sin\theta),\ y = a(1 - \cos\theta)$ (θ：媒介変数，a：正の定数)

6. 座標の変換公式

(1) $\begin{cases} x = r\cos\theta \\ y = r\sin\theta \end{cases}$ (2) $x^2 + y^2 = r^2$ (3) $\dfrac{y}{x} = \tan\theta$

7. 極方程式は，r と θ の関係式。$r = f(\theta)$ の形のものが代表的。

2次曲線の極方程式 $r = \dfrac{k}{1 \pm e\cos\theta}$ (e：離心率)

第 5 章
CHAPTER

5 数列の極限

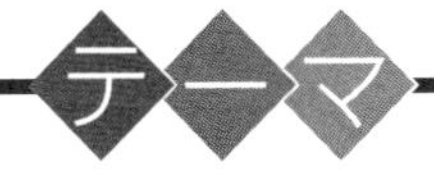

▶ **数列の極限の基本**

$\left(\dfrac{\infty}{\infty}\text{の不定形}\right)$

▶ **無限級数の和**

$$\left(\sum_{k=1}^{\infty} ar^{k-1} = \frac{a}{1-r} \quad (-1 < r < 1)\right)$$

▶ **漸化式と数列の極限**

$$\left(\begin{array}{l} F(n+1) = r \cdot F(n) \\ F(n) = F(1) \cdot r^{n-1} \end{array}\right)$$

第5章 数列の極限 ●公式&解法パターン

1. 等差数列・等比数列

(1) 初項 a，公差 d の等差数列 $\{a_n\}$ の一般項 a_n は，

$a_n = a + (n-1)d \quad (n = 1,\ 2,\ 3,\ \cdots)$

(2) 初項 a，公比 r の等比数列 $\{a_n\}$ の一般項 a_n は，

$a_n = a \cdot r^{n-1} \quad (n = 1,\ 2,\ 3,\ \cdots)$

2. 数列の極限 $\lim_{n\to\infty} a_n$ の収束と発散

(ⅰ) 収束　$\lim_{n\to\infty} a_n = \alpha$ …… 極限値は α

(ⅱ) 発散
- $\lim_{n\to\infty} a_n = \infty$ …… 正の無限大に発散
- $\lim_{n\to\infty} a_n = -\infty$ … 負の無限大に発散
- $\lim_{n\to\infty} a_n$ の値が振動して定まらない　} 極限はない

（(ⅰ)と，(ⅱ)の正・負の無限大に発散する場合は } 極限がある）

特に，$\infty - \infty$ や $\frac{\infty}{\infty}$ の形の極限は，収束する場合もあれば，発散する場合もあって定まらないので，**不定形**(ふていけい)と呼ばれる。

(ex) $\lim_{n\to\infty} \frac{n^2-1}{n^2}\left(=\frac{\infty}{\infty}\text{ の不定形}\right)$ は，$\lim_{n\to\infty}\left(1-\frac{1}{n^2}\right) = 1-0 = 1$ (収束) となる。（$\frac{1}{n^2} \to 0$）

3. 収束する数列の性質

2つの数列 $\{a_n\}$ と $\{b_n\}$ が収束して，$\lim_{n\to\infty} a_n = \alpha$，$\lim_{n\to\infty} b_n = \beta$ とする。

このとき，次の公式が成り立つ。

(1) $\lim_{n\to\infty} ka_n = k\alpha$　(k：実数定数)

(2) $\lim_{n\to\infty} (a_n + b_n) = \alpha + \beta$

(3) $\lim_{n\to\infty} (a_n - b_n) = \alpha - \beta$

(4) $\lim_{n\to\infty} a_n \cdot b_n = \alpha\beta$

(5) $\lim_{n\to\infty} \frac{a_n}{b_n} = \frac{\alpha}{\beta}$　$(\beta \neq 0)$

(ex) $\lim_{n\to\infty} a_n = 4$，$\lim_{n\to\infty} b_n = -2$ のとき，

$\lim_{n\to\infty} (5a_n + 4b_n) = 5 \times 4 + 4 \times (-2) = 12$ となる。（$a_n \to 4$，$b_n \to -2$）

4. 数列の大小関係と極限の公式

(1) $a_n \leqq b_n$ $(n = 1,\ 2,\ 3,\ \cdots)$ のとき，

(ⅰ) $\lim_{n\to\infty} a_n = \alpha$ ，$\lim_{n\to\infty} b_n = \beta$ ならば，$\alpha \leqq \beta$ となる。

(ⅱ) $\lim_{n\to\infty} a_n = \infty$ ならば， $\lim_{n\to\infty} b_n = \infty$ となる。

(2) $a_n \leqq c_n \leqq b_n$ $(n = 1,\ 2,\ 3,\ \cdots)$ のとき，

$\lim_{n\to\infty} a_n = \lim_{n\to\infty} b_n = \alpha$ ならば，$\lim_{n\to\infty} c_n = \alpha$ となる。

(2) は特に，**はさみ打ちの原理**と呼ばれ，数列の極限を求めるのによく使われるんだね。覚えておこう！

5. 極限 $\lim_{n\to\infty} r^n$

(ⅰ) $-1 < r < 1$ のとき，　$\lim_{n\to\infty} r^n = 0$

(ⅱ) $r = 1$ のとき，　$\lim_{n\to\infty} r^n = 1$

(ⅲ) $r \leqq -1$，$1 < r$ のとき，　$\lim_{n\to\infty} r^n$ は発散する。

((ⅲ) $r < -1$，$1 < r$ の場合でも，
$-1 < \frac{1}{r} < 1$ となるので，$\lim_{n\to\infty} \left(\frac{1}{r}\right)^n = 0$ となる。)

6. Σ 計算の基本公式

(1) Σ 計算の次の 5 つの基本公式は絶対暗記しよう！

(ⅰ) $\sum_{k=1}^{n} c = \underbrace{c + c + c + \cdots + c}_{n\text{ 個の } c \text{ の和}} = nc$　(c：定数，$n = 1,\ 2,\ 3,\ \cdots$)

(ⅱ) $\sum_{k=1}^{n} k = 1 + 2 + 3 + \cdots + n = \frac{1}{2}n(n+1)$　$(n = 1,\ 2,\ 3,\ \cdots)$

(ⅲ) $\sum_{k=1}^{n} k^2 = 1^2 + 2^2 + 3^2 + \cdots + n^2 = \frac{1}{6}n(n+1)(2n+1)$　$(n = 1,\ 2,\ \cdots)$

(ⅳ) $\sum_{k=1}^{n} k^3 = 1^3 + 2^3 + 3^3 + \cdots + n^3 = \frac{1}{4}n^2(n+1)^2$　$(n = 1,\ 2,\ 3,\ \cdots)$

(ⅴ) $\sum_{k=1}^{n} (I_k - I_{k+1}) = I_1 - I_{n+1}$　$(n = 1,\ 2,\ 3,\ \cdots)$

(2) Σ 計算の性質も重要だ。

(ⅰ) $\sum_{k=1}^{n} ca_k = c\sum_{k=1}^{n} a_k$　　(ⅱ) $\sum_{k=1}^{n} (a_k \pm b_k) = \sum_{k=1}^{n} a_k \pm \sum_{k=1}^{n} b_k$　(複号同順)

7. 無限級数の和

(1) 無限等比級数の和は，初項 a と公比 r で決まる。

初項 a，公比 r の等比数列 $\{a_n\}$ が，収束条件 $-1 < r < 1$ をみたすならば，

無限等比級数 $S = \sum_{k=1}^{\infty} ar^{k-1} = a + ar + ar^2 + ar^3 + \cdots + ar^{n-1} + \cdots = \frac{a}{1-r}$

となる。

(2) 部分分数分解型の無限級数では，途中の項が消える。

たとえば，$\sum_{k=1}^{\infty}\left(\frac{1}{k} - \frac{1}{k+1}\right)$ のとき，この部分和を $S_n = \sum_{k=1}^{n}\left(\frac{1}{k} - \frac{1}{k+1}\right)$

これは，$I_k - I_{k+1}$ の形だね。

とおくと，

$$S_n = \left(\frac{1}{1} - \frac{1}{2}\right) + \left(\frac{1}{2} - \frac{1}{3}\right) + \left(\frac{1}{3} - \frac{1}{4}\right) + \cdots + \left(\frac{1}{n} - \frac{1}{n+1}\right)$$

$= 1 - \frac{1}{n+1}$　より，この無限級数の和は，

$$\sum_{k=1}^{\infty}\left(\frac{1}{k} - \frac{1}{k+1}\right) = \lim_{n\to\infty} S_n = \lim_{n\to\infty}\left(1 - \frac{1}{n+1}\right) = 1$$ となる。

（$\frac{1}{n+1} \to 0$）

8. 数列の漸化式の解の極限の問題

数列の漸化式を解いて，一般項 a_n を求め，その極限 $\lim_{n\to\infty} a_n$ を求めさせる問題は頻出なので，漸化式の解法パターンを復習しておこう。

(1) 等差数列型の漸化式とその解

$a_1 = a$，$a_{n+1} = a_n + d$　$(n = 1, 2, 3, \cdots)$ のとき，

一般項 $a_n = a + (n-1)d$　となる。

(2) 等比数列型の漸化式とその解

$a_1 = a$，$a_{n+1} = r \cdot a_n$　$(n = 1, 2, 3, \cdots)$ のとき，

一般項 $a_n = ar^{n-1}$　となる。

(3) 階差数列型の漸化式とその解

$a_1 = a$，$a_{n+1} - a_n = b_n$　$(n = 1, 2, 3, \cdots)$ のとき，

$n \geqq 2$ で，$a_n = a + \sum_{k=1}^{n-1} b_k$　となるんだね。

9. 等比関数列型漸化式の解法

等比関数列型漸化式の解法は，基本的に等比数列型の漸化式の解法と同様だから，対比して覚えよう。

(i) 等比関数列型の漸化式

$F(n+1)=r\cdot F(n)$ のとき，

$F(n)=F(1)\cdot r^{n-1}$ と変形できる。

$(n=1,\ 2,\ 3,\ \cdots)$

(ii) 等比数列型の漸化式

$a_{n+1}=r\cdot a_n$ のとき，

$a_n=a_1\cdot r^{n-1}$ と変形できる。

$(n=1,\ 2,\ 3,\ \cdots)$

(1) $a_{n+1}=pa_n+q$ の解法

特性方程式：$x=px+q$ の解 $x=\alpha$ を用いて，

$a_{n+1}-\alpha=p(a_n-\alpha)$ より，$[F(n+1)=pF(n)]$

$a_n-\alpha=(a_1-\alpha)p^{n-1}$ $\quad[F(n)=F(1)\cdot p^{n-1}]$

として a_n を求める。

(2) $a_{n+2}+pa_{n+1}+qa_n=0$ の解法

特性方程式：$x^2+px+q=0$ の解 $x=\alpha,\ \beta$ を用いて，

$$\begin{cases}a_{n+2}-\alpha a_{n+1}=\beta(a_{n+1}-\alpha a_n) & [F(n+1)=\beta F(n)]\\ a_{n+2}-\beta a_{n+1}=\alpha(a_{n+1}-\beta a_n)\ \text{より，} & [G(n+1)=\alpha G(n)]\end{cases}$$

$$\begin{cases}a_{n+1}-\alpha a_n=(a_2-\alpha a_1)\beta^{n-1}\ \cdots① & [F(n)=F(1)\cdot\beta^{n-1}]\\ a_{n+1}-\beta a_n=(a_2-\beta a_1)\alpha^{n-1}\ \cdots② & [G(n)=G(1)\cdot\alpha^{n-1}]\end{cases}$$

とし，①－②から a_n を求める。

(ex) $a_1=1,\ a_2=4,\ a_{n+2}-4a_{n+1}+3a_n=0\cdots$㋐ $(n=1,\ 2,\ 3,\ \cdots)$のとき，

$\displaystyle\lim_{n\to\infty}\frac{a_n}{3^n}$ を求めよう。

特性方程式 $x^2-4x+3=0$ より，$(x-1)(x-3)=0$ $\therefore x=1,\ 3$

よって，㋐は，$\begin{cases}a_{n+2}-1\cdot a_{n+1}=3\cdot(a_{n+1}-1\cdot a_n)\\ a_{n+2}-3\cdot a_{n+1}=1\cdot(a_{n+1}-3\cdot a_n)\end{cases}$ と変形できる。よって，

$$\begin{cases}a_{n+1}-a_n=(a_2-a_1)\cdot 3^{n-1}=3^n\cdots\cdots㋑\\ a_{n+1}-3a_n=(a_2-3a_1)\cdot 1^{n-1}=1\cdots㋒\end{cases}$$

よって，㋑－㋒より，

$2a_n=3^n-1$ $\quad\therefore a_n=\dfrac{1}{2}(3^n-1)$ $\quad(n=1,\ 2,\ 3,\ \cdots)$

$$\therefore\lim_{n\to\infty}\frac{a_n}{3^n}=\lim_{n\to\infty}\frac{1}{2}\cdot\frac{3^n-1}{3^n}=\lim_{n\to\infty}\frac{1}{2}\left(1-\underbrace{\frac{1}{3^n}}_{0}\right)=\frac{1}{2}$$ となる。

元気力アップ問題 55　難易度 ★★　CHECK 1　CHECK 2　CHECK 3

次の極限を求めよ。

(1) $\displaystyle\lim_{n\to\infty}\frac{2^n+6^n}{3^n+6^{n+1}}$ （東京電気大＊）

(2) $\displaystyle\lim_{n\to\infty}(\sqrt{n^2+3n+2}-n)$ （成蹊大）

ヒント！ (1) は，分子・分母を 6^n で割るといいね。(2) は，分子・分母に $(\sqrt{\quad}+n)$ をかけると，うまくいくんだね。

解答＆解説

(1) $\displaystyle\lim_{n\to\infty}\frac{2^n+6^n}{3^n+6^{n+1}}$ ⇦ $\frac{\infty}{\infty}$ の不定形

分子・分母を 6^n で割った

$$=\lim_{n\to\infty}\frac{\left(\frac{1}{3}\right)^n+1}{\left(\frac{1}{2}\right)^n+6}=\frac{0+1}{0+6}=\frac{1}{6} \quad\cdots\cdots(答)$$

（$\left(\frac{1}{3}\right)^n\to 0$，$\left(\frac{1}{2}\right)^n\to 0$）

⇦ $\dfrac{\frac{2^n}{6^n}+\frac{6^n}{6^n}}{\frac{3^n}{6^n}+\frac{6^{n+1}}{6^n}}=\dfrac{\left(\frac{1}{3}\right)^n+1}{\left(\frac{1}{2}\right)^n+6}$

(2) $\displaystyle\lim_{n\to\infty}(\sqrt{n^2+3n+2}-n)$ ⇦ $\infty-\infty$ の不定形

$n^2+3n+2-n^2=3n+2$

$$=\lim_{n\to\infty}\frac{(\sqrt{n^2+3n+2}-n)(\sqrt{n^2+3n+2}+n)}{\sqrt{n^2+3n+2}+n}$$

⇦ 分子・分母に $(\sqrt{\quad}+n)$ をかけた。

$$=\lim_{n\to\infty}\frac{3n+2}{\sqrt{n^2+3n+2}+n}\quad\left(=\frac{\infty}{\infty}の不定形\right)$$

⇦ $\dfrac{1次の\infty}{1次の\infty}$ より，分子・分母を n で割る。

$$=\lim_{n\to\infty}\frac{3+\frac{2}{n}}{\sqrt{1+\frac{3}{n}+\frac{2}{n^2}}+1}=\frac{3+0}{\sqrt{1+0+0}+1}$$

（$\frac{2}{n}\to 0$，$\frac{3}{n}\to 0$，$\frac{2}{n^2}\to 0$）

⇦ 分母を n で割ると，

$\dfrac{\sqrt{n^2+3n+2}}{n}+\dfrac{n}{n}$

$=\sqrt{\dfrac{n^2+3n+2}{n^2}}+1$

$=\sqrt{1+\dfrac{3}{n}+\dfrac{2}{n^2}}+1$

$$=\frac{3}{\sqrt{1}+1}=\frac{3}{2}\quad\cdots\cdots(答)$$

Σ計算と数列の極限(Ⅰ)

元気力アップ問題 56　難易度 ★★　CHECK 1　CHECK 2　CHECK 3

$S_n = 2 + 2^2 + 2^3 + \cdots + 2^n$ $(n = 1, 2, 3, \cdots)$ とおく。このとき，

極限 $\lim_{n \to \infty} \frac{\log_2 S_n}{n}$ を求めよ。

ヒント！ S_nは，初項$a=2$，公比$r=2$，項数nの等比数列の和であるから，公式：$S_n = \frac{a(1-r^n)}{1-r}$を使えばいい。後は，$\log_2 S_n$の変形を工夫しよう。

解答＆解説

$S_n = 2^1 + 2^2 + 2^3 + \cdots + 2^n$ $(n = 1, 2, 3, \cdots)$

は初項 $a=2$，公比 $r=2$，項数 n の等比数列の和より，

$$S_n = \frac{2\cdot(1-2^n)}{1-2} = 2(2^n - 1) = 2^{n+1} - 2$$

となる。よって，$S_n > 0$ より，S_n の底 2 の対数をとると，

$$\log_2 S_n = \log_2(2^{n+1} - 2)$$

$$= \log_2 2^{n+1}\left(1 - \frac{1}{2^n}\right)$$

$$= \log_2 2^{n+1} + \log_2\left(1 - \frac{1}{2^n}\right)$$

$\log_2 x\cdot y = \log_2 x + \log_2 y$

$(n+1)\cdot\log_2 2 = n+1$　　$\log_2 x^{\alpha} = \alpha\log_2 x$

$1\ (\because 2^1 = 2)$

$$= n + 1 + \log_2\left(1 - \frac{1}{2^n}\right) \cdots\cdots ①となる。$$

よって，①から，求める極限は，

$$\lim_{n\to\infty}\frac{\log_2 S_n}{n} = \lim_{n\to\infty}\frac{n + 1 + \log_2\left(1 - \frac{1}{2^n}\right)}{n}$$

$$= \lim_{n\to\infty}\left\{1 + \frac{1}{n} + \frac{\log_2\left(1 - \frac{1}{2^n}\right)}{n}\right\}$$

$\frac{1}{n} \to 0$，$\frac{1}{2^n} \to 0$，$\frac{0}{\infty} = 0$

$$= 1 + 0 + 0 = 1 \cdots\cdots(答)$$

ココがポイント

⇦等比数列の和の公式
$S_n = \frac{a(1-r^n)}{1-r}$
$(a = 2,\ r = 2)$

⇦真数 $2^{n+1} - 2$ から，
2^{n+1} をくくり出すと，
$2^{n+1}\left(1 - \frac{2}{2^{n+1}}\right)$
$= 2^{n+1}\left(1 - \frac{1}{2^n}\right)$となる。

⇦本質的に，
$\frac{1次の\infty}{1次の\infty}$の形だね。

⇦$\log_2 1 = 0$ $(\because 2^0 = 1)$

Σ計算と数列の極限(II)

元気力アップ問題 57　難易度 ★★　CHECK 1　CHECK 2　CHECK 3

$T_n = \dfrac{1^2+3^2+5^2+\cdots+(2n-1)^2}{n^4+n^2}$　$(n=1, 2, 3, \cdots)$ とおく。このとき，極限 $\lim_{n\to\infty} nT_n$ を求めよ。

ヒント！ $(T_n\text{ の分子}) = \sum_{k=1}^{n}(2k-1)^2$ として，まず分子だけ先に計算しよう。

解答＆解説

・$(T_n\text{ の分子}) = 1^2+3^2+5^2+\cdots+(2n-1)^2$

$$= \sum_{k=1}^{n}(2k-1)^2 = \sum_{k=1}^{n}(4k^2-4k+1)$$

$$= 4\sum_{k=1}^{n}k^2 - 4\sum_{k=1}^{n}k + \sum_{k=1}^{n}1$$

（$\sum_{k=1}^{n}k^2 = \frac{1}{6}n(n+1)(2n+1)$，$\sum_{k=1}^{n}k = \frac{1}{2}n(n+1)$，$\sum_{k=1}^{n}1 = n\cdot 1 = n$）

$$= \frac{2}{3}n(n+1)(2n+1) - 2n(n+1) + n$$

$$= \frac{n}{3}\{2(n+1)(2n+1) - 6(n+1) + 3\}$$

$$= \frac{1}{3}\cdot n(4n^2-1) \quad \cdots\cdots\cdots ①$$

よって①より，求める極限は，

$$\lim_{n\to\infty} nT_n = \lim_{n\to\infty}\frac{\frac{1}{3}n^2(4n^2-1)}{n^4+n^2} = \lim_{n\to\infty}\frac{1}{3}\cdot\frac{n^2(4n^2-1)}{n^2(n^2+1)}$$

$$= \lim_{n\to\infty}\frac{4n^2-1}{3n^2+3} = \lim_{n\to\infty}\frac{4-\frac{1}{n^2}}{3+\frac{3}{n^2}}$$

（$\frac{1}{n^2}\to 0$，$\frac{3}{n^2}\to 0$）

$$= \frac{4-0}{3+0} = \frac{4}{3} \quad \cdots\cdots\cdots(答)$$

ココがポイント

⇦ Σ計算の公式
・$\sum_{k=1}^{n}c = nc$
・$\sum_{k=1}^{n}k = \frac{1}{2}n(n+1)$
・$\sum_{k=1}^{n}k^2 = \frac{1}{6}n(n+1)(2n+1)$

⇦ { }内 $= 2(2n^2+3n+1) - 6n - 6 + 3 = 4n^2-1$

⇦ $\dfrac{4\text{次の}\infty}{4\text{次の}\infty}$

⇦ $\dfrac{2\text{次の}\infty}{2\text{次の}\infty}$ より，分子・分母を n^2 で割った！

無限級数(Ⅰ)

元気力アップ問題 58	難易度 ★★	CHECK 1	CHECK 2	CHECK 3

次の問いに答えよ。

(1) 極限 $\displaystyle\lim_{n\to\infty}\left(2^1\times 2^{\frac{1}{3}}\times 2^{\frac{1}{3^2}}\times\cdots\times 2^{\frac{1}{3^{n-1}}}\right)$ を求めよ。

(2) 無限級数 $\displaystyle\sum_{n=1}^{\infty}\frac{5^{n+1}-3^{n+1}}{15^n}$ の和を求めよ。　　(岡山理大)

ヒント！ (1), (2) 共に無限等比級数 $\displaystyle\sum_{k=1}^{\infty}ar^{k-1}=\frac{a}{1-r}\ (-1<r<1)$ の問題だね。

解答＆解説

(1) $2^1\times 2^{\frac{1}{3}}\times 2^{\frac{1}{3^2}}\times\cdots\times 2^{\frac{1}{3^{n-1}}}=2^{\boxed{1+\frac{1}{3}+\frac{1}{3^2}+\cdots+\frac{1}{3^{n-1}}}}$ （S_n とおく。）

ここで，$S_n=1+\dfrac{1}{3}+\dfrac{1}{3^2}+\cdots+\dfrac{1}{3^{n-1}}$ とおくと，

$S_n=\displaystyle\sum_{k=1}^{n}1\cdot\left(\frac{1}{3}\right)^{k-1}$ より，初項 $a=1$，公比 $r=\dfrac{1}{3}$ （収束条件 $(-1<r<1)$）

の等比数列の和となる。よって，$n\to\infty$ のとき，

$$\lim_{n\to\infty}S_n=\sum_{k=1}^{\infty}1\cdot\left(\frac{1}{3}\right)^{k-1}=\frac{1}{1-\frac{1}{3}}=\frac{1}{\frac{2}{3}}=\frac{3}{2}$$ となる。

∴求める極限は，$\displaystyle\lim_{n\to\infty}2^{S_n}=2^{\frac{3}{2}}=2\cdot 2^{\frac{1}{2}}=2\sqrt{2}$ …(答)

(2) $$\sum_{n=1}^{\infty}\frac{5^{n+1}-3^{n+1}}{15^n}=\sum_{n=1}^{\infty}\left\{5\cdot\left(\frac{1}{3}\right)^n-3\cdot\left(\frac{1}{5}\right)^n\right\}$$

$$=\sum_{n=1}^{\infty}\underbrace{\frac{5}{3}}_{a}\cdot\Big(\underbrace{\frac{1}{3}}_{r}\Big)^{n-1}-\sum_{n=1}^{\infty}\underbrace{\frac{3}{5}}_{a'}\cdot\Big(\underbrace{\frac{1}{5}}_{r'}\Big)^{n-1}$$

（2つの無限等比級数の和の引き算に持ち込んだ！）

$$=\frac{\frac{5}{3}}{1-\frac{1}{3}}-\frac{\frac{3}{5}}{1-\frac{1}{5}}=\frac{\frac{5}{3}}{\frac{2}{3}}-\frac{\frac{3}{5}}{\frac{4}{5}}$$

$$=\frac{5}{2}-\frac{3}{4}=\frac{10-3}{4}=\frac{7}{4}$$ ……………………(答)

ココがポイント

⇦ 指数部を S_n とおいて，S_n を求め，$\displaystyle\lim_{n\to\infty}S_n=\alpha$ を求めよう。すると，この極限は $\displaystyle\lim_{n\to\infty}2^{S_n}=2^{\alpha}$ となる。

⇦ $\displaystyle\sum_{k=1}^{\infty}ar^{k-1}=\frac{a}{1-r}$ (ただし，$-1<r<1$)

⇦ $\dfrac{5\cdot 5^n}{15^n}-\dfrac{3\cdot 3^n}{15^n}=5\left(\dfrac{5}{15}\right)^n-3\left(\dfrac{3}{15}\right)^n$

⇦ 無限等比級数 $\displaystyle\sum_{n=1}^{\infty}ar^{n-1}=\frac{a}{1-r}$ (ただし，$-1<r<1$)

元気力アップ問題 59　難易度 ★★　CHECK 1　CHECK 2　CHECK 3

$S_n=\sum_{k=1}^{n}\left\{\sin\frac{k\pi}{2}-\sin\frac{(k+1)\pi}{2}\right\}$ $(n=1,\ 2,\ 3,\ \cdots)$とする。このとき，極限$\lim_{n\to\infty}\frac{S_n}{n}$を求めよ。

ヒント！ $S_n=\sum_{k=1}^{n}(I_k-I_{k+1})$の形の級数なので，途中の項がすべて消去されて，$S_n=I_1-I_{n+1}$となるね。この後の極限では，はさみ打ちの原理を利用しよう。

解答＆解説

$S_n=\sum_{k=1}^{n}\left\{\sin\frac{k\pi}{2}-\sin\frac{(k+1)\pi}{2}\right\}$について，

$I_k=\sin\frac{k\pi}{2}$とおくと，$I_{k+1}=\sin\frac{(k+1)\pi}{2}$となるので，

$S_n=\sum_{k=1}^{n}(I_k-I_{k+1})$　途中がバサバサッと消える！

$=(I_1-I_2)+(I_2-I_3)+(I_3-I_4)+\cdots+(I_n-I_{n+1})$

$=I_1-I_{n+1}=\underbrace{\sin\frac{1\cdot\pi}{2}}_{1}-\sin\frac{(n+1)\pi}{2}$

$\therefore S_n=1-\sin\frac{(n+1)\pi}{2}$ $\cdots$① $(n=1,\ 2,\ 3,\ \cdots)$となる。

ここで，$-1\leqq\sin\frac{(n+1)\pi}{2}\leqq1$より，

各辺に-1をかけて1をたすと，

$0\leqq\underbrace{1-\sin\frac{(n+1)\pi}{2}}_{S_n(①より)}\leqq2$

$1\geqq\sin\frac{(n+1)\pi}{2}\geqq-1$
$2\geqq1-\sin\frac{(n+1)\pi}{2}\geqq0$

$\therefore 0\leqq S_n\leqq2$より，各辺を$n\ (>0)$で割って，$n\to\infty$とすると，$0\leqq\lim_{n\to\infty}\frac{S_n}{n}\leqq\lim_{n\to\infty}\frac{2}{n}$となる。（$\frac{2}{n}\to0$）

$\therefore \lim_{n\to\infty}\frac{S_n}{n}=0$である。 ……………………(答)

ココがポイント

⇦ $I_k=\sin\frac{k\pi}{2}$とおくと，$I_{k+1}=\sin\frac{(k+1)\pi}{2}$より，$S_n=\sum_{k=1}^{n}(I_k-I_{k+1})$の形のΣ計算だ。

⇦ $\sin\frac{(n+1)\pi}{2}$は，nの値により$0,\ \pm1$に変化するが，$-1\leqq\sin\frac{(n+1)\pi}{2}\leqq1$の範囲に必ず入るので，はさみ打ちの原理が使える。

⇦ $n\to\infty$のとき，$\frac{S_n}{n}$は0と0にはさまれるので，0に収束する。

無限級数(Ⅲ)

元気力アップ問題 60　難易度 ★★　CHECK 1　CHECK 2　CHECK 3

$T_n=\sum_{k=1}^{n}\log_2\frac{k+1}{k}$ $(n=1,\ 2,\ 3,\ \cdots)$ とおく。このとき，極限

$\lim_{n\to\infty}\frac{T_n}{\log_2 n}$ を求めよ。

ヒント！ $T_n=\sum_{k=1}^{n}(I_{k+1}-I_k)$ の形になるので，$T_n=-(I_1-I_{n+1})=I_{n+1}-I_1$ となる。この極限では，T_n をうまく変形することがポイントなんだね。

解答＆解説

$$T_n=\sum_{k=1}^{n}\log_2\frac{k+1}{k}=\sum_{k=1}^{n}\{\underbrace{\log_2(k+1)}_{I_{k+1}}-\underbrace{\log_2 k}_{I_k}\}$$

ここで $I_k=\log_2 k$ とおくと，$I_{k+1}=\log_2(k+1)$ となるので，

$$T_n=-\sum_{k=1}^{n}(I_k-I_{k+1})$$

途中の項がバサバサッと消える！

$$=-\{(I_1-I_2)+(I_2-I_3)+(I_3-I_4)+\cdots+(I_n-I_{n+1})\}$$

$$=-(I_1-I_{n+1})=I_{n+1}-I_1=\log_2(n+1)-\underbrace{\log_2 1}_{0\ (\because 2^0=1)}$$

$\therefore T_n=\log_2(n+1)$ ……① $(n=1,\ 2,\ 3,\ \cdots)$ となる。

①より求める極限は，

$$\lim_{n\to\infty}\frac{T_n}{\log_2 n}=\lim_{n\to\infty}\frac{\log_2(n+1)}{\log_2 n}\quad\left(=\frac{\infty}{\infty}\text{の不定形}\right)$$

$$=\lim_{n\to\infty}\frac{\log_2 n\left(1+\frac{1}{n}\right)}{\log_2 n}=\lim_{n\to\infty}\frac{\log_2 n+\log_2\left(1+\frac{1}{n}\right)}{\log_2 n}$$

$$=\lim_{n\to\infty}\left\{1+\frac{\log_2\left(1+\frac{1}{n}\right)}{\log_2 n}\right\}=1+0=1\quad\text{である。}$$

（$\frac{1}{n}\to 0$，$\log_2 n\to\infty$，$\frac{\log 1}{\infty}=\frac{0}{\infty}=0$）

………(答)

ココがポイント

⇦ $\log_a\frac{y}{x}=\log_a y-\log_a x$

⇦ -1 をくくり出すと計算しやすくなる。

⇦ ここで，分子を
$\log_2(n+1)$
$=\log_2 n\left(1+\frac{1}{n}\right)$
$=\log_2 n+\log_2\left(1+\frac{1}{n}\right)$
と変形すると話が見えてくるんだね。

無限級数の応用

元気力アップ問題 61　難易度★★★　CHECK 1　CHECK 2　CHECK 3

右図のように，複素数平面上の原点を P_0 とし，P_0 から実軸の正の向きに 1 進んだ点を P_1 とする。P_1 に到達した後，$90°$ 回転して $\frac{1}{\sqrt{2}}$ 進んで到達する点を P_2 とおく。以下同様にして点 P_n $(n=1, 2, 3, \cdots)$ に到達した後，$90°$ 回転してから，前回進んだ距離 $(P_{n-1}P_n)$ の $\frac{1}{\sqrt{2}}$ 倍進んで到達する点を P_{n+1} とおく。このとき，極限 $\lim_{n\to\infty} P_n$ を複素数で表せ。

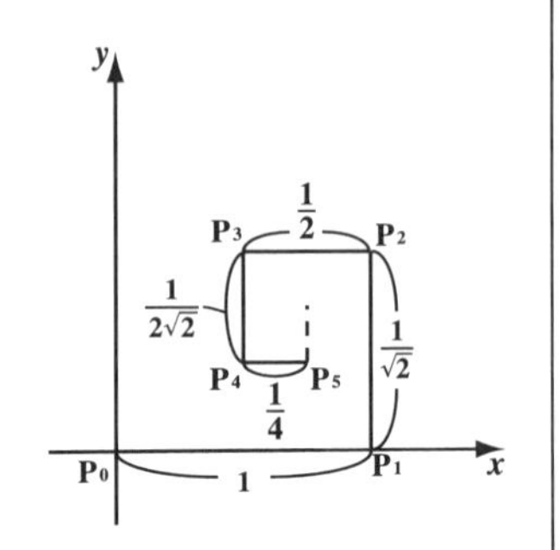

ヒント！ 元気力アップ問題 44 (P68) と類似問題だね。今回は，無限等比級数の問題になるんだね。まず，ベクトルのまわり道の原理から，$\overrightarrow{P_0P_n} = \overrightarrow{P_0P_1} + \overrightarrow{P_1P_2} + \cdots + \overrightarrow{P_{n-1}P_n}$ とし，$\overrightarrow{P_0P_1} = (1, 0) = 1 + 0i = 1$ など…のように，複素数で表示することがコツだね。

解答＆解説

右図のように，実軸上の長さ 1 の線分 P_0P_1 から始めて，順に長さを $\frac{1}{\sqrt{2}}$ 倍に縮小しながら $90°$ ずつ折れた折れ線が，P_1P_2，P_2P_3，…と描かれていくとき，$\overrightarrow{P_0P_n}$ は，まわり道の原理より，次のように表される。

$\overrightarrow{P_0P_n} = \overrightarrow{P_0P_1} + \overrightarrow{P_1P_2} + \overrightarrow{P_2P_3} + \cdots + \overrightarrow{P_{n-1}P_n}$ ……①

ここで，$\overrightarrow{P_0P_1} = (1, 0)$ を複素数で表すと，

$\overrightarrow{P_0P_1} = (1, 0) = 1 + 0i = 1$ ……②となる。

・次に，$\overrightarrow{P_1P_2}$ は，右図に示すように，$\overrightarrow{P_0P_1} = 1$ を $90°$ だけ回転して，$\frac{1}{\sqrt{2}}$ 倍に縮小したものなので

$\alpha = \frac{1}{\sqrt{2}}(\underbrace{\cos 90°}_{0} + i\underbrace{\sin 90°}_{1}) = \frac{1}{\sqrt{2}}i$ とおくと，

ココがポイント

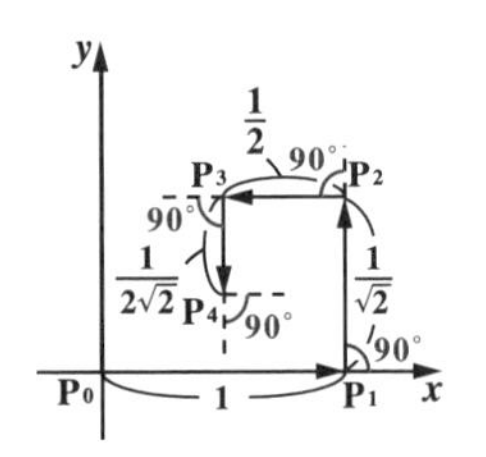

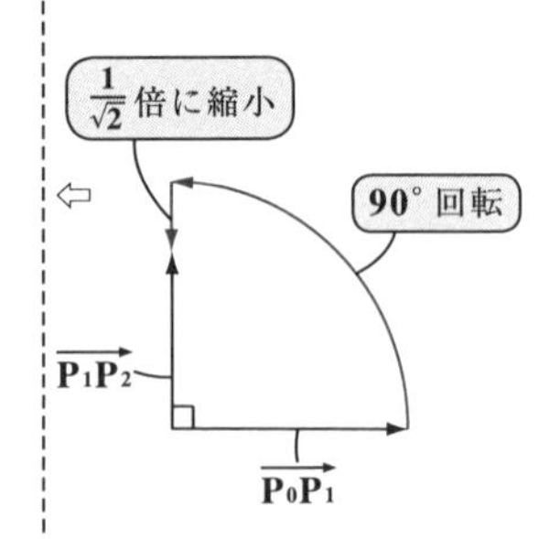

$\overrightarrow{P_1P_2} = \alpha \underbrace{\overrightarrow{P_0P_1}}_{1} = \alpha \cdot 1 = \alpha$ ……③となる。

・$\overrightarrow{P_2P_3}$ も $\overrightarrow{P_1P_2}$ を $90°$ だけ回転して，$\dfrac{1}{\sqrt{2}}$ 倍に縮小したものなので

$\overrightarrow{P_2P_3} = \alpha \underbrace{\overrightarrow{P_1P_2}}_{\alpha} = \alpha \cdot \alpha = \alpha^2$ ……④となる。

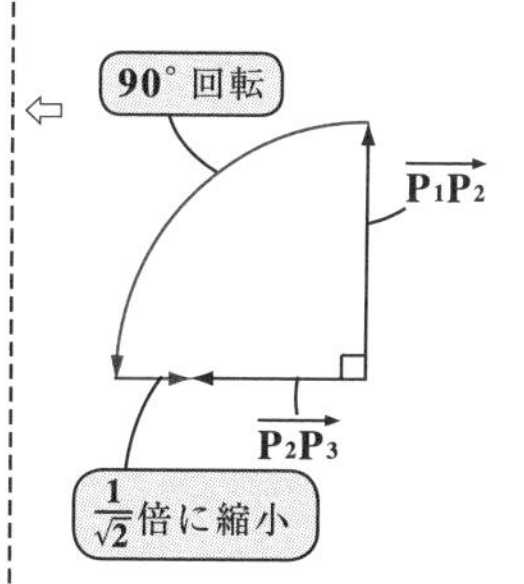

以下同様に，

$\overrightarrow{P_3P_4} = \alpha^3$，$\overrightarrow{P_4P_5} = \alpha^4$，…，$\overrightarrow{P_{n-1}P_n} = \alpha^{n-1}$……⑤となる。これら②，③，④，…，⑤を①に代入して，

$\underbrace{\overrightarrow{P_0P_n}}_{\text{これは点 } P_n \text{ の複素数を表す。}} = 1 + \alpha + \alpha^2 + \cdots + \alpha^{n-1} = \dfrac{1-\alpha^n}{1-\alpha}$ ……⑥

⇦これは，初項 $a=1$，公比 $r=\alpha$，項数 n の等比数列の和より，$\dfrac{a(1-r^n)}{1-r} = \dfrac{1\cdot(1-\alpha^n)}{1-\alpha}$

となる。ここで，$\lim_{n\to\infty}\alpha^n$ を調べると，

$\lim_{n\to\infty}\alpha^n = \lim_{n\to\infty}\left(\dfrac{1}{\sqrt{2}}i\right)^n = \lim_{n\to\infty}\underbrace{\left(\dfrac{1}{\sqrt{2}}\right)^n}_{0} \cdot \underbrace{i^n}_{i,\,-1,\,-i,\,1,\,\cdots\text{と不定}} = 0$ となる。

⇦i^n は，$n=1, 2, 3, \cdots$ と変化すると，$i, -1, -i, 1, \cdots$ と変化するが，これに，0 に収束する $\left(\dfrac{1}{\sqrt{2}}\right)^n$ がかかるので，$\left(\dfrac{1}{\sqrt{2}}\right)^n i^n$ は 0 に収束する。

よって，⑥より，$\lim_{n\to\infty}\overrightarrow{P_0P_n}$ を求めると，

$$\lim_{n\to\infty}\overrightarrow{P_0P_n} = \lim_{n\to\infty}\frac{1-\overset{\to 0}{\alpha^n}}{1-\alpha} = \frac{1}{1-\alpha} = \frac{1}{1-\dfrac{1}{\sqrt{2}}i}$$

$$= \frac{1+\dfrac{1}{\sqrt{2}}i}{\underbrace{\left(1-\dfrac{1}{\sqrt{2}}i\right)\left(1+\dfrac{1}{\sqrt{2}}i\right)}_{1^2-\frac{1}{2}\cdot i^2 = 1+\frac{1}{2} = \frac{3}{2}}} = \frac{2}{3} + \frac{\sqrt{2}}{3}i$$

⇦$\dfrac{1+\dfrac{1}{\sqrt{2}}i}{\dfrac{3}{2}} = \dfrac{2}{3}\left(1+\dfrac{1}{\sqrt{2}}i\right) = \dfrac{2}{3} + \dfrac{\sqrt{2}}{3}i$

$\therefore \lim_{n\to\infty}P_n = \dfrac{2}{3} + \dfrac{\sqrt{2}}{3}i$ である。……………………(答)

階差型の漸化式と極限

元気力アップ問題 62　難易度 ★★　CHECK 1　CHECK 2　CHECK 3

数列 $\{a_n\}$ が，$a_1=-1$，$a_{n+1}-a_n=\dfrac{2}{4n^2-1}$　$(n=1,2,3,\cdots)$ で定義されるとき，極限 $\displaystyle\lim_{n\to\infty}na_n$ を求めよ。

ヒント！　$a_{n+1}-a_n=b_n$ の形だから，階差数列型の漸化式だね。これから，一般項 a_n を求めて，極限 $\displaystyle\lim_{n\to\infty}na_n$ を求めればいいんだね。

解答＆解説

$$\begin{cases} a_1=-1 \\ a_{n+1}-a_n=\dfrac{2}{4n^2-1} \quad \cdots\cdots ① \quad (n=1,2,3,\cdots) \end{cases}$$

①より，$n\geqq 2$ で，

（部分分数に分解した！）

$$a_n=\underbrace{a_1}_{-1}+\sum_{k=1}^{n-1}\frac{2}{4k^2-1}=-1+\sum_{k=1}^{n-1}\Bigl(\underbrace{\frac{1}{2k-1}}_{I_k}-\underbrace{\frac{1}{2k+1}}_{I_{k+1}}\Bigr)$$

ここで，$I_k=\dfrac{1}{2k-1}$ とおくと，

$I_{k+1}=\dfrac{1}{2(k+1)-1}=\dfrac{1}{2k+1}$　より，

$$a_n=-1+\underbrace{\sum_{k=1}^{n-1}(I_k-I_{k+1})}_{(I_1-I_2)+(I_2-I_3)+(I_3-I_4)+\cdots+(I_{n-1}-I_n)}=-1+I_1-I_n$$

$$=-1+\frac{1}{2\cdot1-1}-\frac{1}{2\cdot n-1}=-\frac{1}{2n-1}$$

（これは，$n=1$ のときもみたす。）

$\therefore$ 一般項 $a_n=-\dfrac{1}{2n-1}\cdots\cdots②$ $(n=1,2,3,\cdots)$ となる。

よって，求める極限は，

$$\lim_{n\to\infty}na_n=\lim_{n\to\infty}\frac{-n}{2n-1}=\lim_{n\to\infty}\frac{-1}{2-\boxed{\frac{1}{n}}}\ (\tfrac{1}{n}\to 0)$$

$$=\frac{-1}{2-0}=-\frac{1}{2}$$ である。　……………………(答)

ココがポイント

⇦ 階差数列型の漸化式 $a_{n+1}-a_n=b_n$ のとき，$n\geqq 2$ で，$a_n=a_1+\displaystyle\sum_{k=1}^{n-1}b_k$

⇦ $\dfrac{2}{4k^2-1}=\dfrac{2}{(2k-1)(2k+1)}=\underbrace{\dfrac{1}{2k-1}}_{I_k}-\underbrace{\dfrac{1}{2k+1}}_{I_{k+1}}$

⇦ $n=1$ のとき，$a_1=-\dfrac{1}{2\cdot1-1}=-1$ となってみたす。

⇦ $\dfrac{1\text{次の}-\infty}{1\text{次の}\infty}$ より，分子・分母を n で割る！

2 項間の漸化式と極限(Ⅰ)

元気力アップ問題 63　難易度 ★　CHECK 1　CHECK 2　CHECK 3

$a_1=3$, $a_{n+1}=-\frac{2}{3}a_n+\frac{10}{3}$ $(n=1, 2, 3, \cdots)$ で定義される数列 $\{a_n\}$ の一般項 a_n と極限 $\lim_{n\to\infty}a_n$ を求めよ。

ヒント！ $a_{n+1}=pa_n+q$ の形の漸化式なので，特性方程式 $x=px+q$ の解 α を用いて，$a_{n+1}-\alpha=p(a_n-\alpha)$ $[F(n+1)=pF(n)]$ の形にもち込めばいいんだね。

解答＆解説

$$\begin{cases} a_1=3 \\ a_{n+1}=-\frac{2}{3}a_n+\frac{10}{3} \quad \cdots\cdots ① \quad (n=1, 2, 3, \cdots) \end{cases}$$

①を変形して，

$$a_{n+1}-2=-\frac{2}{3}(a_n-2)$$

$$\left[F(n+1)=-\frac{2}{3}\cdot F(n)\right]$$

$F(n+1)=rF(n)$ ならば，$F(n)=F(1)\cdot r^{n-1}$ と変形できる。

アッ！

よって，

$$a_n-2=(a_1-2)\cdot\left(-\frac{2}{3}\right)^{n-1} \cdots\cdots ② \quad (a_1=3)$$

$$\left[F(n)=F(1)\cdot\left(-\frac{2}{3}\right)^{n-1}\right]$$

②に $a_1=3$ を代入して，

一般項 $a_n=2+\left(-\frac{2}{3}\right)^{n-1}$ $(n=1, 2, 3, \cdots)$ ……(答)

これから，求める極限は，

$\lim_{n\to\infty}a_n=\lim_{n\to\infty}\left\{2+\left(-\frac{2}{3}\right)^{n-1}\right\}=2$ である。……(答)　（$\left(-\frac{2}{3}\right)^{n-1}\to 0$）

ココがポイント

⇦ ①の特性方程式

$x=-\frac{2}{3}x+\frac{10}{3}$ より，

$\frac{5}{3}x=\frac{10}{3}$

$x=\frac{10}{3}\times\frac{3}{5}=2$

これから，①は，

$a_{n+1}-2=-\frac{2}{3}(a_n-2)$ の形にもち込める。

元気力アップ問題 64　難易度 ★★　CHECK 1　CHECK 2　CHECK 3

$a_1 = 5$, $a_{n+1} = 2a_n + 3^n$ …① $(n = 1, 2, 3, \cdots)$ で定義される数列 $\{a_n\}$ の一般項 a_n, および極限 $\lim_{n\to\infty} \frac{a_n}{3^n}$ を求めよ。

ヒント！ ①を変形して, $a_{n+1} + \alpha 3^{n+1} = 2(a_n + \alpha 3^n)$ $[F(n+1) = 2F(n)]$ となるような係数 α の値を求めれば, アッという間に解けるんだね。

解答＆解説

$a_1 = 5$, $a_{n+1} = 2a_n + 3^n$……① $(n = 1, 2, 3, \cdots)$

①を変形して, $a_{n+1} + \alpha 3^{n+1} = 2(a_n + \alpha 3^n)$ ……②

となるものとする。②を変形して,

$a_{n+1} = 2a_n + \underbrace{2\alpha \cdot 3^n - 3\alpha \cdot 3^n}_{-\alpha\cdot 3^n} = 2a_n \underbrace{- \alpha}_{1} \cdot 3^n$ ……②′

①と②′を比較して, $-\alpha = 1$　$\therefore \alpha = -1$

よって, ②は,

$a_{n+1} - 3^{n+1} = 2(a_n - 3^n)$

$[F(n+1) = 2 \cdot F(n)]$

アッという間

$a_n - 3^n = (\overset{5}{a_1} - 3^1) \cdot 2^{n-1}$ ……③

$[F(n) = F(1) \cdot 2^{n-1}]$

③に $a_1 = 5$ を代入すると, 一般項 a_n は,

$a_n = 3^n + 2^n$ ……④ $(n = 1, 2, 3, \cdots)$ となる。……(答)

④より, 求める極限は,

$\lim_{n\to\infty} \frac{a_n}{3^n} = \lim_{n\to\infty} \frac{3^n + 2^n}{3^n} = \lim_{n\to\infty} \left\{1 + \left(\frac{2}{3}\right)^n\right\}$ （$\left(\frac{2}{3}\right)^n \to 0$）

$= 1 + 0 = 1$ である。……(答)

ココがポイント

⇦ $F(n+1) = 2F(n)$ の形にもち込みたいんだね。

⇦ これで, α の値が決まったので, ②を使ってアッという間に解ける。

⇦ $a_n - 3^n = \underbrace{(5-3) \cdot 2^{n-1}}_{2^n}$

$\therefore a_n = 3^n + 2^n$

2 項間の漸化式と極限(Ⅲ)

元気力アップ問題 65　難易度 ★★　CHECK 1　CHECK 2　CHECK 3

$a_1=0$，$a_{n+1}=3a_n+4n$ …①　$(n=1,2,3,\cdots)$ について，

(1) $a_{n+1}+\alpha(n+1)+\beta=3(a_n+\alpha n+\beta)$…②をみたす α，β を求めよ。

(2) $\lim_{n\to\infty}\frac{a_n}{3^n}$ を求めよ。ただし，$\lim_{n\to\infty}\frac{n}{3^n}=0$ を用いてもよい。

ヒント！ (1) ②をみたす係数 α, β を求めれば，$F(n+1)=3F(n)$ の等比関数列型漸化式になるので，アッという間に一般項が求められるんだね。頑張ろう！

解答＆解説

(1) $a_1=0$，$a_{n+1}=3a_n+4n$……①　$(n=1,2,3,\cdots)$

①を変形して，

$a_{n+1}+\alpha(n+1)+\beta=3(a_n+\alpha n+\beta)$ ……② となるものとする。②を変形して，

$a_{n+1}=3a_n+\underbrace{2\alpha}_{4}n+\underbrace{2\beta-\alpha}_{0}$　これと①を比較すると，

$2\alpha=4$，かつ $2\beta-\alpha=0$ より，$\alpha=2$，$\beta=1$ ……(答)

(2) $\alpha=2$，$\beta=1$ を②に代入して，

$a_{n+1}+2(n+1)+1=3(a_n+2n+1)$

$[\ F(n+1)=3\cdot F(n)\ ]$

アッ！

$a_n+2n+1=(\boxed{a_1}+2\cdot1+1)\cdot3^{n-1}$ ……③　（a_1 は 0）

$[\ F(n)=F(1)\cdot3^{n-1}\ ]$

③に $a_1=0$ を代入して，一般項 a_n を求めると，

$a_n=3^n-2n-1$ ……④　$(n=1,2,3,\cdots)$

④より，求める極限値は，

$$\lim_{n\to\infty}\frac{a_n}{3^n}=\lim_{n\to\infty}\frac{3^n-2n-1}{3^n}=\lim_{n\to\infty}\left(1-2\boxed{\frac{n}{3^n}}-\boxed{\frac{1}{3^n}}\right)$$

（$\frac{n}{3^n}\to0$，$\frac{1}{3^n}\to0$）

$=1-2\times0-0=1$ である。 ……………(答)

ココがポイント

⇦ $a_{n+1}=3a_n+3\alpha n+3\beta-\alpha n-\alpha-\beta=3a_n+2\alpha n+2\beta-\alpha$

⇦ ①を変形して，$F(n+1)=3\cdot F(n)$ の形を作ったんだね。後は，$F(n)=F(1)\cdot3^{n-1}$ と変形すればいいんだね。

⇦ $a_n+2n+1=\underbrace{(0+2+1)\cdot3^{n-1}}_{3^n}$
$\therefore a_n=3^n-2n-1$

⇦ $\lim_{n\to\infty}\frac{n}{3^n}$ は $\frac{\infty}{\infty}$ の不定形だけれど，これは 0 に収束する。

3項間の漸化式と極限

元気力アップ問題 66 　難易度 ★★ 　CHECK 1 　CHECK 2 　CHECK 3

次の各問いに答えよ。

(1) $a_1 = 0,\ a_2 = 1,\ 2a_{n+2} - a_{n+1} - a_n = 0$ ……① $(n = 1, 2, 3, \cdots)$

このとき，一般項 a_n を求め，極限 $\lim_{n\to\infty} a_n$ を求めよ。

(2) $b_1 = 1,\ b_2 = 1,\ b_{n+2} - b_{n+1} - 6b_n = 0$ ……② $(n = 1, 2, 3, \cdots)$

このとき，一般項 b_n を求め，極限 $\lim_{n\to\infty} \frac{b_n}{3^n}$ を求めよ。

ヒント！ ①，②共に 3 項間の漸化式なので，2 次の特性方程式の解 α と β を使って，$F(n+1) = r \cdot F(n)$ の形の式を 2 つ作って，一般項を求めよう。

解答&解説

(1) $a_1 = 0,\ a_2 = 1,\ 2a_{n+2} - a_{n+1} - a_n = 0$ ……① $(n = 1, 2, 3, \cdots)$

①を変形して，

$$\begin{cases} a_{n+2} + \frac{1}{2}a_{n+1} = 1\left(a_{n+1} + \frac{1}{2}a_n\right) \\ [\ F(n+1) = 1 \cdot F(n)\ ] \\ a_{n+2} - 1 \cdot a_{n+1} = -\frac{1}{2}(a_{n+1} - 1 \cdot a_n) \\ \left[\ G(n+1) = -\frac{1}{2} \cdot G(n)\ \right] \end{cases}$$

アッ！

よって，

$$\begin{cases} a_{n+1} + \frac{1}{2}a_n = \left(\underset{1}{a_2} + \frac{1}{2}\underset{0}{a_1}\right) \cdot 1^{n-1} = 1 \\ [\ F(n) = F(1) \cdot 1^{n-1}\ ] \\ a_{n+1} - a_n = (\underset{1}{a_2} - \underset{0}{a_1}) \cdot \left(-\frac{1}{2}\right)^{n-1} = \left(-\frac{1}{2}\right)^{n-1} \\ \left[\ G(n) = G(1) \cdot \left(-\frac{1}{2}\right)^{n-1}\ \right] \end{cases}$$

ココがポイント

⇐ 特性方程式

$2x^2 - x - 1 = 0$

$(2x+1)(x-1) = 0$

$\therefore x = -\frac{1}{2},\ 1$

よって，

・$a_{n+2} - \left(-\frac{1}{2}\right)a_{n+1} = 1 \cdot \left\{a_{n+1} - \left(-\frac{1}{2}\right)a_n\right\}$

・$a_{n+2} - 1 \cdot a_{n+1} = -\frac{1}{2}(a_{n+1} - 1 \cdot a_n)$

$$\begin{cases} a_{n+1}+\frac{1}{2}a_n=1 & \cdots\cdots③ \\ a_{n+1}-a_n=\left(-\frac{1}{2}\right)^{n-1} & \cdots\cdots④ \end{cases}$$

③，④より，一般項 $a_n=\frac{2}{3}\left\{1-\left(-\frac{1}{2}\right)^{n-1}\right\}$ ……(答)

$\therefore \lim_{n\to\infty} a_n=\lim_{n\to\infty}\frac{2}{3}\left\{1-\left(-\frac{1}{2}\right)^{n-1}\right\}=\frac{2}{3}$ …………(答)

（$\left(-\frac{1}{2}\right)^{n-1}\to 0$）

⇦ ③－④より，

$\frac{3}{2}a_n=1-\left(-\frac{1}{2}\right)^{n-1}$

$\therefore a_n=\frac{2}{3}\left\{1-\left(-\frac{1}{2}\right)^{n-1}\right\}$

(2) $b_1=1,\ b_2=1,\ b_{n+2}-b_{n+1}-6b_n=0$ ……②

$(n=1,2,3,\cdots)$

②を変形して，

$$\begin{cases} b_{n+2}+2b_{n+1}=3(b_{n+1}+2b_n) \\ [\ F(n+1)=3\cdot F(n)\ ] \\ b_{n+2}-3b_{n+1}=-2(b_{n+1}-3b_n) \\ [\ G(n+1)=-2\cdot G(n)\ ] \end{cases}$$

アッ！

よって，

$$\begin{cases} b_{n+1}+2b_n=(b_2+2b_1)\cdot 3^{n-1}=3^n \\ [\ F(n)=F(1)\cdot 3^{n-1}\ ] \\ b_{n+1}-3b_n=(b_2-3b_1)\cdot(-2)^{n-1}=(-2)^n \\ [\ G(n)=G(1)\cdot(-2)^{n-1}\ ] \end{cases}$$

（$b_2=1,\ b_1=1$）

⇦ 特性方程式

$x^2-x-6=0$

$(x+2)(x-3)=0$

$\therefore x=-2,\ 3$

よって，

・$b_{n+2}-(-2)b_{n+1}=3\{b_{n+1}-(-2)b_n\}$

・$b_{n+2}-3b_{n+1}=-2(b_{n+1}-3b_n)$

$$\begin{cases} b_{n+1}+2b_n=3^n & \cdots\cdots⑤ \\ b_{n+1}-3b_n=(-2)^n & \cdots\cdots⑥ \end{cases}$$

⑤，⑥より，一般項 $b_n=\frac{1}{5}\left\{3^n-(-2)^n\right\}$ ……(答)

$\therefore \lim_{n\to\infty}\frac{b_n}{3^n}=\lim_{n\to\infty}\frac{1}{5}\cdot\frac{3^n-(-2)^n}{3^n}$

$=\lim_{n\to\infty}\frac{1}{5}\left\{1-\left(-\frac{2}{3}\right)^n\right\}=\frac{1}{5}$ …………(答)

（$\left(-\frac{2}{3}\right)^n\to 0$）

⇦ ⑤－⑥より，

$5b_n=3^n-(-2)^n$

$\therefore b_n=\frac{1}{5}\{3^n-(-2)^n\}$

対称形の連立漸化式と極限

元気力アップ問題 67　難易度 ★★　CHECK 1　CHECK 2　CHECK 3

次の各問いに答えよ。

(1) $a_1=\dfrac{2}{3}$, $b_1=-\dfrac{1}{3}$, $a_{n+1}=\dfrac{2}{3}a_n-\dfrac{1}{3}b_n$, $b_{n+1}=-\dfrac{1}{3}a_n+\dfrac{2}{3}b_n$ $(n=1,2,\cdots)$,
このとき，一般項 a_n, b_n と極限 $\displaystyle\lim_{n\to\infty}a_n$ と $\displaystyle\lim_{n\to\infty}b_n$ を求めよ。

(2) $a_1=3$, $b_1=-2$, $a_{n+1}=3a_n-2b_n$, $b_{n+1}=-2a_n+3b_n$ $(n=1,2,\cdots)$,
このとき，一般項 a_n, b_n と極限 $\displaystyle\lim_{n\to\infty}\frac{a_n}{5^n}$ と $\displaystyle\lim_{n\to\infty}\frac{b_n}{5^n}$ を求めよ。

ヒント！ (1), (2) 共に対称形の連立漸化式 $\begin{cases} a_{n+1}=pa_n+qb_n \cdots\cdots ㋐ \\ b_{n+1}=qa_n+pb_n \cdots\cdots ㋑ \end{cases}$ の問題なので，㋐＋㋑ と，㋐－㋑ を求めれば，2 つの $F(n+1)=r\cdot F(n)$ の形の式を導けるんだね。

解答＆解説

(1) $a_1=\dfrac{2}{3}$, $b_1=-\dfrac{1}{3}$

$$\begin{cases} a_{n+1}=\dfrac{2}{3}a_n-\dfrac{1}{3}b_n \cdots\cdots ① \\ b_{n+1}=-\dfrac{1}{3}a_n+\dfrac{2}{3}b_n \cdots\cdots ② \end{cases} (n=1,2,3,\cdots) \text{ より，}$$

$$\begin{cases} ①+②\text{から，}\ a_{n+1}+b_{n+1}=\dfrac{1}{3}(a_n+b_n) \\ ①-②\text{から，}\ a_{n+1}-b_{n+1}=1\cdot(a_n-b_n) \end{cases}$$

アッ！

よって，

$$\begin{cases} a_n+b_n=(\underbrace{a_1}_{\frac{2}{3}}+\underbrace{b_1}_{-\frac{1}{3}})\cdot\left(\dfrac{1}{3}\right)^{n-1}=\left(\dfrac{1}{3}\right)^n \\ a_n-b_n=(\underbrace{a_1}_{\frac{2}{3}}-\underbrace{b_1}_{\left(-\frac{1}{3}\right)})\cdot 1^{n-1}=1 \end{cases}$$

$$\therefore \begin{cases} a_n+b_n=\left(\dfrac{1}{3}\right)^n \cdots\cdots ③ \\ a_n-b_n=1 \cdots\cdots ④ \end{cases} \text{ より，}$$

ココがポイント

⇦ 対称形の連立漸化式より，まず①＋②と①－②を求めよう。

⇦ $\begin{cases} \cdot\ F(n+1)=\dfrac{1}{3}F(n) \\ \cdot\ G(n+1)=1\cdot G(n) \end{cases}$

よって，

$\begin{cases} F(n)=F(1)\cdot\left(\dfrac{1}{3}\right)^{n-1} \\ G(n)=G(1)\cdot 1^{n-1} \end{cases}$

$\frac{③+④}{2}$から，$a_n=\frac{1}{2}\left\{\left(\frac{1}{3}\right)^n+1\right\}$ ……………………(答)

$\frac{③-④}{2}$から，$b_n=\frac{1}{2}\left\{\left(\frac{1}{3}\right)^n-1\right\}$ ……………………(答)

よって，$\lim_{n\to\infty}a_n=\frac{1}{2}$，$\lim_{n\to\infty}b_n=-\frac{1}{2}$ ……………(答)

⇦ ・$\lim_{n\to\infty}a_n=\lim_{n\to\infty}\frac{1}{2}\left\{\left(\frac{1}{3}\right)^n+1\right\}$ （$\left(\frac{1}{3}\right)^n\to 0$）

$=\frac{1}{2}$

・$\lim_{n\to\infty}b_n=\lim_{n\to\infty}\frac{1}{2}\left\{\left(\frac{1}{3}\right)^n-1\right\}$ （$\left(\frac{1}{3}\right)^n\to 0$）

$=-\frac{1}{2}$ となる。

(2) $a_1=3$，$b_1=-2$

$$\begin{cases}a_{n+1}=3a_n-2b_n & \cdots\cdots ⑤\\ b_{n+1}=-2a_n+3b_n & \cdots\cdots ⑥\end{cases}$$
$(n=1,2,3,\cdots)$ より，

⇦ 対称形の連立漸化式より，まず⑤＋⑥と⑤－⑥を求めよう。

$$\begin{cases}⑤+⑥\text{から，}\ a_{n+1}+b_{n+1}=1\cdot(a_n+b_n)\\ ⑤-⑥\text{から，}\ a_{n+1}-b_{n+1}=5(a_n-b_n)\end{cases}$$

⇦ $\begin{cases}F(n+1)=1\cdot F(n)\\ G(n+1)=5\cdot G(n)\end{cases}$

よって，

$\begin{cases}F(n)=F(1)\cdot 1^{n-1}\\ G(n)=G(1)\cdot 5^{n-1}\end{cases}$

よって，

アッ！

$$\begin{cases}a_n+b_n=(a_1+b_1)\cdot 1^{n-1}=1 & (a_1=3,\ b_1=-2)\\ a_n-b_n=(a_1-b_1)\cdot 5^{n-1}=5^n & (a_1=3,\ b_1=(-2))\end{cases}$$

$$\therefore\begin{cases}a_n+b_n=1 & \cdots\cdots ⑦\\ a_n-b_n=5^n & \cdots\cdots ⑧\end{cases}$$
より，

$\frac{⑦+⑧}{2}$から，$a_n=\frac{1}{2}(1+5^n)$ ……………………(答)

$\frac{⑦-⑧}{2}$から，$b_n=\frac{1}{2}(1-5^n)$ ……………………(答)

よって，求める極限は，

・$\lim_{n\to\infty}\frac{a_n}{5^n}=\lim_{n\to\infty}\frac{1}{2}\cdot\frac{1+5^n}{5^n}=\lim_{n\to\infty}\frac{1}{2}\left(\frac{1}{5^n}+1\right)$ （$\frac{1}{5^n}\to 0$）

$=\frac{1}{2}\times 1=\frac{1}{2}$ ……………………………………(答)

・$\lim_{n\to\infty}\frac{b_n}{5^n}=\lim_{n\to\infty}\frac{1}{2}\cdot\frac{1-5^n}{5^n}=\lim_{n\to\infty}\frac{1}{2}\left(\frac{1}{5^n}-1\right)$ （$\frac{1}{5^n}\to 0$）

$=\frac{1}{2}\times(-1)=-\frac{1}{2}$ ……………………………(答)

第５章 ● 数列の極限の公式の復習

1. $\lim_{n\to\infty} r^n$ の極限の公式

$$\lim_{n\to\infty} r^n = \begin{cases} 0 & (-1<r<1 \text{ のとき}) \\ 1 & (r=1 \text{ のとき}) \\ \text{発散} & (r \leqq -1,\ 1<r \text{ のとき}) \end{cases}$$

$r<-1,\ 1<r$ のとき，
$\lim_{n\to\infty}\left(\frac{1}{r}\right)^n = 0$
$\left(\because -1<\frac{1}{r}<1\right)$

2. Σ計算の公式

(1) $\sum_{k=1}^{n} k = \frac{1}{2}n(n+1)$　　(2) $\sum_{k=1}^{n} k^2 = \frac{1}{6}n(n+1)(2n+1)$

(3) $\sum_{k=1}^{n} k^3 = \frac{1}{4}n^2(n+1)^2$　　(4) $\sum_{k=1}^{n} c = \underbrace{c+c+\cdots+c}_{n\text{ 個の }c\text{ の和}} = nc$ (c：定数)

3. ２つのタイプの無限級数の和

(Ⅰ) 無限等比級数の和の公式

$$\sum_{k=1}^{\infty} ar^{k-1} = a+ar+ar^2+\cdots = \frac{a}{1-r}$$ (収束条件：$-1<r<1$)

（a：初項，r：公比）

(Ⅱ) 部分分数分解型

(ⅰ) まず，部分和 S_n を求める。(部分分数分解型)

$$S_n = \sum_{k=1}^{n}(I_k - I_{k+1}) = I_1 - I_{n+1}$$

(ⅱ) 次に，$n\to\infty$ として，無限級数の和を求める。

$$\lim_{n\to\infty} S_n = \lim_{n\to\infty}(I_1 - I_{n+1})$$

4. 階差数列型の漸化式

$a_{n+1} - a_n = b_n$ のとき，

$n \geqq 2$ で，$a_n = a_1 + \sum_{k=1}^{n-1} b_k$

5. 等比関数列型の漸化式

$F(n+1) = r\cdot F(n)$ のとき
$F(n) = F(1)\cdot r^{n-1}$

[(ex) $a_{n+1}-2 = 3(a_n-2)$ のとき，
$a_n - 2 = (a_1-2)\cdot 3^{n-1}$]

(1) 2 項間の漸化式 $a_{n+1} = pa_n + q$ など。

(2) 3 項間の漸化式 $a_{n+2} + pa_{n+1} + qa_n = 0$

(3) 対称形の連立漸化式 $\begin{cases} a_{n+1} = pa_n + qb_n \\ b_{n+1} = qa_n + pb_n \end{cases}$

第６章
CHAPTER

6 関数の極限

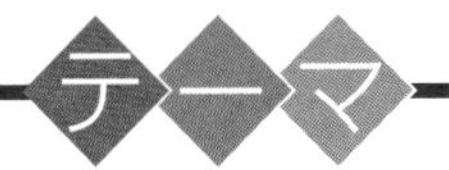

▶ 分数関数・無理関数
$\left(y = \sqrt{a(x-p)} + q\right)$

▶ 三角・指数・対数関数の極限
$\left(\lim_{x \to 0} \frac{\sin x}{x} = 1,\ \lim_{x \to 0} \frac{e^x - 1}{x} = 1\right)$

▶ 関数の連続性，中間値の定理
$\left(\lim_{x \to a-0} f(x) = \lim_{x \to a+0} f(x) = f(a)\right)$

関数の極限 ●公式＆解法パターン

1. 分数関数と無理関数

(1) 分数関数

（ⅰ）基本形：$y=\dfrac{k}{x}$ $\xrightarrow[\text{平行移動}]{(p,\,q)}$ （ⅱ）標準形：$y=\dfrac{k}{x-p}+q$

(2) 無理関数

（ⅰ）基本形：$y=\sqrt{ax}$ $\xrightarrow[\text{平行移動}]{(p,\,q)}$ （ⅱ）標準形：$y=\sqrt{a(x-p)}+q$

(3) 分数不等式の解法

（ⅰ）$\dfrac{B}{A}>0 \iff AB>0$　　（ⅱ）$\dfrac{B}{A}<0 \iff AB<0$

（ⅲ）$\dfrac{B}{A}\geqq 0 \iff AB\geqq 0$ かつ $A\neq 0$　　（ⅳ）$\dfrac{B}{A}\leqq 0 \iff AB\leqq 0$ かつ $A\neq 0$

2. 逆関数と合成関数

(1) 逆関数

$y=f(x)$ が1対1対応の関数のとき，

$y=f(x)$ ←逆関数→ $x=f(y)$ ←（x と y を入れ替える。）

直線 $y=x$ に関して対称なグラフ

$y=f^{-1}(x)$ ←（$y=(x$ の式$)$ の形に変形）

（$y=f(x)$ の逆関数）

(2) 合成関数

$t=f(x)$ ……①

$y=g(t)$ ……②

①を②に代入して，

$y=g(f(x))=g\circ f(x)$

（g：後，f：先）

模式図

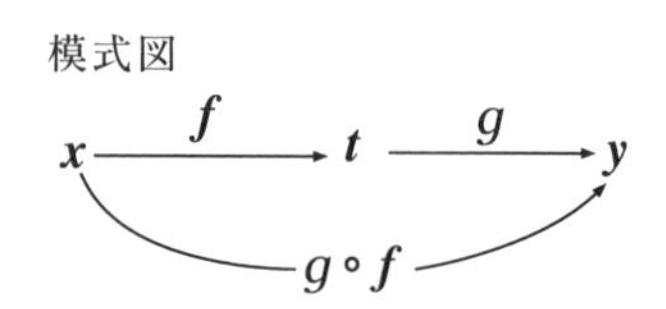

3. 関数の極限の基本

x が a に限りなく近づくとき，関数 $f(x)$ が一定の値 α に限りなく近づくならば，これを，$\displaystyle\lim_{x\to a}f(x)=\alpha$ と表す。（a は $\pm\infty$ でもよい）　この場合，$x\to a$ のとき $f(x)$ は α に**収束する**といい，α を $f(x)$ の**極限値**という。

(1) 関数の極限の性質

$\lim_{x \to a} f(x) = \alpha$, $\lim_{x \to a} g(x) = \beta$ のとき，次の公式が成り立つ。

(ⅰ) $\lim_{x \to a} kf(x) = k\alpha$ （k：実数定数）

(ⅱ) $\lim_{x \to a} \{f(x) + g(x)\} = \alpha + \beta$ (ⅲ) $\lim_{x \to a} \{f(x) - g(x)\} = \alpha - \beta$

(ⅳ) $\lim_{x \to a} f(x) \cdot g(x) = \alpha \cdot \beta$ (ⅴ) $\lim_{x \to a} \dfrac{f(x)}{g(x)} = \dfrac{\alpha}{\beta}$ （$\beta \neq 0$）

(2) 極限には，右側極限と左側極限がある。

(ⅰ) x が a より大きい側から a に近づく場合の $f(x)$ の極限は，

$\lim_{x \to a+0} f(x)$ と表し，これを**右側極限**という。

(ⅱ) x が a より小さい側から a に近づく場合の $f(x)$ の極限は，

$\lim_{x \to a-0} f(x)$ と表し，これを**左側極限**というんだね。

関数 $f(x)$ の右側極限が $\lim_{x \to a+0} f(x) = \alpha$ であり，左側極限が $\lim_{x \to a-0} f(x) = \beta$ であるとき，次の公式が成り立つ。

(ⅰ) $\alpha = \beta$ ならば，$\lim_{x \to a} f(x) = \alpha\ (= \beta)$ となる。

(ⅱ) $\alpha \neq \beta$ ならば，$x \to a$ のとき，$f(x)$ の極限はないという。

4. $\dfrac{\infty}{\infty}$ の不定形，$\dfrac{0}{0}$ の不定形

分数関数の極限では，$\dfrac{\infty}{\infty}$ の極限や，$\dfrac{0}{0}$ の極限の問題もよく出題される。(ⅰ) $\dfrac{\infty}{\infty}$ の場合は，分子と分母が∞に大きくなる強・弱の違いで，収束したり，発散したりする場合があり，(ⅱ) $\dfrac{0}{0}$ の場合は，分子・分母が 0 に近づく速さの違いにより，収束したり，発散したりする場合がある。

(ex) $\lim_{x \to \infty} \dfrac{2\sqrt{x}}{\sqrt{x+2}} = \lim_{x \to \infty} \dfrac{2}{\sqrt{1 + \frac{2}{x}}} = \dfrac{2}{\sqrt{1}} = 2$ ← $\dfrac{\infty}{\infty}$ の不定形だったので，分子・分母を $\sqrt{x}$ で割った。（$\frac{2}{x} \to 0$）

(ex) $\lim_{x \to 3} \dfrac{x^2 - 9}{x - 3} = \lim_{x \to 3} \dfrac{(x+3)(x-3)}{x-3} = \lim_{x \to 3} (x + 3) = 6$ ← $\dfrac{0}{0}$ の不定形の要素を消去して解いた。（$x \to 3$）

5. 関数の極限の大小関係

2 つの関数 $f(x)$ と $g(x)$ の極限について，

$\lim_{x \to a} f(x) = \alpha$，$\lim_{x \to a} g(x) = \beta$ とする。このとき，

(1) $f(x) \leqq g(x)$ ならば，$\alpha \leqq \beta$ が成り立つ。

(2) $f(x) \leqq h(x) \leqq g(x)$ かつ $\alpha = \beta$ ならば，$\lim_{x \to a} h(x) = \alpha$ となる。

((2) は，関数の極限における“**はさみ打ちの原理**”だ。)

6. 三角関数の極限の公式

(1) $\lim_{x \to 0} \frac{\sin x}{x} = 1$　(2) $\lim_{x \to 0} \frac{\tan x}{x} = 1$　(3) $\lim_{x \to 0} \frac{1 - \cos x}{x^2} = \frac{1}{2}$

7. ネイピア数 e

指数関数 $y = a^x$ $(a > 1)$ は単調増加関数で，必ず点 $(0,\ 1)$ を通る。ここで，この点 $(0,\ 1)$ における $y = a^x$ の接線の傾きが **1** となるような a の値を e とおき，これを**ネイピア数**という。($e \fallingdotseq 2.72$)

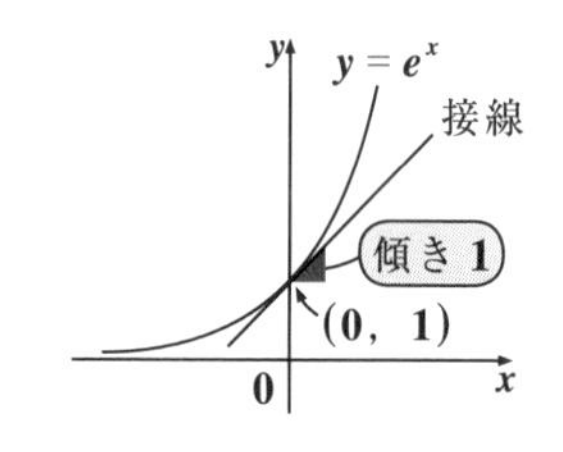

e に収束する極限の公式：

(i) $\lim_{x \to \pm\infty} \left(1 + \frac{1}{x}\right)^x = e$　(ii) $\lim_{h \to 0} (1 + h)^{\frac{1}{h}} = e$

8. 指数関数 $y = e^x$ と対数関数 $y = \log x$

$y = e^x$ は **1** 対 **1** 対応の関数だから，

その逆関数を求めると，

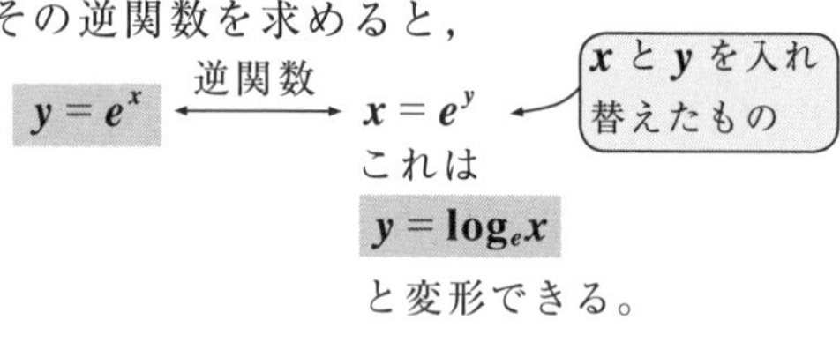

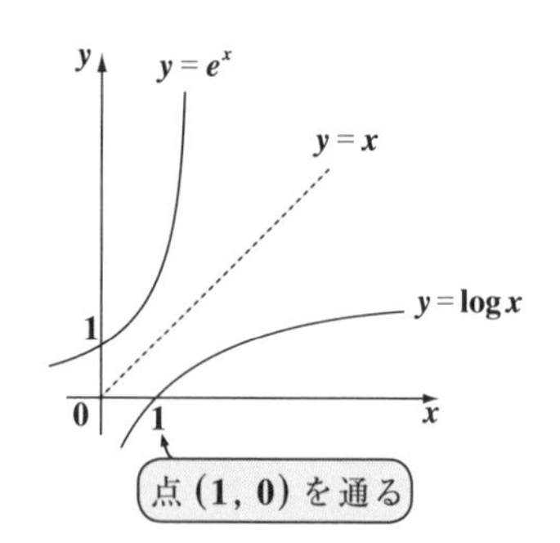

この底 e の対数関数 $y = \log_e x$ のことを特に**自然対数関数**といい，底 e を略して $y = \log x$ と表す。

(1) 自然対数の計算公式（ただし，$x>0$，$y>0$，$a>0$，$a \neq 1$）

(ⅰ) $\log 1 = 0$　　(ⅱ) $\log e = 1$

(ⅲ) $\log xy = \log x + \log y$　　(ⅳ) $\log \dfrac{x}{y} = \log x - \log y$

(ⅴ) $\log x^p = p\log x$　　(ⅵ) $\log x = \dfrac{\log_a x}{\log_a e}$

(2) 指数関数と対数関数の極限公式も重要だ。

(ⅰ) $\displaystyle\lim_{x \to 0} \frac{\log(1+x)}{x} = 1$　　(ⅱ) $\displaystyle\lim_{x \to 0} \frac{e^x - 1}{x} = 1$

(ex) $\displaystyle\lim_{x \to 0} \frac{\log(1+2x)}{x}$ について，$2x = t$ とおくと，
$x \to 0$ のとき $t \to 0$ より，

$$\lim_{x \to 0} \frac{\log(1+2x)}{x} = \lim_{x \to 0} \frac{\log(1+2x)}{2x} \times 2 = \lim_{t \to 0} \underbrace{\frac{\log(1+t)}{t}}_{1} \cdot 2 = 1 \times 2 = 2$$

9. 関数 $f(x)$ の連続性の条件

関数 $f(x)$ が，その定義域内の $x = a$ で連続であるための条件は，
$\displaystyle\lim_{x \to a} f(x)$ の極限値が存在し，かつ
$\displaystyle\lim_{x \to a} f(x) = f(a)$ が成り立つことである。

10. 中間値の定理

関数 $y = f(x)$ が，閉区間 $[a, b]$ で（$a \leqq x \leqq b$ のこと）連続，かつ $f(a) \neq f(b)$ ならば，$f(a)$ と $f(b)$ の間の定数 k に対して，$f(c) = k$ をみたす実数 c が，a と b の間に少なくとも 1 つ存在する。

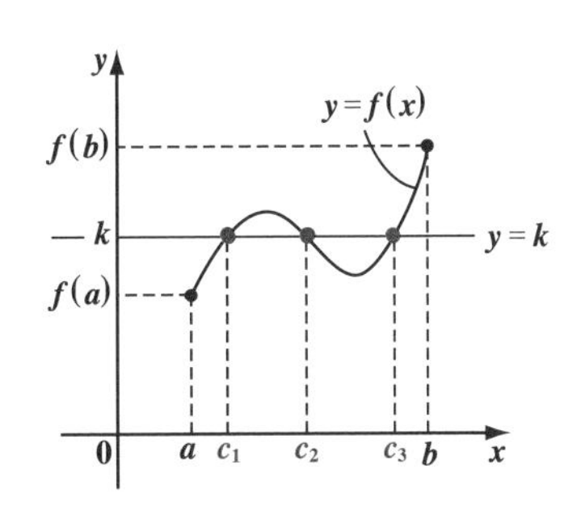

（右のグラフでは，$f(c) = k$ をみたす c が，c_1，c_2，c_3 の 3 個存在する場合を示した。グラフを見ると，中間値の定理が明らかに成り立つことが分かると思う。）

無理関数の逆関数

元気力アップ問題 68　難易度 ★★　CHECK 1　CHECK 2　CHECK 3

2 つの関数 $y=f(x)=\sqrt{2x}-1$ $(x\geqq0)$ と $y=g(x)=x-2$ $(x\geqq2)$ がある。

(1) 合成関数 $f\circ g(x)$ $(x\geqq2)$ を求めよ。

(2) $h(x)=f\circ g(x)$ $(x\geqq2)$ とおくとき，$y=h(x)$ の逆関数 $y=h^{-1}(x)$ を求め，そのグラフの概形を図示せよ。

ヒント！ (1) $f\circ g(x)=f(g(x))=f(x-2)$ となる。(2) $y=h(x)=f\circ g(x)$ $(x\geqq2)$ が 1 対 1 対応のグラフであることを確認して，x と y を入れ替えれば，$y=h^{-1}(x)$ を求めることができる。$y=h(x)$ と $y=h^{-1}(x)$ は，直線 $y=x$ に関して対称なグラフになる。

解答＆解説

(1) $\begin{cases} y=f(x)=\sqrt{2x}-1 & (x\geqq0) \\ y=g(x)=x-2 & (x\geqq2) \end{cases}$ より，

合成関数 $f\circ g(x)$ を求めると，

$f\circ g(x)=f(g(x))=f(x-2)=\sqrt{2(x-2)}-1$

$\therefore f\circ g(x)=\sqrt{2x-4}-1$ $(x\geqq2)$ ………………(答)

(2) $y=h(x)=f\circ g(x)=\sqrt{2x-4}-1$ ……①

$(x\geqq2,\ y\geqq-1)$ のグラフより，1 つの y_1 に対して 1 つの x_1 が決まる。よって，$y=h(x)$ は 1 対 1 対応の関数であるので，$y=h(x)$ の逆関数 $y=h^{-1}(x)$ が次のように求められる。

（x と y を入れ替えた）

$x=\sqrt{2y-4}-1$ ……①′ $(x\geqq-1,\ y\geqq2)$

①′ より，$x+1=\sqrt{2y-4}$　この両辺を 2 乗して，

$(x+1)^2=2y-4$　　$x^2+2x+1=2y-4$

$y=\dfrac{1}{2}x^2+x+\dfrac{5}{2}$　以上より，

$y=h^{-1}(x)=\dfrac{1}{2}x^2+x+\dfrac{5}{2}=\dfrac{1}{2}(x^2+2x+1)+2$

$=\dfrac{1}{2}(x+1)^2+2$ $(x\geqq-1,\ y\geqq2)$ ……(答)

$y=h^{-1}(x)$ のグラフを右に示す。 ………………(答)

ココがポイント

⇦合成関数
・$f\circ g(x)=f(g(x))$
・$g\circ f(x)=g(f(x))$

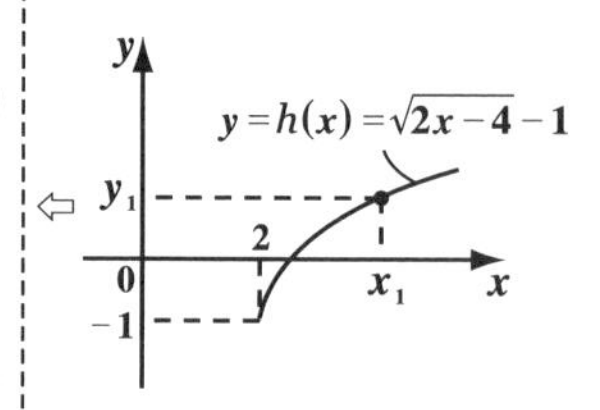

⇦①と，定義域，値域も，x と y を入れ替える。①′ を $y=(x$ の式$)$ の形にまとめると，それが $y=h^{-1}(x)$ になる。

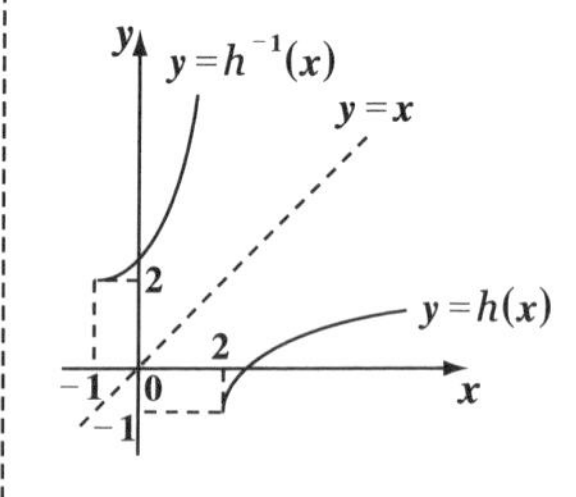

分数関数の逆関数

元気力アップ問題 69	難易度 ★★	CHECK 1	CHECK 2	CHECK 3

2 つの関数 $y=f(x)=\dfrac{x-1}{x+1}$ $(x \neq -1)$ と $y=g(x)=2x-1$ がある。
(1) 合成関数 $g\circ f(x)$ $(x\neq-1)$ を求めよ。
(2) $h(x)=g\circ f(x)$ $(x\neq-1)$ とおくとき，逆関数 $y=h^{-1}(x)$ を求めよ。

ヒント！ (1) $g\circ f(x)=g(f(x))=g\left(\dfrac{x-1}{x+1}\right)$ となるんだね。(2) $y=h(x)$ は，1 対 1 対応の関数なので，$y=h(x)$ と定義域，値域の x と y を入れ替えて，$y=h^{-1}(x)$ を求めよう。

解答＆解説

ココがポイント

(1) $f(x)=\dfrac{x-1}{x+1}$ $(x\neq-1)$，$g(x)=2x-1$ より，合成関数 $g\circ f(x)$ を求めると，

⇦合成関数
・$f\circ g(x)=f(g(x))$
・$g\circ f(x)=g(f(x))$

$$g\circ f(x)=g(f(x))=2\cdot f(x)-1=2\cdot\frac{x-1}{x+1}-1$$
$$=\frac{2(x-1)-(x+1)}{x+1}=\frac{x-3}{x+1}\quad(x\neq-1)\ \cdots(答)$$

(2) $y=h(x)=g\circ f(x)=\dfrac{x-3}{x+1}=-\dfrac{4}{x+1}+1$ ……①

⇦ $y=h(x)=\dfrac{x+1-4}{x+1}=1-\dfrac{4}{x+1}$

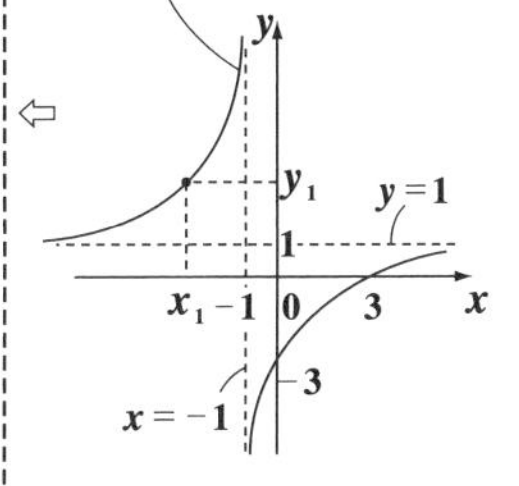

$(x\neq-1,\ y\neq1)$ のグラフから，$y=h(x)$ は 1 対 1 対応の関数である。よって，$y=h(x)$ の逆関数 $y=h^{-1}(x)$ を求めると，

x と y を入れ替えた！

$x=-\dfrac{4}{y+1}+1$ ……①′ $(x\neq1,\ y\neq-1)$

$x-1=-\dfrac{4}{y+1}$　　$y+1=-\dfrac{4}{x-1}$

よって，求める逆関数 $y=h^{-1}(x)$ は，

$y=h^{-1}(x)=-\dfrac{4}{x-1}-1$ $(x\neq1,\ y\neq-1)$ である。

………(答)

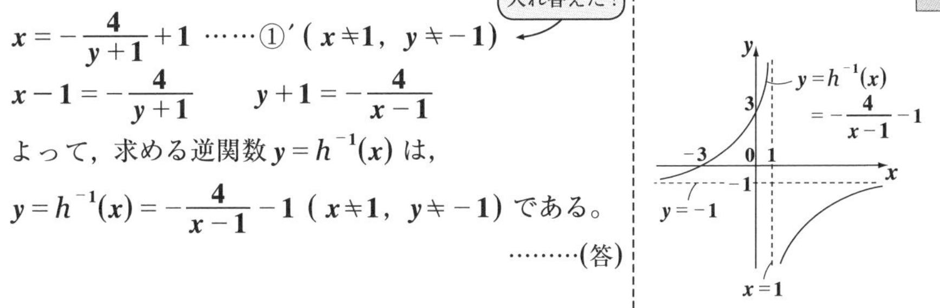

分数関数の応用

元気力アップ問題 70	難易度 ★★	CHECK 1	CHECK 2	CHECK 3

$\frac{\pi}{6} \leqq x \leqq \frac{\pi}{3}$ のとき，$P = \frac{\sin 3x}{2\sin 2x \cdot \cos x}$ の取り得る値の範囲を求めよ。

ヒント！ 3倍角の公式：$\sin 3x = 3\sin x - 4\sin^3 x$，2倍角の公式：$\sin 2x = 2\sin x\cos x$ などを用いて，P を $\sin x$ の式でまとめると話が見えてくるはずだ。

解答＆解説

$P = \frac{\sin 3x}{2\sin 2x \cdot \cos x}$ ……① $\left(\frac{\pi}{6} \leqq x \leqq \frac{\pi}{3}\right)$ を変形すると，

$$P = \frac{3\sin x - 4\sin^3 x}{2 \cdot 2\sin x \cdot \cos x \cdot \cos x} = \frac{3 - 4\sin^2 x}{4 \cdot \cos^2 x}$$

分子・分母を $\sin x\ (>0)$ で割った。

$$= \frac{3 - 4\sin^2 x}{4(1 - \sin^2 x)} = \frac{4\sin^2 x - 3}{4\sin^2 x - 4}$$

分子・分母に -1 をかけた。

ここで，$4\sin^2 x = t$ とおくと，①は，

$$P = \frac{t-3}{t-4} = \frac{(t-4)+1}{t-4} = \frac{1}{t-4} + 1 \quad となる。$$

$\frac{\pi}{6} \leqq x \leqq \frac{\pi}{3}$ より，$1 \leqq t \leqq 3$ となる。よって，

$P = \frac{1}{t-4} + 1\ (1 \leqq t \leqq 3)$

のグラフは右のようになる。これから，

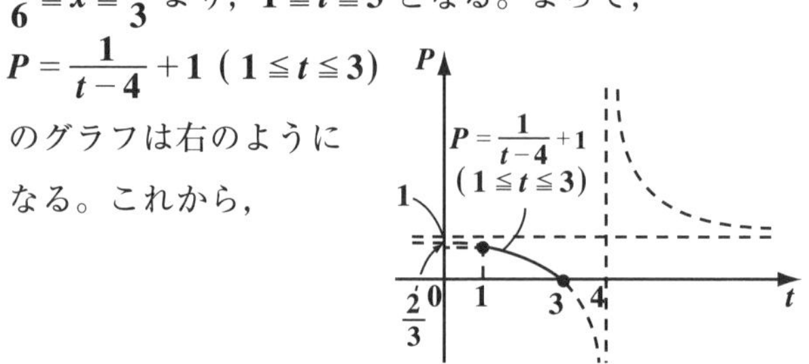

(i) $t = 1$ のとき，

最大値 $P = \frac{1}{1-4} + 1 = -\frac{1}{3} + 1 = \frac{2}{3}$

(ii) $t = 3$ のとき，

最小値 $P = \frac{1}{3-4} + 1 = -1 + 1 = 0$ より，

求める P の値の範囲は，$0 \leqq P \leqq \frac{2}{3}$ である。…………(答)

ココがポイント

⇦ 公式
・$\sin 3x = 3\sin x - 4\sin^3 x$
・$\sin 2x = 2\sin x\cos x$

⇦ $4\sin^2 x = t$ とおくと，P は t の分数関数になる。

⇦ $\frac{\pi}{6} \leqq x \leqq \frac{\pi}{3}$ より，
$\frac{1}{2} \leqq \sin x \leqq \frac{\sqrt{3}}{2}$
$\frac{1}{4} \leqq \sin^2 x \leqq \frac{3}{4}$
$1 \leqq 4\sin^2 x \leqq 3$（$4\sin^2 x = t$）
$\therefore 1 \leqq t \leqq 3$

関数の極限の基本(Ⅰ)

元気力アップ問題 71　難易度 ★　CHECK 1　CHECK 2　CHECK 3

次の関数の極限を求めよ。

(1) $\lim_{x\to\infty}\dfrac{3x+1}{\sqrt{x^2+1}+2x+4}$　　(2) $\lim_{x\to0}\dfrac{\sqrt{1+x}-\sqrt{1-x}}{x}$　（北見工大）

(3) $\lim_{x\to2}\left(\dfrac{3x+2}{x-2}+\dfrac{7x-46}{x^2-4}\right)$　（同志社大）

ヒント！ (1)は，分子・分母を x で割るといい。(2)，(3)は，$\dfrac{0}{0}$ の不定形となるので，分子・分母の 0 に近づく因子を消去すればいいんだね。

解答＆解説

(1) $\lim_{x\to\infty}\dfrac{3x+1}{\sqrt{x^2+1}+2x+4}=\lim_{x\to\infty}\dfrac{3+\boxed{\frac{1}{x}}}{\sqrt{1+\boxed{\frac{1}{x^2}}}+2+\boxed{\frac{4}{x}}}$ （各 $\to 0$）

$=\dfrac{3}{\sqrt{1}+2}=1$ ……(答)

⇦ $\dfrac{1\text{次の}\infty}{1\text{次の}\infty}$ より，分子・分母を x で割るとうまくいく。

(2) $\lim_{x\to0}\dfrac{\sqrt{1+x}-\sqrt{1-x}}{x}$

$=\lim_{x\to0}\dfrac{(\sqrt{1+x}-\sqrt{1-x})(\sqrt{1+x}+\sqrt{1-x})}{x\cdot(\sqrt{1+x}+\sqrt{1-x})}$　［$1+x-(1-x)=2x$］

$=\lim_{x\to0}\dfrac{2x}{x(\sqrt{1+x}+\sqrt{1-x})}$　（$\dfrac{0}{0}$ の要素が消えた）

$=\lim_{x\to0}\dfrac{2}{\sqrt{1+\boxed{x}}+\sqrt{1-\boxed{x}}}=\dfrac{2}{\sqrt{1}+\sqrt{1}}=1$ ……(答)

⇦ $\dfrac{0}{0}$ の不定形より分子・分母に $\sqrt{\ }+\sqrt{\ }$ をかけよう。

(3) $\lim_{x\to2}\left(\dfrac{3x+2}{x-2}+\dfrac{7x-46}{(x+2)(x-2)}\right)$

$=\lim_{x\to2}\dfrac{3(x-2)(x+7)}{(x+2)(x-2)}$　（$\dfrac{0}{0}$ の要素が消えた）

$=\lim_{x\to2}\dfrac{3(\boxed{x}+7)}{\boxed{x}+2}=\dfrac{3\cdot(2+7)}{2+2}=\dfrac{27}{4}$ ……(答)

⇦ $=\dfrac{(3x+2)(x+2)+7x-46}{(x+2)(x-2)}$

$=\dfrac{3x^2+15x-42}{(x+2)(x-2)}$

$=\dfrac{3(x^2+5x-14)}{(x+2)(x-2)}$

$=\dfrac{3(x-2)(x+7)}{(x+2)(x-2)}$

関数の極限の基本(II)

元気力アップ問題 72　難易度 ★★　CHECK 1　CHECK 2　CHECK 3

(1) $\lim_{x \to 1} \frac{\sqrt{x+3}-a}{x-1} = b$ をみたす実数 a, b を求めよ。　(龍谷大)

(2) $\lim_{x \to -2} \frac{a\sqrt{x+3}+b}{x+2} = 1$ をみたす実数 a, b を求めよ。

ヒント！ (1), (2) 共に，分母 $\longrightarrow 0$ であるにも関わらず，分数式が極限値をとるということは，分子 $\longrightarrow 0$ となるということなんだね。

解答＆解説

(1) $\lim_{x \to 1} \frac{\sqrt{x+3}-a}{x-1} = b$ ……① について，

分母 : $\lim_{x \to 1}(x-1) = 1-1 = 0$ より，

分子 : $\lim_{x \to 1}(\sqrt{x+3}-a) = \sqrt{1+3}-a$

$= 2-a = 0$ となる。

$\therefore a = 2$ ……②　　②を①に代入して，

$$b = \lim_{x \to 1} \frac{\sqrt{x+3}-2}{x-1} = \lim_{x \to 1} \frac{(\sqrt{x+3}-2)(\sqrt{x+3}+2)}{(x-1)(\sqrt{x+3}+2)}$$

($x+3-2^2 = x-1$)

$$= \lim_{x \to 1} \frac{1}{\sqrt{x+3}+2} = \frac{1}{\sqrt{1+3}+2} = \frac{1}{4}$$

以上より，$a = 2$, $b = \frac{1}{4}$ ……………………………(答)

(2) $\lim_{x \to -2} \frac{a\sqrt{x+3}+b}{x+2} = 1$ ……③ について，

分母 : $\lim_{x \to -2}(x+2) = -2+2 = 0$ より，

分子 : $\lim_{x \to -2}(a\sqrt{x+3}+b) = a\sqrt{1}+b = 0$ となる。

$\therefore b = -a$ ……④　　④を③に代入して，

$$\lim_{x \to -2} \frac{a\sqrt{x+3}-a}{x+2} = \lim_{x \to -2} \frac{a(\sqrt{x+3}-1)(\sqrt{x+3}+1)}{(x+2)(\sqrt{x+3}+1)}$$

($x+3-1^2 = x+2$)

$$= \lim_{x \to -2} \frac{a}{\sqrt{x+3}+1} = \frac{a}{\sqrt{1}+1} = \frac{a}{2} = 1$$ (＝③の右辺)

$\therefore a = 2$　④より，$b = -a = -2$ ………………(答)

ココがポイント

⇦ イメージとしては，$\frac{0.000b}{0.0001} = b$ (極限値) となるので，分子も 0 に近づかなければならない。

⇦ 分子・分母に $(\sqrt{}+2)$ をかけてまとめると，$\frac{0}{0}$ の要素が消せるんだね。

⇦ イメージとしては，$\frac{0.0001}{0.0001} = 1$ (極限値)

⇦ 分子・分母に $(\sqrt{}+1)$ をかけてまとめると，$\frac{0}{0}$ の要素が消せる。

関数の極限の基本(Ⅲ)

元気力アップ問題 73　難易度 ★★　CHECK 1　CHECK 2　CHECK 3

$\displaystyle\lim_{x\to2}\frac{a\sqrt{x^2+2x+8}+b}{x-2}=\frac{3}{4}$ のとき，実数 a，b の値を求めよ。　(中部大)

ヒント！　左辺の極限で，分母 $\to 0$ に近づくのに，この分数式が $\frac{3}{4}$ の極限値をもつためには，分子 $\to 0$ でなければならない。イメージとしては $\frac{0.0003}{0.0004}=\frac{3}{4}$ ということだ。

解答＆解説

$\displaystyle\lim_{x\to2}\frac{a\sqrt{x^2+2x+8}+b}{x-2}=\frac{3}{4}$ ……① について，

分母 ：$\displaystyle\lim_{x\to2}(x-2)=2-2=0$

分子 ：$\displaystyle\lim_{x\to2}(a\sqrt{x^2+2x+8}+b)=a\sqrt{4+4+8}+b$

$=4a+b=0$ となる。

$\therefore b=-4a$ ……②

②を①に代入して，

$\displaystyle\lim_{x\to2}\frac{a\sqrt{x^2+2x+8}-4a}{x-2}$

$x^2+2x+8-16=x^2+2x-8=(x-2)(x+4)$

$\displaystyle=\lim_{x\to2}\frac{a(\sqrt{x^2+2x+8}-4)(\sqrt{x^2+2x+8}+4)}{(x-2)(\sqrt{x^2+2x+8}+4)}$

$\displaystyle=\lim_{x\to2}\frac{a(x-2)(x+4)}{(x-2)(\sqrt{x^2+2x+8}+4)}$ ← $\frac{0}{0}$ の要素が消えた

$\displaystyle=\lim_{x\to2}\frac{a(x+4)}{\sqrt{x^2+2x+8}+4}=\frac{a(2+4)}{\sqrt{4+4+8}+4}$

$\displaystyle=\frac{6a}{8}=\frac{3a}{4}=\frac{3}{4}$ （＝①の右辺）

よって，$a=1$　これを②に代入して，$b=-4$

$\therefore a=1$，$b=-4$ である。……………………………(答)

ココがポイント

⇦ ①の極限のイメージは，$\frac{0.0003}{0.0004}=\frac{3}{4}$ つまり，分母も分子も 0 に近づくが，その比が $\frac{3}{4}$ に近づくということだ。

⇦ 分子・分母に $(\sqrt{}+4)$ をかけて，$\frac{0}{0}$ の要素を消去する。

元気力アップ問題 74　難易度 ★★　CHECK 1　CHECK 2　CHECK 3

次の関数の極限を求めよ。

(1) $\displaystyle\lim_{x\to0}\frac{\sin 4x}{3x}$　　(2) $\displaystyle\lim_{x\to0}\frac{\sin 6x}{\tan 2x}$

(3) $\displaystyle\lim_{x\to0}\frac{1-\cos x}{x\cdot\sin x}$　　(4) $\displaystyle\lim_{x\to0}\frac{\sin(\tan 2x)}{x}$

ヒント！ 三角関数の 3 つの極限公式 (i) $\displaystyle\lim_{x\to0}\frac{\sin x}{x}=1$，(ii) $\displaystyle\lim_{x\to0}\frac{\tan x}{x}=1$，(iii) $\displaystyle\lim_{x\to0}\frac{1-\cos x}{x^2}=\frac{1}{2}$ を利用して，解いていこう。

解答＆解説

(1) $\displaystyle\lim_{x\to0}\frac{\sin 4x}{3x}=\lim_{\substack{x\to0\\(\theta\to0)}}\frac{\sin 4x}{4x}\times\frac{4}{3}=\frac{4}{3}$ ……………(答)

(ここで $\theta=4x$，$\frac{\sin 4x}{4x}\to1$)

(2) $\displaystyle\lim_{x\to0}\frac{\sin 6x}{\tan 2x}=\lim_{\substack{x\to0\\(\theta\to0,\ u\to0)}}\frac{\sin 6x}{6x}\cdot\frac{2x}{\tan 2x}\cdot\frac{6}{2}$

(ここで $\theta=6x$，$u=2x$，$\frac{\sin 6x}{6x}\to1$，$\frac{2x}{\tan 2x}\to1$)

$=1\times1\times3=3$ ……………(答)

(3) $\displaystyle\lim_{x\to0}\frac{1-\cos x}{x\cdot\sin x}=\lim_{x\to0}\frac{1-\cos x}{x^2}\cdot\frac{x}{\sin x}$

(ここで $\frac{1-\cos x}{x^2}\to\frac{1}{2}$，$\frac{x}{\sin x}\to1$)

$=\frac{1}{2}\times1=\frac{1}{2}$ ……………(答)

(4) $\displaystyle\lim_{x\to0}\frac{\sin(\tan 2x)}{x}=\lim_{x\to0}\frac{\sin(\tan 2x)}{\tan 2x}\times\frac{\tan 2x}{2x}\times2$

(ここで $\theta=\tan 2x$，$u=2x$，$\frac{\sin(\tan 2x)}{\tan 2x}\to1$，$\frac{\tan 2x}{2x}\to1$)

$=1\times1\times2=2$ ……………(答)

ココがポイント

⇦ $x\to0$ のとき $\theta=4x\to0$ より，$\frac{\sin\theta}{\theta}\to1$ となる。

⇦ $\displaystyle\lim_{\theta\to0}\frac{\sin\theta}{\theta}=1$，$\displaystyle\lim_{u\to0}\frac{u}{\tan u}=1$

⇦ $\displaystyle\lim_{x\to0}\frac{1-\cos x}{x^2}=\frac{1}{2}$，$\displaystyle\lim_{x\to0}\frac{x}{\sin x}=1$

⇦ $x\to0$ のとき，$\theta=\tan 2x\to0$，$u=2x\to0$

三角関数の極限(Ⅱ)

元気力アップ問題 75	難易度 ★★	CHECK 1	CHECK 2	CHECK 3

次の関数の極限を求めよ。

(1) $\displaystyle\lim_{x\to-\pi}\frac{\sin x}{x+\pi}$　　(2) $\displaystyle\lim_{x\to\frac{\pi}{2}}\frac{1-\sin x}{x-\frac{\pi}{2}}$

ヒント！ いずれも $\frac{0}{0}$ の不定形だけれど，変数を θ などに置き換えることによって，三角関数の極限の公式が利用できる形にもち込むことが，ポイントなんだね。

解答＆解説

(1) $\displaystyle\lim_{x\to-\pi}\frac{\sin x}{x+\pi}$ について，←$\frac{0}{0}$ の不定形

($x+\pi$ を) θ とおく

$\theta=x+\pi$ とおくと，$x\to-\pi$ のとき，$\theta\to0$ となる。

よって，

$$\lim_{x\to-\pi}\frac{\sin x}{x+\pi}=\lim_{\theta\to0}\frac{\sin(\theta-\pi)}{\theta}$$

($\sin(\theta-\pi)=-\sin\theta$)

$$=\lim_{\theta\to0}\left(-\frac{\sin\theta}{\theta}\right)=-1 \quad\cdots\cdots\text{(答)}$$

($\frac{\sin\theta}{\theta}\to1$)

(2) $\displaystyle\lim_{x\to\frac{\pi}{2}}\frac{1-\sin x}{x-\frac{\pi}{2}}$ について，←$\frac{0}{0}$ の不定形

($x-\frac{\pi}{2}$ を) θ とおく

$\theta=x-\frac{\pi}{2}$ とおくと，$x\to\frac{\pi}{2}$ のとき，$\theta\to0$ となる。

よって，

$$\lim_{x\to\frac{\pi}{2}}\frac{1-\sin x}{x-\frac{\pi}{2}}=\lim_{\theta\to0}\frac{1-\sin\left(\theta+\frac{\pi}{2}\right)}{\theta}$$

($\sin\left(\theta+\frac{\pi}{2}\right)=\cos\theta$)

$$=\lim_{\theta\to0}\frac{1-\cos\theta}{\theta^2}\cdot\theta=\frac{1}{2}\times0=0 \quad\cdots\text{(答)}$$

($\frac{1-\cos\theta}{\theta^2}\to\frac{1}{2}$，$\theta\to0$)

ココがポイント

⇦ $\sin(\theta-\pi)=-\sin\theta$

(・π が関係しているので，$\sin\to\sin$
・$\theta=\frac{\pi}{6}$ と考えると，$\sin(\theta-\pi)<0$)

⇦ $\sin\left(\theta+\frac{\pi}{2}\right)=\cos\theta$

(・$\frac{\pi}{2}$ が関係しているので，$\sin\to\cos$
・$\theta=\frac{\pi}{6}$ と考えると，$\sin\left(\theta+\frac{\pi}{2}\right)>0$)

e に関する極限の問題

元気力アップ問題 76　難易度 ★★　CHECK 1　CHECK 2　CHECK 3

次の関数の極限を求めよ。

(1) $\displaystyle\lim_{x\to-\infty}\left(1+\frac{2}{x}\right)^x$　(2) $\displaystyle\lim_{x\to\infty}\left(1+\frac{1}{2x}\right)^x$

(3) $\displaystyle\lim_{x\to\infty}\left(1-\frac{1}{x}\right)^x$　(4) $\displaystyle\lim_{h\to0}(1+2h)^{\frac{1}{h}}$

ヒント！ ネイピア数 e ($\fallingdotseq 2.72$) に関する極限公式 (i) $\displaystyle\lim_{x\to\pm\infty}\left(1+\frac{1}{x}\right)^x=e$ と (ii) $\displaystyle\lim_{h\to0}(1+h)^{\frac{1}{h}}=e$ をうまく利用しよう。

解答＆解説

(1) $\displaystyle\lim_{x\to-\infty}\left(1+\frac{2}{x}\right)^x=\lim_{\substack{x\to-\infty\\(t\to-\infty)}}\left\{\left(1+\frac{1}{\frac{x}{2}}\right)^{\frac{x}{2}}\right\}^2=e^2$ ……(答)

(2) $\displaystyle\lim_{x\to\infty}\left(1+\frac{1}{2x}\right)^x=\lim_{\substack{x\to\infty\\(u\to\infty)}}\left\{\left(1+\frac{1}{2x}\right)^{2x}\right\}^{\frac{1}{2}}=\sqrt{e}$ ……(答)

(3) $\displaystyle\lim_{x\to\infty}\left(1+\frac{1}{-x}\right)^x$ について，$x=-t$ とおくと，

$x\longrightarrow\infty$ のとき，$t\longrightarrow-\infty$ となる。よって，

$\displaystyle\lim_{x\to\infty}\left(1+\frac{1}{-x}\right)^x=\lim_{t\to-\infty}\left\{\left(1+\frac{1}{t}\right)^t\right\}^{-1}=e^{-1}=\frac{1}{e}$ ……(答)

(4) $\displaystyle\lim_{h\to0}(1+2h)^{\frac{1}{h}}=\lim_{\substack{h\to0\\(u\to0)}}\left\{(1+2h)^{\frac{1}{2h}}\right\}^2=e^2$ ……(答)

ココがポイント

⇦ $\frac{x}{2}=t$ とおくと，$x\to-\infty$ のとき $t\to-\infty$ となる。

⇦ $2x=u$ とおくと，$x\to\infty$ のとき $u\to\infty$

⇦ $2h=u$ とおくと，$h\to0$ のとき $u\to0$

指数関数の極限

元気力アップ問題 77　難易度 ★★　CHECK 1　CHECK 2　CHECK 3

次の関数の極限を求めよ。

(1) $\displaystyle\lim_{x\to0}\frac{e^x-1}{\sqrt{1+x}-\sqrt{1-x}}$　　(2) $\displaystyle\lim_{x\to0}\frac{e^{2x}-1}{\sin 3x}$

(3) $\displaystyle\lim_{x\to0}\frac{e^{x^2}-1}{1-\cos x}$　　(小樽商大)

ヒント！ いずれも，指数関数 e^x の極限公式 $\displaystyle\lim_{x\to0}\frac{e^x-1}{x}=1$ を利用する問題だね。

解答＆解説

ココがポイント

(1) $\displaystyle\lim_{x\to0}\frac{e^x-1}{\sqrt{1+x}-\sqrt{1-x}}$

$$=\lim_{x\to0}\frac{(e^x-1)(\sqrt{1+x}+\sqrt{1-x})}{(\sqrt{1+x}-\sqrt{1-x})(\sqrt{1+x}+\sqrt{1-x})}$$

分母 $=1+x-(1-x)=2x$

⇦ $\frac{0}{0}$ の極限なので，$(\sqrt{\ }+\sqrt{\ })$ を分子・分母にかけた。

$$=\lim_{x\to0}\frac{1}{2}\cdot\frac{e^x-1}{x}\cdot(\sqrt{1+x}+\sqrt{1-x})$$

（$\frac{e^x-1}{x}\to1$，$x\to0$）

$$=\frac{1}{2}\times1\times(\sqrt{1}+\sqrt{1})=1 \quad\cdots\cdots\cdots(答)$$

(2) $\displaystyle\lim_{x\to0}\frac{e^{2x}-1}{\sin 3x}=\lim_{\substack{x\to0\\(t\to0)\\(\theta\to0)}}\frac{e^{2x}-1}{2x}\cdot\frac{3x}{\sin 3x}\cdot\frac{2}{3}$

（$2x=t$，$3x=\theta$；$\frac{e^t-1}{t}\to1$，$\frac{\theta}{\sin\theta}\to1$）

⇦ $x\to0$ のとき，
$t=2x\to0$
$\theta=3x\to0$

$$=1\times1\times\frac{2}{3}=\frac{2}{3} \quad\cdots\cdots\cdots(答)$$

(3) $\displaystyle\lim_{x\to0}\frac{e^{x^2}-1}{1-\cos x}=\lim_{\substack{x\to0\\(t\to0)}}\frac{e^{x^2}-1}{x^2}\cdot\frac{x^2}{1-\cos x}$

（$x^2=t$；$\frac{e^t-1}{t}\to1$，$\frac{x^2}{1-\cos x}\to2$）

⇦ $x\to0$ のとき，
$t=x^2\to0$ となる。
また，
$\displaystyle\lim_{x\to0}\frac{1-\cos x}{x^2}=\frac{1}{2}$ より，
$\displaystyle\lim_{x\to0}\frac{x^2}{1-\cos x}=2$ となる。

$$=1\times2=2 \quad\cdots\cdots\cdots(答)$$

対数関数の極限

元気力アップ問題 78 難易度 ★★ CHECK 1 CHECK 2 CHECK 3

次の関数の極限を求めよ。

(1) $\displaystyle\lim_{x \to 0}\frac{\log(1+2x)}{\sqrt{2+x}-\sqrt{2-x}}$ (2) $\displaystyle\lim_{x \to 0}\frac{\log(1+\sin 3x)}{x}$

(3) $\displaystyle\lim_{x \to 0}\frac{\log(1+x^2)}{1-\cos 2x}$

ヒント！ いずれも対数関数の極限公式 $\displaystyle\lim_{x \to 0}\frac{\log(1+x)}{x}=1$ を利用して解く問題だ。

解答＆解説

(1) $$\lim_{x \to 0}\frac{\log(1+2x)}{\sqrt{2+x}-\sqrt{2-x}}$$

$$=\lim_{x \to 0}\frac{\log(1+2x)(\sqrt{2+x}+\sqrt{2-x})}{(\sqrt{2+x}-\sqrt{2-x})(\sqrt{2+x}+\sqrt{2-x})}$$

$(\sqrt{2+x}-\sqrt{2-x})(\sqrt{2+x}+\sqrt{2-x}) = 2+x-(2-x)=2x$

$$=\lim_{\substack{x \to 0\\(t \to 0)}}\frac{\log(1+2x)}{2x}\cdot(\sqrt{2+x}+\sqrt{2-x})$$

（$2x = t$，$\frac{\log(1+t)}{t} \to 1$，$x \to 0$，$x \to 0$）

$$=1\times(\sqrt{2}+\sqrt{2})=2\sqrt{2} \quad \cdots\cdots\cdots\cdots(答)$$

⇦ 分子・分母に $(\sqrt{\ }+\sqrt{\ })$ をかけた。

(2) $$\lim_{x \to 0}\frac{\log(1+\sin 3x)}{x}$$

$$=\lim_{\substack{x \to 0\\ \left(\begin{smallmatrix}t \to 0\\ \theta \to 0\end{smallmatrix}\right)}}\frac{\log(1+\sin 3x)}{\sin 3x}\cdot\frac{\sin 3x}{3x}\cdot 3$$

（$\sin 3x = t$ の部分 $\to 1$，$3x = \theta$ の部分 $\to 1$）

$$=1\times 1\times 3=3 \quad \cdots\cdots\cdots\cdots(答)$$

⇦ $x \to 0$ のとき，
$t=\sin 3x \to 0$
$\theta=3x \to 0$ となる。

(3) $$\lim_{x \to 0}\frac{\log(1+x^2)}{1-\cos 2x}$$

$$=\lim_{\substack{x \to 0\\ \left(\begin{smallmatrix}t \to 0\\ \theta \to 0\end{smallmatrix}\right)}}\frac{\log(1+x^2)}{x^2}\cdot\frac{(2x)^2}{1-\cos 2x}\cdot\frac{1}{4}$$

（$x^2 = t$ の部分 $\to 1$，$2x = \theta$ の部分 $\to 2$）

$$=1\times 2\times\frac{1}{4}=\frac{1}{2} \quad \cdots\cdots\cdots\cdots(答)$$

⇦ $x \to 0$ のとき，
$t=x^2 \to 0$
$\theta=2x \to 0$ となる。
また，
$\displaystyle\lim_{\theta \to 0}\frac{1-\cos\theta}{\theta^2}=\frac{1}{2}$ より，
$\displaystyle\lim_{\theta \to 0}\frac{\theta^2}{1-\cos\theta}=2$ だね。

はさみ打ちの原理と極限 (Ⅰ)

元気力アップ問題 79	難易度 ★★	CHECK 1	CHECK 2	CHECK 3

次の各問いに答えよ。

(1) $-1 \leqq \sin x \leqq 1$ を利用して，$\lim_{x\to\infty}\frac{\sin x}{x}=0$ となることを示せ。

(2) $x \geqq 1$ のとき，$\log x \leqq 2\sqrt{x}$ ……$(*)$ を利用して，$\lim_{x\to\infty}\frac{\log x}{x}=0$ となることを示せ。

ヒント！ **(1)**，**(2)** いずれも，はさみ打ちの原理を用いて，関数の極限を証明する問題なんだね。**(2)** の $(*)$ の不等式は与えられているものとして利用しよう。

解答＆解説

ココがポイント

(1) 一般に，$-1 \leqq \sin x \leqq 1$ ……① が成り立つ。

ここで，$x>0$ のとき，①の各辺を x で割って，

⇦ 正の数で割っても，①の大小関係は変わらない。

$$-\frac{1}{x} \leqq \frac{\sin x}{x} \leqq \frac{1}{x}$$ ←はさみ打ちの形ができた！

よって，各辺の $x\to\infty$ の極限をとると，

$$\lim_{x\to\infty}\left(-\frac{1}{x}\right) \leqq \lim_{x\to\infty}\frac{\sin x}{x} \leqq \lim_{x\to\infty}\frac{1}{x}$$ から，（$-\frac{1}{x}\to 0$，$\frac{1}{x}\to 0$）

⇦ $\lim_{x\to\infty}\left(-\frac{1}{x}\right)=0$，かつ $\lim_{x\to\infty}\frac{1}{x}=0$ だね。

はさみ打ちの原理より，$\lim_{x\to\infty}\frac{\sin x}{x}=0$ である。……(終)

(2) $x \geqq 1$ のとき，$0 \leqq \log x \leqq 2\sqrt{x}$ ……$(*)$ が成り立つ。

⇦ $x \geqq 1$ のとき，$\log x \geqq 0$

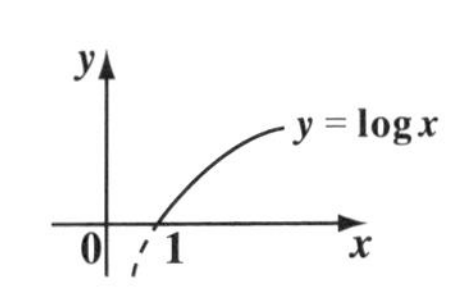

$(*)$ の各辺を $x\ (\geqq 1)$ で割って，

$$0 \leqq \frac{\log x}{x} \leqq \frac{2}{\sqrt{x}}$$ ←はさみ打ちの形ができた！

よって，各辺の $x\to\infty$ の極限をとると，

$$0 \leqq \lim_{x\to\infty}\frac{\log x}{x} \leqq \lim_{x\to\infty}\frac{2}{\sqrt{x}}=0$$ から，（$\frac{2}{\sqrt{x}}\to 0$）

⇦ $\lim_{x\to\infty}\frac{2}{\sqrt{x}}=\frac{2}{\infty}=0$ だね。

はさみ打ちの原理より，$\lim_{x\to\infty}\frac{\log x}{x}=0$ である。……(終)

はさみ打ちの原理と極限(II)

元気力アップ問題 80	難易度 ★★	CHECK 1	CHECK 2	CHECK 3

実数 x を越えない最大の整数を $[x]$ で表す。つまり，整数 n に対して，$n \leqq x < n+1$ のとき，$[x]=n$ となる。このとき，

(i) $x-1<[x]\leqq x$ が成り立つことを示し，これを用いて，

(ii) $\displaystyle\lim_{x\to\infty}\frac{[\log x]}{x}=0$ であることを示せ。ただし，$\displaystyle\lim_{x\to\infty}\frac{\log x}{x}=0$ であることは用いてもよい。

ヒント！ ガウス記号 $[x]$ の問題だ。(i)の式を用いて，はさみ打ちの原理を利用して，(ii)の極限の式が成り立つことを示せばいいんだね。

解答＆解説

(i) $n\leqq x<n+1$……① (n：整数)のとき，

$[x]=n$……②となるので，②を①に代入すると，

$\underbrace{[x]\leqq x}_{(ア)}<[x]+1$ となる。よって，（$x<[x]+1$ が(イ)）

(ア) $[x]\leqq x$，かつ(イ) $x-1<[x]$ より，

$x-1<[x]\leqq x$……③ が成り立つ。……………(終)

(ii) ③の x は実数であれば何でも構わないので，

③の x に $\log x$ を代入すると，

$\log x-1<[\log x]\leqq \log x$　(ただし，$x>0$) ← 真数条件

ここで，$x(>0)$で各辺を割ると，

$$\frac{\log x-1}{x}\leqq\frac{[\log x]}{x}\leqq\frac{\log x}{x}$$

「人間 ⇒ 動物」は，真だからね。

範囲を広げることは許されるので"="を付けた。

ここで各辺の $x\to\infty$ の極限をとると，

$$\lim_{x\to\infty}\Big(\underbrace{\frac{\log x}{x}}_{0}-\underbrace{\frac{1}{x}}_{0}\Big)\leqq\lim_{x\to\infty}\frac{[\log x]}{x}\leqq\lim_{x\to\infty}\underbrace{\frac{\log x}{x}}_{0}$$

より，はさみ打ちの原理を用いて，

$\displaystyle\lim_{x\to\infty}\frac{[\log x]}{x}=0$ が成り立つ。……………………(終)

ココがポイント

⇦ $[5.6]=5$，$[3.9]=3$ のように，$x=n.\cdots$，すなわち $n\leqq x<n+1$ のとき $[x]=n$ となるんだね。

⇦ $\displaystyle\lim_{x\to\infty}\frac{\log x}{x}=0$，$\displaystyle\lim_{x\to\infty}\frac{1}{x}=0$ より，はさみ打ちの原理から $\displaystyle\lim_{x\to\infty}\frac{[\log x]}{x}=0$ となる。

関数の連続性（I）

元気力アップ問題 81　難易度 ★★　CHECK 1　CHECK 2　CHECK 3

次の関数 $f(x)$ が全区間で連続となるように，a，b の値を定めよ。

$$f(x)=\begin{cases} 2 & (x \leqq 0 \text{ のとき}) \\ \dfrac{a\sin 2x}{x} & \left(0<x<\dfrac{\pi}{2} \text{ のとき}\right) \\ b & \left(\dfrac{\pi}{2} \leqq x \text{ のとき}\right) \end{cases}$$

ヒント！ 関数 $f(x)$ が連続となるための条件は，3 つの関数の継ぎ目である $x=0$ と $x=\dfrac{\pi}{2}$ で連続となることなんだね。

解答＆解説

関数 $f(x)$ は，$x=0$ と $x=\dfrac{\pi}{2}$ 以外では連続である。

(i) $x=0$ で連続となる条件は，

$$\lim_{x\to+0} f(x)=\lim_{x\to+0}\frac{a\sin 2x}{x}$$

$$=\lim_{\substack{x\to+0\\(t\to+0)}} a\cdot\frac{\sin \boxed{2x}}{\boxed{2x}}\cdot 2 \quad (2x=t,\ \frac{\sin t}{t}\to 1)$$

$$=a\cdot 1\cdot 2=\boxed{2a=2}\ (=f(0))$$

$$\therefore a=1$$

(ii) $x=\dfrac{\pi}{2}$ で連続となる条件は，

$$\lim_{x\to\frac{\pi}{2}-0} f(x)=\lim_{x\to\frac{\pi}{2}-0}\frac{\boxed{1}\cdot\sin 2x}{x}=\frac{\boxed{\sin\pi}}{\frac{\pi}{2}} \quad (1=a,\ \sin\pi=0)$$

$$=\boxed{0=b}\ \left(=f\left(\frac{\pi}{2}\right)\right)$$

$$\therefore b=0$$

以上 (i)(ii) より，$a=1$，$b=0$ ……………………………(答)

ココがポイント

(i) イメージ

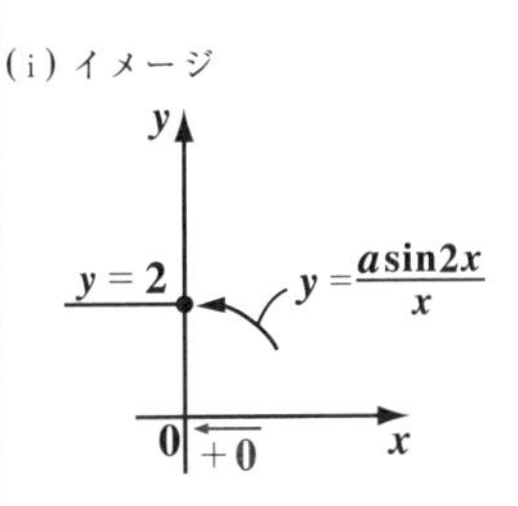

⇦ イメージ

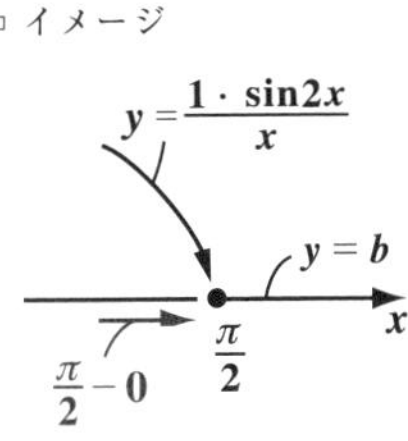

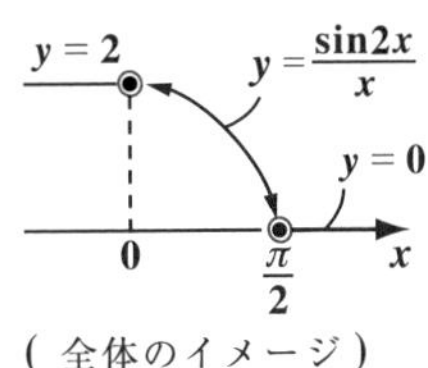

（全体のイメージ）

関数の連続性 (Ⅱ)

元気力アップ問題 82　難易度 ★★　CHECK 1　CHECK 2　CHECK 3

関数 $f(x)=\lim_{n\to\infty}\frac{ax^{2n+2}-x^{2n+1}}{x^{2n}+1}$ （a：実数定数）がある。

(1) (ⅰ) $-1<x<1$，(ⅱ) $x=1$，(ⅲ) $x=-1$，(ⅳ) $x<-1$，$1<x$ の4つの場合に分けて，$f(x)$ を求めよ。

(2) $x=1$ で $f(x)$ が連続となるように，a の値を定めよ。

ヒント！

公式：$\lim_{n\to\infty}r^n=\begin{cases}0 & (-1<r<1 \text{ のとき})\\ 1 & (r=1 \text{ のとき})\\ \pm1 & (r=-1 \text{ のとき})\end{cases}$ を利用しよう。

また，$r<-1$ または $1<r$ のとき $\lim_{n\to\infty}\left(\frac{1}{r}\right)^n=0$ となることも大丈夫だね。

解答＆解説

(1) $f(x)=\lim_{n\to\infty}\frac{ax^{2n+2}-x^{2n+1}}{x^{2n}+1}$ （a：定数）について，

(ⅰ) $-1<x<1$ のとき，

$$f(x)=\lim_{n\to\infty}\frac{a\boxed{x^{2n+2}}-\boxed{x^{2n+1}}}{\boxed{x^{2n}}+1}=\frac{0-0}{0+1}=0$$

（各項 → 0）

⇦ $-1<x<1$ のとき，$\lim_{n\to\infty}x^{2n}=\lim_{n\to\infty}x^{2n+1}=\lim_{n\to\infty}x^{2n+2}=0$ となる。x^{2n}，x^{2n+1}，x^{2n+2} いずれも $n\to\infty$ のとき，x をたくさんたくさんかけることに違いはないので，みんな 0 に収束する。

(ⅱ) $x=1$ のとき，

$$f(1)=\lim_{n\to\infty}\frac{a\cdot\boxed{1^{2n+2}}-\boxed{1^{2n+1}}}{\boxed{1^{2n}}+1}=\frac{a\cdot1-1}{1+1}=\frac{a-1}{2}$$

（各項 → 1）

1に1を何回かけても1だね。

(ⅲ) $x=-1$ のとき，

$$f(-1)=\lim_{n\to\infty}\frac{a\cdot\boxed{(-1)^{2n+2}}-\boxed{(-1)^{2n+1}}}{\boxed{(-1)^{2n}}+1}$$

（$(-1)^{2n+2}\to1$，$(-1)^{2n+1}\to-1$，$(-1)^{2n}\to1$）

$$=\frac{a\cdot1-(-1)}{1+1}=\frac{a+1}{2}$$

⇦ $x=-1$ を偶数回かけると 1，奇数回かけると -1 より，$\lim_{n\to\infty}(-1)^{2n}=\lim_{n\to\infty}(-1)^{2n+2}=1$，$\lim_{n\to\infty}(-1)^{2n+1}=-1$ だね。

(iv) $x < -1$ または $1 < x$ のとき，

$$f(x) = \lim_{n\to\infty}\frac{ax^{2n+2} - x^{2n+1}}{x^{2n} + 1} = \lim_{n\to\infty}\frac{ax^2 - x}{1 + \boxed{\frac{1}{x^{2n}}}} = \frac{ax^2 - x}{1 + 0} = ax^2 - x$$

（分子・分母を x^{2n} で割った）（$\frac{1}{x^{2n}} \to 0$）

⇦ $x < -1$，$1 < x$ のときは，$\lim_{n\to\infty}\left(\frac{1}{x}\right)^{2n} = \lim_{n\to\infty}\frac{1}{x^{2n}} = 0$ を利用しよう。

以上 (i)〜(iv) より，

$$f(x) = \begin{cases} 0 & (-1 < x < 1 \text{ のとき}) \\ \frac{a-1}{2} & (x = 1 \text{ のとき}) \\ \frac{a+1}{2} & (x = -1 \text{ のとき}) \\ ax^2 - x & (x < -1,\ 1 < x \text{ のとき}) \end{cases}$$ ……(答)

(2) $f(x)$ が $x = 1$ で連続となるための条件は，

$$\lim_{x\to 1-0}\underbrace{f(x)}_{0} = \lim_{x\to 1+0}\underbrace{f(x)}_{ax^2-x} = \underbrace{f(1)}_{\frac{a-1}{2}}$$ より，

$$0 = \lim_{x\to 1+0}\underbrace{(ax^2 - x)}_{a\cdot 1^2 - 1} = \frac{a-1}{2}$$

$0 = a - 1 = \frac{a-1}{2}$ となる。　∴ $a = 1$ ……………(答)

イメージ

⇦ $f(1) = \frac{a-1}{2}$，$f(x) = ax^2 - x$，$f(x) = 0$，$1-0$，1，$1+0$，x

（このとき，$f(x) = \begin{cases} 0 & (-1 < x \leqq 1) \\ 1 & (x = -1) \\ x^2 - x & (x < -1,\ 1 < x) \end{cases}$ より，

$y = f(x)$ のグラフの概形は右図のようになる。）⇦

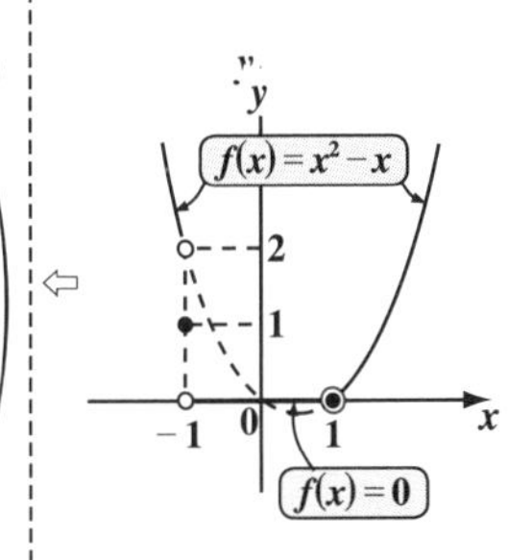

第6章 ● 関数の極限の公式の復習

1. 分数関数

(Ⅰ) 基本形：$y=\dfrac{k}{x}$ $(x\neq 0)$　　(Ⅱ) 標準形：$y=\dfrac{k}{x-p}+q$

2. 無理関数

(Ⅰ) 基本形：$y=\sqrt{ax}$　　(Ⅱ) 標準形：$y=\sqrt{a(x-p)}+q$

3. 逆関数の公式

$y=f(x)$ が1対1対応の関数のとき，

$y=f(x)$ ←逆関数→ $x=f(y)$ → $y=f^{-1}(x)$

元の $y=f(x)$ の x と y を入れ替えたもの

これを，$y=(x$ の式$)$ の形に変形

$y=f(x)$ と $y=f^{-1}(x)$ は，直線 $y=x$ に関して対称なグラフになる。

4. 合成関数の公式

$t=f(x)$ ……㋐，$y=g(t)$ ……㋑ のとき，

㋐を㋑に代入して，$y=g(f(x))$ の合成関数が導かれる。

5. 三角関数の極限の公式

(1) $\displaystyle\lim_{\theta\to 0}\frac{\sin\theta}{\theta}=1$　(2) $\displaystyle\lim_{\theta\to 0}\frac{\tan\theta}{\theta}=1$　(3) $\displaystyle\lim_{\theta\to 0}\frac{1-\cos\theta}{\theta^2}=\frac{1}{2}$

(θ の単位はすべてラジアン)

6. e に近づく極限の公式

(1) $\displaystyle\lim_{x\to\pm\infty}\left(1+\frac{1}{x}\right)^x=e$　　(2) $\displaystyle\lim_{h\to 0}(1+h)^{\frac{1}{h}}=e$

7. 対数関数と指数関数の極限公式

(1) $\displaystyle\lim_{x\to 0}\frac{\log(1+x)}{x}=1$　　(2) $\displaystyle\lim_{x\to 0}\frac{e^x-1}{x}=1$

8. 関数の連続性

$\displaystyle\lim_{x\to a-0}f(x)=\lim_{x\to a+0}f(x)=f(a)$ のとき，$f(x)$ は $x=a$ で連続である。

9. 中間値の定理

$[a,\ b]$ で連続な関数が，$f(a)\neq f(b)$ ならば，$f(a)$ と $f(b)$ の間の定数 k に対して，$f(c)=k$ をみたす c が，a と b の間に存在する。

第 7 章
CHAPTER

7 微分法とその応用

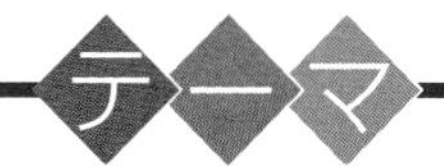

▶ 微分係数と導関数

$$\left(f'(a) = \lim_{h \to 0} \frac{f(a+h) - f(a)}{h} \right)$$

▶ 接線と法線，共接条件

$$\left(y = f'(t) \cdot (x - t) + f(t) \right)$$

▶ 関数とグラフ，方程式・不等式への応用

$$\left(f(x) = k,\ f(x) \geqq k \right)$$

▶ 速度・加速度，近似式

$$\left(f(x) \doteqdot f'(0) \cdot x + f(0) \right)$$

第7章 微分法とその応用 ●公式&解法パターン

1. 微分係数の定義式

$$f'(a)=\lim_{h\to 0}\frac{f(a+h)-f(a)}{h}=\lim_{h\to 0}\frac{f(a)-f(a-h)}{h}=\lim_{b\to a}\frac{f(b)-f(a)}{b-a}$$

極限はすべて$\frac{0}{0}$の不定形だけれど，これがある極限値に収束するとき，その値を微分係数$f'(a)$とおく。これは曲線$y=f(x)$上の点$(a,\ f(a))$における接線の傾きのことだ。

2. 導関数の定義式

$$f'(x)=\lim_{h\to 0}\frac{f(x+h)-f(x)}{h}=\lim_{h\to 0}\frac{f(x)-f(x-h)}{h}$$

この極限も$\frac{0}{0}$の不定形だけれど，これがある関数に収束するとき，その関数を導関数$f'(x)$とおく。

(ex) $f(x)=e^x$の導関数$f'(x)$を求めると，

$$f'(x)=\lim_{h\to 0}\frac{f(x+h)-f(x)}{h}=\lim_{h\to 0}\frac{e^{x+h}-e^x}{h}$$

$$\frac{e^{x+h}-e^x}{h}=\frac{e^x\cdot e^h-e^x}{h}=\frac{e^x(e^h-1)}{h}$$

$$=\lim_{h\to 0}\underbrace{\frac{e^h-1}{h}}_{1}\cdot e^x=1\cdot e^x=e^x$$ となる。

3. 微分計算の公式 (Ⅰ)

(1) $(x^\alpha)'=\alpha x^{\alpha-1}$　(2) $(\sin x)'=\cos x$　(3) $(\cos x)'=-\sin x$

(4) $(\tan x)'=\frac{1}{\cos^2 x}$　(5) $(e^x)'=e^x$　(6) $(a^x)'=a^x\cdot\log a$

(7) $(\log x)'=\frac{1}{x}\ (x>0)$　(8) $\{\log f(x)\}'=\frac{f'(x)}{f(x)}\ (f(x)>0)$

（ただし，対数はすべて自然対数，$a>0$ かつ $a\neq 1$）

4. 微分計算の公式（Ⅱ）

(1) $(f\cdot g)'=f'\cdot g+f\cdot g'$　　(2) $\left(\dfrac{g}{f}\right)'=\dfrac{g'\cdot f-g\cdot f'}{f^2}$

（ただし，f，g はそれぞれ $f(x)$，$g(x)$ を表す。）

(3) $\dfrac{dy}{dx}=\dfrac{dy}{dt}\cdot\dfrac{dt}{dx}$　合成関数の微分

(4) $\dfrac{dy}{dx}=\dfrac{\frac{dy}{d\theta}}{\frac{dx}{d\theta}}$　$x=x(\theta)$，$y=y(\theta)$ と，媒介変数表示された関数の微分

(ex1) $(x\cdot\sin x)'=x'\cdot\sin x+x\cdot(\sin x)'=1\cdot\sin x+x\cos x=\sin x+x\cos x$

(ex2) $\left(\dfrac{e^x}{x}\right)'=\dfrac{(e^x)'\cdot x-e^x\cdot x'}{x^2}=\dfrac{e^x\cdot x-e^x\cdot 1}{x^2}=\dfrac{e^x(x-1)}{x^2}$

(ex3) $y=\sin 2x$ のとき，$2x=t$ とおくと，（t とおく）

$\dfrac{dy}{dx}=(\sin 2x)'=\dfrac{dy}{dt}\cdot\dfrac{dt}{dx}=2\cos 2x$ となる。

$(\sin t)'=\cos t=\cos 2x$　$(2x)'=2$

(ex4) $x=3\cos\theta$，$y=2\sin\theta$ のとき，$\dfrac{dx}{d\theta}=-3\sin\theta$，$\dfrac{dy}{d\theta}=2\cos\theta$ より，

$\dfrac{dy}{dx}=\dfrac{\frac{dy}{d\theta}}{\frac{dx}{d\theta}}=\dfrac{2\cos\theta}{-3\sin\theta}=-\dfrac{2}{3}\cdot\dfrac{\cos\theta}{\sin\theta}$ となる。

5. 平均値の定理

関数 $f(x)$ が閉区間 $[a,\ b]$ で連続，開区間 $(a,\ b)$ で微分可能であるとき，

$$\frac{f(b)-f(a)}{b-a}=f'(c)$$

をみたす実数 c が開区間 $(a,\ b)$ の範囲に少なくとも1つ存在する。

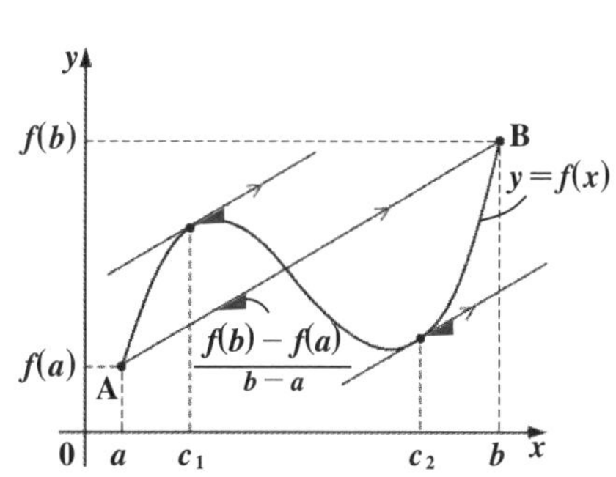

6. 接線と法線の公式

(1) 接線の方程式：$y = f'(t)(x - t) + f(t)$

(2) 法線の方程式：$y = -\dfrac{1}{f'(t)}(x - t) + f(t)$　$(f'(t) \neq 0)$

(ex) 曲線 $y = f(x) = \sin x$ 上の点 $(\pi,\ 0)$ におけるこの曲線の接線と法線の方程式を求めよう。

まず，$f'(x) = (\sin x)' = \cos x$ より，$f'(\pi) = \cos\pi = -1$ である。よって，

(ⅰ) $y = f(x)$ 上の点 $(\pi,\ 0)$ における接線の方程式は，

$y = -1 \cdot (x - \pi) + 0$　$[y = f'(\pi) \cdot (x - \pi) + f(\pi)]$

$\therefore\ y = -x + \pi$ である。

(ⅱ) $y = f(x)$ 上の点 $(\pi,\ 0)$ における法線の方程式は，

$y = 1 \cdot (x - \pi) + 0$　$\left[y = -\dfrac{1}{f'(\pi)}(x - \pi) + f(\pi)\right]$

$\therefore\ y = x - \pi$ である。　$-\dfrac{1}{-1} = 1$

7. 2曲線 $y = f(x)$ と $y = g(x)$ の共接条件

(ⅰ) $f(t) = g(t)$　かつ　(ⅱ) $f'(t) = g'(t)$

8. 関数のグラフを描く上で役に立つ極限の知識 (α：正の定数)

(1) $\displaystyle\lim_{x\to\infty}\frac{x^\alpha}{e^x} = 0$　$\left[\dfrac{(\text{中位の}\infty)}{(\text{強い}\infty)} = 0\right]$

(2) $\displaystyle\lim_{x\to\infty}\frac{e^x}{x^\alpha} = \infty$　$\left[\dfrac{(\text{強い}\infty)}{(\text{中位の}\infty)} = \infty\right]$

(3) $\displaystyle\lim_{x\to\infty}\frac{\log x}{x^\alpha} = 0$　$\left[\dfrac{(\text{弱い}\infty)}{(\text{中位の}\infty)} = 0\right]$

(4) $\displaystyle\lim_{x\to\infty}\frac{x^\alpha}{\log x} = \infty$　$\left[\dfrac{(\text{中位の}\infty)}{(\text{弱い}\infty)} = \infty\right]$

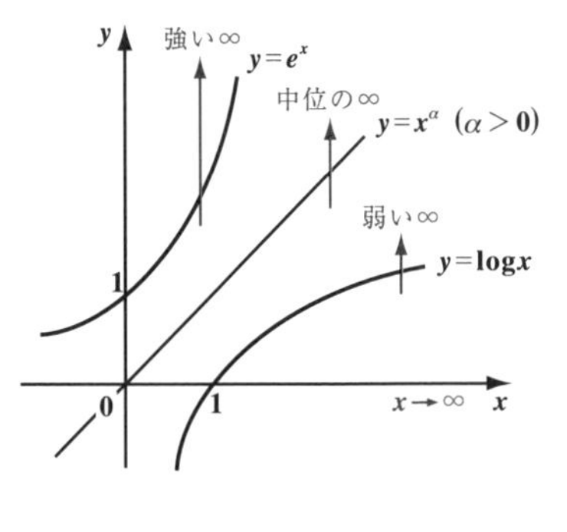

この(強い∞)，(中位の∞)，(弱い∞)というのは，あくまでも便宜上の表現で，正式なものではないので，答案には書かないようにしよう。

9. $f'(x)$, $f''(x)$ の符号と曲線 $y=f(x)$ の関係

(1) $\begin{cases} f'(x)>0 \text{ のとき，増加} \\ f'(x)<0 \text{ のとき，減少} \end{cases}$　　(2) $\begin{cases} f''(x)>0 \text{ のとき，下に凸} \\ f''(x)<0 \text{ のとき，上に凸} \end{cases}$

10. 方程式 $f(x)=k$ (k：定数) の実数解の個数

$y=f(x)$ と $y=k$ に分解して，曲線 $y=f(x)$ と直線 $y=k$ との共有点の個数を調べる。

11. $a \leqq x \leqq b$ における不等式 $f(x) \geqq g(x)$ の証明

差関数 $y=h(x)=f(x)-g(x)$ $(a \leqq x \leqq b)$ をとって，$a \leqq x \leqq b$ の範囲において $y=h(x) \geqq 0$ であることを示す。

12. 文字定数 k と不等式

(1) $f(x) \leqq k$ を示すには，$y=f(x)$ と $y=k$ に分解して，$f(x)$ の最大値 $M \leqq k$ を示せばいい。

(2) $f(x) \geqq k$ を示すには，$y=f(x)$ と $y=k$ に分解して，$f(x)$ の最小値 $m \geqq k$ を示せばいい。

(1) のイメージ

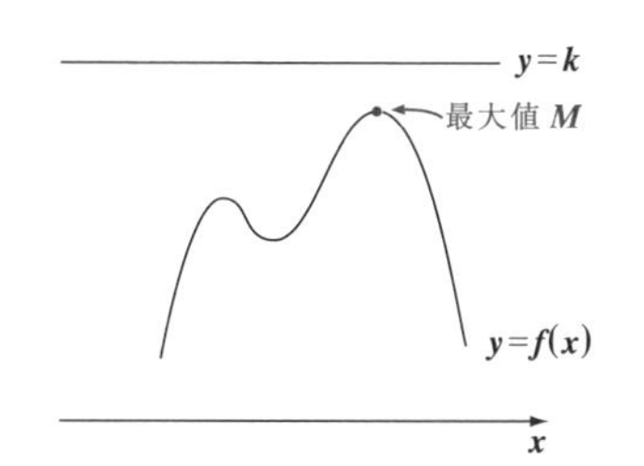

(2) のイメージ

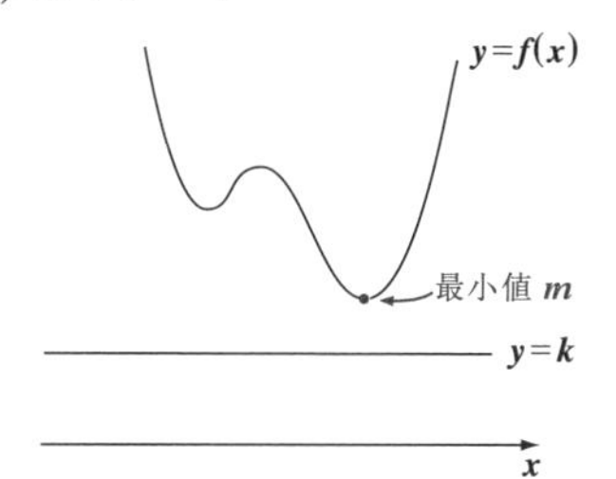

(*ex*) 試験でよく出題されるものとして「$x \geqq 0$ のとき $f(x) \geqq 0$」を示すパターンを下に示しておこう。

$x \geqq 0$ のとき，$f'(x) \geqq 0$ を示し

$f(0)=0$ を示す。

よって右図のように，$y=f(x)$ は

原点から単調に増加するので，

$f(x) \geqq 0$ が示せる。

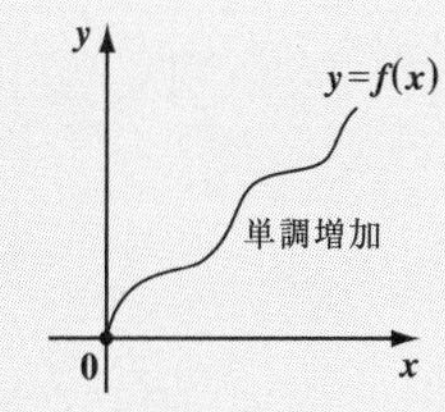

13. 速度と加速度　(t：時刻)

(1) x 軸上を運動する動点 $\mathrm{P}(x(t))$ について,

x は，時刻 t の関数という意味

(i)
$$\begin{cases} 速度\ v = \dfrac{dx}{dt} \\ 速さ\ |v| = \left|\dfrac{dx}{dt}\right| \end{cases}$$

(ii)
$$\begin{cases} 加速度\ a = \dfrac{dv}{dt} = \dfrac{d^2x}{dt^2} \\ 加速度の大きさ\ |a| = \left|\dfrac{d^2x}{dt^2}\right| \end{cases}$$

(ex) $\mathrm{P}(2t-t^2)$ のとき，$x=2t-t^2$ より，

$$\begin{cases} 速度\ v = \dfrac{dx}{dt} = (2t-t^2)' = 2-2t \\ 速さ\ |v| = |2-2t| \end{cases}$$
であり，

$$\begin{cases} 加速度\ a = \dfrac{dv}{dt} = (2-2t)' = -2 \\ 加速度の大きさ\ |a| = |-2| = 2 \end{cases}$$
である。

(2) xy 座標平面上を運動する動点 $\mathrm{P}(x(t),\ y(t))$ について,

(i)
$$\begin{cases} 速度\ \vec{v} = \left(\dfrac{dx}{dt},\ \dfrac{dy}{dt}\right) \\ 速さ\ |\vec{v}| = \sqrt{\left(\dfrac{dx}{dt}\right)^2 + \left(\dfrac{dy}{dt}\right)^2} \end{cases}$$

(ii)
$$\begin{cases} 加速度\ \vec{a} = \left(\dfrac{d^2x}{dt^2},\ \dfrac{d^2x}{dt^2}\right) \\ 加速度の大きさ\ |\vec{a}| = \sqrt{\left(\dfrac{d^2x}{dt^2}\right)^2 + \left(\dfrac{d^2x}{dt^2}\right)^2} \end{cases}$$

(ex) $\mathrm{P}(\cos t,\ \sin t)$ のとき，$x=\cos t,\ y=\sin t$ より，

$$\begin{cases} 速度\ \vec{v} = \left(\dfrac{dx}{dt},\ \dfrac{dy}{dt}\right) = ((\cos t)',\ (\sin t)') = (-\sin t,\ \cos t) \\ 速さ\ |\vec{v}| = \sqrt{(-\sin t)^2 + (\cos t)^2} = \sqrt{\sin^2 t + \cos^2 t} = \sqrt{1} = 1 \end{cases}$$
であり，

$$\begin{cases} 加速度\ \vec{a} = \left(\dfrac{d^2x}{dt^2},\ \dfrac{d^2y}{dt^2}\right) = ((-\sin t)',\ (\cos t)') = (-\cos t,\ -\sin t) \\ 加速度の大きさ\ |\vec{a}| = \sqrt{(-\cos t)^2 + (-\sin t)^2} = \sqrt{\cos^2 t + \sin^2 t} = \sqrt{1} = 1 \end{cases}$$
である。

14. 近似式

(1) 極限の公式から導かれる近似式をまず頭に入れよう。

(ⅰ) $x \fallingdotseq 0$ のとき，$\sin x \fallingdotseq x$

$\displaystyle\lim_{x\to 0}\frac{\sin x}{x}=1$ より，$x \fallingdotseq 0$ のとき

$\dfrac{\sin x}{x}\fallingdotseq 1$ から，$\sin x \fallingdotseq x$

(ⅱ) $x \fallingdotseq 0$ のとき，$e^x \fallingdotseq x+1$

$\displaystyle\lim_{x\to 0}\frac{e^x-1}{x}=1$ より，$x \fallingdotseq 0$ のとき

$\dfrac{e^x-1}{x}\fallingdotseq 1$ から，$e^x \fallingdotseq x+1$

(ⅲ) $x \fallingdotseq 0$ のとき，$\log(x+1) \fallingdotseq x$

$\displaystyle\lim_{x\to 0}\frac{\log(x+1)}{x}=1$ より，$x \fallingdotseq 0$ のとき

$\dfrac{\log(x+1)}{x}\fallingdotseq 1$ から，$\log(x+1) \fallingdotseq x$

(ⅳ) $x \fallingdotseq 0$ のとき，$\cos x \fallingdotseq -\dfrac{1}{2}x^2+1$

$\displaystyle\lim_{x\to 0}\frac{1-\cos x}{x^2}=\frac{1}{2}$ より，$x \fallingdotseq 0$ のとき

$\dfrac{1-\cos x}{x^2}\fallingdotseq\dfrac{1}{2}$ から，$1-\cos x \fallingdotseq \dfrac{1}{2}x^2$　　$\therefore \cos x \fallingdotseq -\dfrac{1}{2}x^2+1$

(2) 微分係数の定義式からも近似式は導かれる。

微分係数 $f'(a)=\displaystyle\lim_{h\to 0}\frac{f(a+h)-f(a)}{h}$ より，

$h \fallingdotseq 0$ のとき，$f'(a)\fallingdotseq\dfrac{f(a+h)-f(a)}{h}$ となるので，

$h \fallingdotseq 0$ のとき，近似式：$f(a+h)\fallingdotseq f'(a)h+f(a)$ …(＊) が導ける。

さらに，$a=0$ のとき h を x で置き換えると，

$x \fallingdotseq 0$ のとき，近似式：$f(x)\fallingdotseq f'(0)\cdot x+f(0)$ …(＊＊) も導ける。

(ex) $f(x)=\log(1+x)$ のとき，$f'(x)=\dfrac{1}{1+x}$ より，$f'(0)=\dfrac{1}{1+0}=1$

よって，$x \fallingdotseq 0$ のとき，$\log(1+x)\fallingdotseq 1\cdot x+0=x$ が導ける。

[　$f(x)$　$\fallingdotseq f'(0)\cdot x+f(0)$]

微分係数の定義式

元気力アップ問題 83　難易度 ★★　CHECK 1　CHECK 2　CHECK 3

$f'(a)=b$ のとき，次の極限値を b で表せ。

(1) $\displaystyle\lim_{h\to 0}\frac{f(a+3h)-f(a-2h)}{h}$ ……………①

(2) $\displaystyle\lim_{h\to 0}\frac{f(a+h)+f(a+4h)-2f(a)}{h}$ ……②

ヒント！ 微分係数 $f'(a)=\displaystyle\lim_{h\to 0}\frac{f(a+h)-f(a)}{h}=\lim_{h\to 0}\frac{f(a)-f(a-h)}{h}$ の公式をうまく使って解いていこう。

解答&解説

(1) $f'(a)=b$ より，①を変形して，

$$\lim_{h\to 0}\frac{\{f(a+3h)-f(a)\}+\{f(a)-f(a-2h)\}}{h}$$

⇦ $f(a)$ を引いた分，$f(a)$ をたした。

$$=\lim_{\substack{h\to 0\\(k\to 0)\\(l\to 0)}}\left\{\frac{f(a+\underset{k}{3h})-f(a)}{\underset{k}{3h}}\times 3+\frac{f(a)-f(a-\underset{l}{2h})}{\underset{l}{2h}}\times 2\right\}$$

（それぞれ $\to f'(a)$）

⇦ $h\to 0$ のとき，$k=3h\to 0$，$l=2h\to 0$

$$=3\cdot\underbrace{f'(a)}_{b}+2\cdot\underbrace{f'(a)}_{b}=5b$$ ……………………………(答)

(2) ②を変形して，

$$\lim_{h\to 0}\frac{\{f(a+h)-f(a)\}+\{f(a+4h)-f(a)\}}{h}$$

⇦ 2つの微分係数の定義式に分解する。

$$=\lim_{\substack{h\to 0\\(m\to 0)}}\left\{\frac{f(a+h)-f(a)}{h}+\frac{f(a+\underset{m}{4h})-f(a)}{\underset{m}{4h}}\times 4\right\}$$

（それぞれ $\to f'(a)$）

⇦ $h\to 0$ のとき，$m=4h\to 0$ だね。

$$=\underbrace{f'(a)}_{b}+4\underbrace{f'(a)}_{b}=5b$$ …………………………(答)

導関数の定義式

元気力アップ問題 84　難易度 ★★　CHECK 1　CHECK 2　CHECK 3

導関数の定義式 $f'(x)=\lim_{h\to 0}\frac{f(x+h)-f(x)}{h}$ を用いて，次の導関数を求めよ。

(1) $(\cos x)'$　　(2) $(\tan x)'$

ヒント！ 導関数の公式の証明問題だ。極限公式 $\lim_{h\to 0}\frac{\sin h}{h}=1$，$\lim_{h\to 0}\frac{1-\cos h}{h^2}=\frac{1}{2}$，$\lim_{h\to 0}\frac{\tan h}{h}=1$ を利用すると，うまく示せるはずだ。頑張ろう！

解答＆解説

(1) $(\cos x)'=\lim_{h\to 0}\frac{\boxed{\cos(x+h)}-\cos x}{h}$

（$\cos(x+h)=\cos x\cos h-\sin x\sin h$　加法定理）

$=\lim_{h\to 0}\frac{-\sin x\cdot\sin h-(\cos x-\cos x\cdot\cos h)}{h}$

$=\lim_{h\to 0}\left(-\sin x\cdot\frac{\sin h}{h}-\cos x\cdot\frac{1-\cos h}{h^2}\times h\right)$　（$\frac{\sin h}{h}\to 1$，$\frac{1-\cos h}{h^2}\to\frac{1}{2}$，$h\to 0$）

$=-\sin x\times 1-\cos x\times\frac{1}{2}\times 0=-\sin x$ ………(答)

(2) $(\tan x)'=\lim_{h\to 0}\frac{\boxed{\tan(x+h)}-\tan x}{h}$

（$\tan(x+h)=\frac{\tan x+\tan h}{1-\tan x\tan h}$　加法定理）

（分子・分母に $1-\tan x\tan h$ をかけた。）

$=\lim_{h\to 0}\frac{\tan x+\tan h-\tan x(1-\tan x\tan h)}{h(1-\tan x\tan h)}$

$=\lim_{h\to 0}\frac{\tan h}{h}\times\frac{1+\tan^2 x}{1-\tan x\boxed{\tan h}}$　（$\frac{\tan h}{h}\to 1$，$\tan h\to 0$）

$=1\times\frac{1+\tan^2 x}{1-0}=1+\tan^2 x=\frac{1}{\cos^2 x}$ ………(答)

ココがポイント

⇦ $f(x)=\cos x$ とおいて，導関数 $f'(x)$ の定義式を作る。

⇦関数の極限公式
$\lim_{h\to 0}\frac{\sin h}{h}=1$
$\lim_{h\to 0}\frac{1-\cos h}{h^2}=\frac{1}{2}$

⇦ $\frac{\tan h+\tan^2 x\cdot\tan h}{h(1-\tan x\tan h)}$
$=\frac{\tan h(1+\tan^2 x)}{h(1-\tan x\tan h)}$

⇦公式：$1+\tan^2 x=\frac{1}{\cos^2 x}$

微分計算(Ⅰ)

元気力アップ問題 85　難易度 ★★　CHECK 1　CHECK 2　CHECK 3

次の関数を微分せよ。

(1) $y = e^{-x} \cdot \cos x$　　(2) $y = \dfrac{\log 2x}{x}$

(3) $y = e^{-x^2} \cdot \sin 2x$　　(4) $y = \cos^3 2x$

ヒント！　関数の積や商の微分公式，および合成関数の微分公式を利用しよう。

解答＆解説

ココがポイント

(1) $y' = (e^{-x} \cdot \cos x)' = (e^{-x})' \cdot \cos x + e^{-x} \cdot (\cos x)'$　（$-x$ を t とおく）

$(e^{-x})' = \dfrac{de^t}{dt} \cdot \dfrac{d(-x)}{dx} = e^t \cdot (-1) = -e^{-x}$，　$(\cos x)' = -\sin x$

$= -e^{-x}\cos x + e^{-x}(-\sin x)$

$= -e^{-x}(\sin x + \cos x)$ ……………………(答)

⇦ $(f \cdot g)' = f' \cdot g + f \cdot g'$

(2) $y' = \left(\dfrac{\log 2x}{x}\right)' = \dfrac{(\log 2x)' \cdot x - \log 2x \cdot x'}{x^2}$

$= \dfrac{\frac{1}{x} \cdot x - 1 \cdot \log 2x}{x^2} = \dfrac{1 - \log 2x}{x^2}$ ………(答)

⇦ $\left(\dfrac{g}{f}\right)' = \dfrac{g' \cdot f - g \cdot f'}{f^2}$

・$(\log 2x)' = \dfrac{(2x)'}{2x} = \dfrac{2}{2x} = \dfrac{1}{x}$

(3) $y' = (e^{-x^2} \cdot \sin 2x)' = (e^{-x^2})' \cdot \sin 2x + e^{-x^2} \cdot (\sin 2x)'$　（$-x^2$ を t とおく，$2x$ を u とおく）

$(e^{-x^2})' = \dfrac{de^t}{dt} \cdot \dfrac{d(-x^2)}{dx} = e^t \cdot (-2x) = -2xe^{-x^2}$，　$(\sin 2x)' = \dfrac{d(\sin u)}{du} \cdot \dfrac{d(2x)}{dx} = \cos u \times 2 = 2\cos 2x$

$= -2xe^{-x^2}\sin 2x + 2e^{-x^2}\cos 2x$

$= 2e^{-x^2}(\cos 2x - x\sin 2x)$ ……………………(答)

⇦ $(f \cdot g)' = f' \cdot g + f \cdot g'$

(4) $y' = (\cos^3 2x)' = 3\cos^2 2x\,(\cos 2x)'$　（$\cos 2x$ を t とおく，さらに $2x$ を θ とおく）

$\dfrac{d(t^3)}{dt} = 3t^2$，　$\dfrac{d(\cos\theta)}{d\theta} \cdot \dfrac{d(2x)}{dx} = -\sin 2x \times 2$

$= 3\cos^2 2x(-\sin 2x) \cdot 2$

$= -6\sin 2x \cdot \cos^2 2x$ ……………………(答)

微分計算(II)

元気力アップ問題 86 　難易度 ★★　CHECK 1　CHECK 2　CHECK 3

次の関数を微分せよ。

(1) $y=\log(\tan(\sin^2 x))$ 　$\left(\dfrac{\pi}{4}\leqq x\leqq\dfrac{\pi}{2}\right)$

(2) $y=\sqrt{\dfrac{2-x}{x+2}}$ 　(広島大)

ヒント! 合成関数の微分など，微分計算の公式をうまく使って解いていこう。

解答&解説

(1) $y'=\{\log(\tan(\sin^2 x))\}'=\dfrac{\{\tan(\sin^2 x)\}'}{\tan(\sin^2 x)}$ 　($\sin^2 x$ を u とおく)

$=\dfrac{1}{\tan(\sin^2 x)}\cdot\dfrac{1}{\cos^2(\sin^2 x)}\cdot(\sin^2 x)'$

($\dfrac{1}{\cos^2(\sin^2 x)}=\dfrac{d(\tan u)}{du}$，$\sin x$ を v とおく：$(\sin^2 x)'=\dfrac{du}{dx}=\dfrac{d(v^2)}{dv}\cdot\dfrac{dv}{dx}=2\sin x\cdot\cos x$)

$=\dfrac{2\sin x\cdot\cos x}{\tan(\sin^2 x)\cdot\cos^2(\sin^2 x)}$

$=\dfrac{2\sin x\cos x}{\sin(\sin^2 x)\cdot\cos(\sin^2 x)}$ ……………………(答)

(2) $y'=\left\{\left(\dfrac{2-x}{x+2}\right)^{\frac{1}{2}}\right\}'=\dfrac{1}{2}\left(\dfrac{2-x}{x+2}\right)^{-\frac{1}{2}}\cdot\left(\dfrac{2-x}{x+2}\right)'$ 　($\dfrac{2-x}{x+2}$ を u とおく)

($\dfrac{1}{2}\left(\dfrac{2-x}{x+2}\right)^{-\frac{1}{2}}=\dfrac{d\left(u^{\frac{1}{2}}\right)}{du}$，$\left(\dfrac{2-x}{x+2}\right)'=\dfrac{du}{dx}=\dfrac{(2-x)'(x+2)-(2-x)(x+2)'}{(x+2)^2}$)

$=\dfrac{1}{2}\sqrt{\dfrac{x+2}{2-x}}\cdot\dfrac{-1\cdot(x+2)-(2-x)\cdot 1}{(x+2)^2}$

$=-2\cdot\dfrac{1}{\sqrt{2-x}}\cdot\dfrac{\sqrt{x+2}}{(x+2)^2}$

$=-\dfrac{2}{\sqrt{2-x}\cdot\sqrt{x+2}(x+2)}$ ……………………(答)

ココがポイント

⇦ $(\log f)'=\dfrac{f'}{f}$

⇦ $\sin^2 x=\theta$ とおくと，
分母 $=\tan\theta\cdot\cos^2\theta$
$=\dfrac{\sin\theta}{\cos\theta}\cdot\cos^2\theta$
$=\sin\theta\cdot\cos\theta$
となる。

⇦ $\left(\dfrac{g}{f}\right)'=\dfrac{g'\cdot f-g\cdot f'}{f^2}$

対数微分法（Ⅰ）

元気力アップ問題 87　難易度 ★★　CHECK 1　CHECK 2　CHECK 3

次の関数の導関数を求めよ。ただし，$x>0$ とする。

(1) $y=x^{\sin x}$ （京都理大）

(2) $y=\left(\dfrac{2}{x}\right)^x$ （産業医大）

ヒント！ 一般に，$y=x^{(x\text{の式})}$ の形の微分は，まず両辺の自然対数をとって微分すると，うまくいくんだね。

解答＆解説

(1) $y=x^{\sin x}$ ……① の両辺は正より，

①の両辺の自然対数をとって，

$$\log y=\log x^{\sin x} \quad \therefore \log y=\sin x\cdot\log x \quad \cdots\cdots②$$

②の両辺を x で微分して，

$$\frac{y'}{y}=(\sin x\cdot\log x)'=\underbrace{(\sin x)'}_{\cos x}\cdot\log x+\sin x\cdot\underbrace{(\log x)'}_{\frac{1}{x}}$$

$$\therefore\ y'=\underbrace{x^{\sin x}}_{y}\left(\cos x\cdot\log x+\frac{1}{x}\sin x\right) \cdots\cdots\cdots\cdots（答）$$

(2) $y=\left(\dfrac{2}{x}\right)^x$ ……③ の両辺は正より，

③の両辺の自然対数をとって，

$$\log y=\log\left(\frac{2}{x}\right)^x=x(\log 2-\log x) \quad \cdots\cdots④$$

④の両辺を x で微分して，

$$\frac{y'}{y}=\{x\cdot(\log 2-\log x)\}'$$

$$=\underbrace{x'}_{1}\cdot(\log 2-\log x)+x\cdot\underbrace{(\log 2-\log x)'}_{-\frac{1}{x}}$$

$$\therefore\ y'=\underbrace{\left(\frac{2}{x}\right)^x}_{y}(-\log x+\log 2-1) \cdots\cdots\cdots\cdots（答）$$

ココがポイント

⇦ $\dfrac{d(\log y)}{dx}=\dfrac{d(\log y)}{dy}\cdot\dfrac{dy}{dx}=\dfrac{1}{y}\cdot\dfrac{dy}{dx}=\dfrac{y'}{y}$ となる。

⇦ $(f\cdot g)'=f'\cdot g+f\cdot g'$

対数微分法(Ⅱ)

元気力アップ問題 88　難易度 ★★　CHECK 1　CHECK 2　CHECK 3

関数 $f(x)=\dfrac{(x+1)^3(x+3)^2}{(x+2)^2e^x}$ …① $(x\geqq 0)$ について，微分係数 $f'(0)$ を求めよ。ただし，e は自然対数の底である。　(茨城大＊)

ヒント！ ①のように，複雑な分数式の場合，直接これを x で微分するよりも，まず①の両辺の自然対数をとって微分する方が，計算がずっと楽になるんだね。

解答＆解説

$f(x)=\dfrac{(x+1)^3(x+3)^2}{(x+2)^2e^x}$ ……① $(x\geqq 0)$ の両辺は正より，①の両辺の自然対数をとって，

$$\log f(x)=\log\frac{(x+1)^3\cdot(x+3)^2}{(x+2)^2\cdot e^x}$$

$$=\log(x+1)^{③}+\log(x+3)^{②}-\log(x+2)^{②}-\log e^{ⓧ}$$

⇦このように，右辺の自然対数をとることにより，バラバラに関数がほどけていく感じで，微分がしやすくなるんだね。

$\therefore\ \log f(x)=3\log(x+1)+2\log(x+3)-2\log(x+2)-x$ …②

②の両辺を x で微分すると，

$$\underbrace{\{\log f(x)\}'}_{\frac{f'(x)}{f(x)}}=3\cdot\frac{1}{x+1}+2\cdot\frac{1}{x+3}-2\cdot\frac{1}{x+2}-1$$

$\therefore\ f'(x)=f(x)\left(\dfrac{3}{x+1}+\dfrac{2}{x+3}-\dfrac{2}{x+2}-1\right)$ …③ となる。

⇦今回は，$f'(0)$ を求めるので，これをまとめる必要はない。

よって，③に $x=0$ を代入して，求める微分係数 $f'(0)$ は，

$$f'(0)=\underbrace{f(0)}_{\frac{9}{4}}\left(\frac{3}{0+1}+\frac{2}{0+3}-\frac{2}{0+2}-1\right)$$

⇦① に $x=0$ を代入して，$f(0)=\dfrac{1^3\cdot 3^2}{2^2\cdot e^0}=\dfrac{9}{4}$

$$=\frac{9}{4}\underbrace{\left(3+\frac{2}{3}-1-1\right)}_{1+\frac{2}{3}=\frac{5}{3}}=\frac{9}{4}\times\frac{5}{3}=\frac{15}{4}$$ である。

………(答)

媒介変数表示の関数の微分

元気力アップ問題 89　難易度 ★★　CHECK 1　CHECK 2　CHECK 3

媒介変数 θ で表された関数 $\begin{cases} x = \sin\theta \cdot \cos\theta \\ y = \dfrac{\cos\theta}{\tan\theta} \end{cases}$ について，$\theta = \dfrac{\pi}{3}$ における $\dfrac{dy}{dx}$ の値を求めよ。　(茨城大)

ヒント！ まず，$\dfrac{dx}{d\theta}$ と $\dfrac{dy}{d\theta}$ を求め，$\dfrac{dy}{d\theta}$ を $\dfrac{dx}{d\theta}$ で割ったものが，$\dfrac{dy}{dx}$ となるんだね。

解答&解説

(i) $x = \sin\theta \cdot \cos\theta$ を θ で微分して，

$$\frac{dx}{d\theta} = \underbrace{(\sin\theta)'}_{\cos\theta} \cdot \cos\theta + \sin\theta \cdot \underbrace{(\cos\theta)'}_{-\sin\theta} = \cos^2\theta - \sin^2\theta$$

$\therefore \theta = \dfrac{\pi}{3}$ のとき，$\dfrac{dx}{d\theta} = -\dfrac{1}{2}$ ……① である。

(ii) $y = \dfrac{\cos\theta}{\tan\theta}$ を θ で微分して，

$$\frac{dy}{d\theta} = \left(\frac{\cos\theta}{\tan\theta}\right)' = \frac{(\cos\theta)' \cdot \tan\theta - \cos\theta \cdot (\tan\theta)'}{\tan^2\theta}$$

$$= \frac{-\sin\theta\dfrac{\sin\theta}{\cos\theta} - \cos\theta\dfrac{1}{\cos^2\theta}}{\tan^2\theta} = -\frac{\sin^2\theta + 1}{\cos\theta\tan^2\theta}$$

$\therefore \theta = \dfrac{\pi}{3}$ のとき，$\dfrac{dy}{d\theta} = -\dfrac{7}{6}$ ……② である。

以上①，②より，$\theta = \dfrac{\pi}{3}$ における $\dfrac{dy}{dx}$ の値は，

$$\frac{dy}{dx} = \frac{\dfrac{dy}{d\theta}}{\dfrac{dx}{d\theta}} = \frac{-\dfrac{7}{6}}{-\dfrac{1}{2}} = \frac{2 \times 7}{6} = \frac{7}{3} \quad \text{………………(答)}$$

ココがポイント

⇦ $\begin{cases} x = f(\theta) \\ y = g(\theta) \end{cases}$ のとき，

$\dfrac{dy}{dx} = \dfrac{\dfrac{dy}{d\theta}}{\dfrac{dx}{d\theta}}$ だね。

⇦ $\theta = \dfrac{\pi}{3}$ のとき，

$\dfrac{dx}{d\theta} = \cos^2\dfrac{\pi}{3} - \sin^2\dfrac{\pi}{3}$

$= \left(\dfrac{1}{2}\right)^2 - \left(\dfrac{\sqrt{3}}{2}\right)^2$

$= \dfrac{1}{4} - \dfrac{3}{4} = -\dfrac{1}{2}$

⇦ $\theta = \dfrac{\pi}{3}$ のとき，

$\dfrac{dy}{d\theta} = -\dfrac{\sin^2\dfrac{\pi}{3} + 1}{\cos\dfrac{\pi}{3} \cdot \tan^2\dfrac{\pi}{3}}$

$= -\dfrac{\left(\dfrac{\sqrt{3}}{2}\right)^2 + 1}{\dfrac{1}{2} \cdot (\sqrt{3})^2}$

$= -\dfrac{\dfrac{7}{4}}{\dfrac{3}{2}}$

$= -\dfrac{14}{12} = -\dfrac{7}{6}$

$\dfrac{dx}{dy}$から$\dfrac{dy}{dx}$を求める問題

元気力アップ問題 90	難易度 ★★	CHECK 1	CHECK 2	CHECK 3

xについて微分可能な関数$y=f(x)$が，$x\tan y=1$…①をみたす。このとき，$f'(x)$をxで表せ。また，$f'(x)=-\dfrac{1}{3}$のとき，xの値を求めよ。

（広島市大＊）

ヒント！ ①より，$x=g(y)=\dfrac{1}{\tan y}$となるので，まず$\dfrac{dx}{dy}$を求め，この逆数をとって，$f'(x)=\dfrac{dy}{dx}$を求めればいいんだね。落ち着いて解いていこう。

解答＆解説

①より，$x=\dfrac{1}{\tan y}=(\underbrace{\tan y}_{u\text{とおく}})^{-1}$ …② $\left[\tan y=\dfrac{1}{x}\ \cdots ②'\right]$

②の両辺をyで微分して，

$$\frac{dx}{dy}=\underbrace{-(\tan y)^{-2}}_{\frac{du^{-1}}{du}}\cdot\underbrace{(\tan y)'}_{\frac{du}{dy}=\frac{d(\tan y)}{dy}=\frac{1}{\cos^2 y}}\ \leftarrow y\text{での微分}$$

$$=-\frac{1}{\tan^2 y}\cdot\underbrace{\frac{1}{\cos^2 y}}_{(1+\tan^2 y)}=-\underbrace{\frac{1}{\tan^2 y}}_{x^2}(1+\underbrace{\tan^2 y}_{\left(\frac{1}{x}\right)^2})$$

$$\therefore\ \frac{dx}{dy}=-x^2\cdot\left(1+\frac{1}{x^2}\right)=-(x^2+1)\ \cdots\cdots ③\ \text{となる。}$$

よって，求める$f'(x)$は，

$$f'(x)=\frac{dy}{dx}=\frac{1}{\frac{dx}{dy}}=-\frac{1}{x^2+1}\ \cdots\cdots ④\ (\ ③\text{より}\ )\ \cdots(\text{答})$$

④より，$f'(x)=-\dfrac{1}{x^2+1}=-\dfrac{1}{3}$のとき，

$x^2+1=3$，$x^2=2$ $\therefore\ x=\pm\sqrt{2}$である。………(答)

ココがポイント

⇦$x=g(y)$…②の形の式なので，まず$\dfrac{dx}{dy}$を求めて，$f'(x)$を

$f'(x)=\dfrac{dy}{dx}=\dfrac{1}{\frac{dx}{dy}}$

から求めればいいんだね。

⇦公式：$1+\tan^2 y=\dfrac{1}{\cos^2 y}$

高次導関数

元気力アップ問題 91　難易度 ★★　CHECK 1　CHECK 2　CHECK 3

関数 $y=\dfrac{1}{1-x}$ の第 **1** 次から第 **4** 次までの導関数 y', y'', y''', $y^{(4)}$ を求めよ。また $n=1, 2, 3, \cdots$ のとき，第 n 次導関数 $y^{(n)}$ を求めよ。

（関西大＊）

ヒント！ $y=(1-x)^{-1}$ について順に微分して, $y', y'', y''', y^{(4)}$ を求めることにより, 規則性が見出されるので, これから $y^{(n)}\ (n=1, 2, 3, \cdots)$ を求めればいいんだね。

解答＆解説

$y=\dfrac{1}{1-x}=((1-x))^{-1}$ ……①について，（$1-x$ を t とおく）

①の両辺を順次 x で微分していくと，

(i) $y'=-1\cdot(1-x)^{-2}\cdot(1-x)'=(1-x)^{-2}$ …(答)

$\left(\dfrac{dy}{dt}=\dfrac{dt^{-1}}{dt}\right)$　$\left(\dfrac{dt}{dx}=\dfrac{d(1-x)}{dx}=-1\right)$

(ii) $y''=(y')'=\{(1-x)^{-2}\}'=-2\cdot(1-x)^{-3}\cdot(-1)$
$=2(1-x)^{-3}$ ……………………………(答)

⇦ $1-x=t$ とおいて，(i) と同様に合成関数の微分を行った。

(iii) $y'''=(y'')'=\{2(1-x)^{-3}\}'=2\cdot(-3)(1-x)^{-4}\cdot(-1)$
$=6\cdot(1-x)^{-4}$ ……………………………(答)

⇦以下同様。

(iv) $y^{(4)}=(y''')'=\{6(1-x)^{-4}\}'=6\cdot(-4)(1-x)^{-5}\cdot(-1)$
$=24(1-x)^{-5}$ ……………………………(答)

以上より，

$y'=1!\cdot(1-x)^{-2}$, $y''=2!(1-x)^{-3}$, $y'''=3!(1-x)^{-4}$,
（$2\cdot1=2$）（$3\cdot2\cdot1=6$）

$y^{(4)}=4!(1-x)^{-5}$, …と表せるので, 第 n 次導関数 $y^{(n)}$ は,
（$4\cdot3\cdot2\cdot1=24$）

$y^{(n)}=n!(1-x)^{-n-1}$　$(n=1, 2, 3, \cdots)$ となる。…(答)

⇦本当は，これを数学的帰納法で証明すると，さらにいい答案になる。

接線と法線の方程式

元気力アップ問題 92	難易度 ★★	CHECK 1	CHECK 2	CHECK 3

曲線 C：$y = x \cdot \log x$ $(x > 0)$ に，点 $(0,\ -2)$ から引いた接線の方程式を求めよ。また，このときの接点を P とおくと，点 P における曲線 C の法線の方程式を求めよ。

ヒント！ まず，曲線C 上の点$(t, f(t))$ における接線の方程式を立て，それが点$(0,\ -2)$ を通ることからt の値を決定して，接線の方程式を求めればいいんだね。

解答＆解説

曲線 C：$y = f(x) = x \cdot \log x$ ……① $(x > 0)$ とおく。

①を x で微分して，

$$f'(x) = x' \cdot \log x + x \cdot (\log x)' = 1 \cdot \log x + x \cdot \frac{1}{x}$$
$$= \log x + 1 \quad \cdots\cdots ②$$

よって②より，$y = f(x)$ 上の点 $(t,\ f(t))$ における C の接線の方程式は，

$$y = (\log t + 1)(x - t) + t\log t \quad \cdots\cdots ③$$ となる。

③が点 $(0,\ -2)$ を通るとき，これを③に代入して，

$$-2 = (\log t + 1) \cdot (-t) + t\log t,\quad -2 = -t \quad \therefore t = 2 \cdots ④$$

よって④を③に代入して，求める接線の方程式は，

$$y = (\log 2 + 1)(x - 2) + 2\log 2$$
$$= (\log 2 + 1)x - 2\log 2 - 2 + 2\log 2$$

$\therefore y = (\log 2 + 1)x - 2$ である。……………………(答)

次に点 $P(2,\ 2\log 2)$ における曲線 C の法線の傾きは，

$$-\frac{1}{f'(2)} = -\frac{1}{\log 2 + 1}$$ よって，この法線の方程式は，

$$y = -\frac{1}{\log 2 + 1}(x - 2) + 2\log 2$$ より，

$$y = -\frac{1}{\log 2 + 1}x + \frac{2}{\log 2 + 1} + 2\log 2$$ である。…(答)

ココがポイント

⇦ イメージ

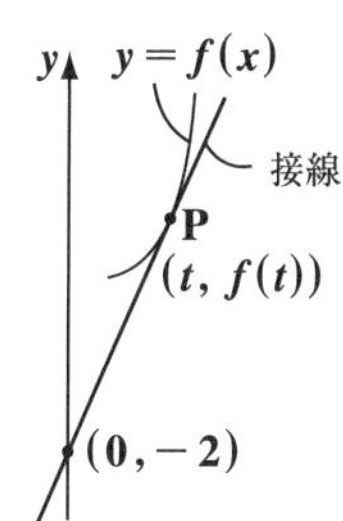

⇦点 $P(2,\ \underbrace{2\log 2}_{f(2)})$ における曲線 C の法線の方程式は，

$$y = -\frac{1}{f'(2)}(x - 2) + f(2)$$

だね。

媒介変数表示の曲線の接線(Ⅰ)

元気力アップ問題 93　難易度 ★★　CHECK 1　CHECK 2　CHECK 3

曲線 C は，媒介変数 t を用いて，$\begin{cases} x = e^t\cos t \\ y = e^t\sin t \end{cases}$ $(t \geqq 0)$ で表される。

$t = \dfrac{\pi}{2}$ に対応する C 上の点 P における C の接線の方程式を求めよ。

(東北学院大＊)

ヒント！ 曲線 C はら線だね。まず $t = \dfrac{\pi}{2}$ を C の式に代入して，点 P の座標を求める。点 P における C の接線の傾き $\dfrac{dy}{dx}$ は，$\dfrac{dy}{dt}$ を $\dfrac{dx}{dt}$ で割って求めればいいんだね。

解答＆解説

曲線 $C\begin{cases} x = e^t\cos t & \cdots① \\ y = e^t\sin t & \cdots② \end{cases}$ $(t \geqq 0)$ とおく。

$t = \dfrac{\pi}{2}$ を①，②に代入すると，$x = 0$，$y = e^{\frac{\pi}{2}}$ より，

点 $\mathrm{P}\left(0,\ e^{\frac{\pi}{2}}\right)$ となる。

次に①と②を t で微分して，

・$\dfrac{dx}{dt} = \underbrace{(e^t)'}_{e^t}\cos t + e^t\underbrace{(\cos t)'}_{-\sin t} = e^t(\cos t - \sin t)$

$\therefore\ t = \dfrac{\pi}{2}$ のとき，$\dfrac{dx}{dt} = e^{\frac{\pi}{2}}(0 - 1) = -e^{\frac{\pi}{2}}$ ……③

・$\dfrac{dy}{dt} = \underbrace{(e^t)'}_{e^t}\sin t + e^t\underbrace{(\sin t)'}_{\cos t} = e^t(\cos t + \sin t)$

$\therefore\ t = \dfrac{\pi}{2}$ のとき，$\dfrac{dy}{dt} = e^{\frac{\pi}{2}}(0 + 1) = e^{\frac{\pi}{2}}$ ………④

③，④より，傾き $\dfrac{dy}{dx} = \dfrac{e^{\frac{\pi}{2}}}{-e^{\frac{\pi}{2}}} = -1$ となる。

よって，曲線 C 上の点 $\mathrm{P}\left(0,\ e^{\frac{\pi}{2}}\right)$ における接線の傾きは -1 より，この接線の方程式は，

$y = -1\cdot(x - 0) + e^{\frac{\pi}{2}}$　$\therefore\ y = -x + e^{\frac{\pi}{2}}$ …………(答)

ココがポイント

⇦ $x = e^{\frac{\pi}{2}}\cdot\underbrace{\cos\dfrac{\pi}{2}}_{0} = 0$

$y = e^{\frac{\pi}{2}}\cdot\underbrace{\sin\dfrac{\pi}{2}}_{1} = e^{\frac{\pi}{2}}$

イメージ

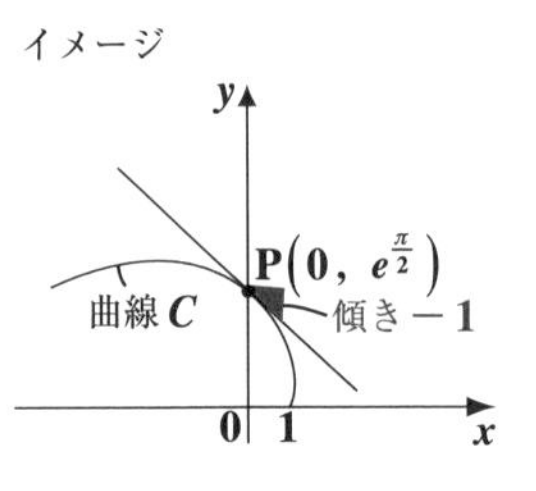

⇦ $\dfrac{dy}{dx} = \dfrac{\frac{dy}{dt}}{\frac{dx}{dt}} = \dfrac{e^{\frac{\pi}{2}}}{-e^{\frac{\pi}{2}}}$

$\dfrac{dy}{dt} = e^{\frac{\pi}{2}}$ (④より)

$\dfrac{dx}{dt} = -e^{\frac{\pi}{2}}$ (③より)

媒介変数表示の曲線の接線(Ⅱ)

元気力アップ問題 94　難易度 ★★　CHECK 1　CHECK 2　CHECK 3

曲線 C は媒介変数 θ を用いて，$\begin{cases} x=\cos^3\theta \\ y=\sin^3\theta \end{cases}$ $(0 \leqq \theta < 2\pi)$ で表される。

$\theta=\frac{2}{3}\pi$ に対応する C 上の点 P における C の接線の方程式を求めよ。

ヒント！ 曲線 C はアステロイド曲線だね。まず $\theta=\frac{2}{3}\pi$ を C の式に代入して，点 P の座標を求め，C の接線の傾きを前問と同様に求めればいいんだね。頑張ろう！

解答＆解説

曲線 $C \begin{cases} x=\cos^3\theta & \cdots① \\ y=\sin^3\theta & \cdots② \end{cases}$ $(0 \leqq \theta < 2\pi)$ とおく。

$\theta=\frac{2}{3}\pi$ を①，②に代入して P の座標を求めると，

$\mathrm{P}\left(-\frac{1}{8},\ \frac{3\sqrt{3}}{8}\right)$ となる。

次に①と②を θ で微分すると，

$\cdot\ \frac{dx}{d\theta}=(\cos^3\theta)'=\underbrace{3\cos^2\theta}_{\frac{du^3}{du}}\cdot\underbrace{(-\sin\theta)}_{\frac{du}{d\theta}}=-3\sin\theta\cos^2\theta$ （$\cos\theta$ を u とおく）

$\cdot\ \frac{dy}{d\theta}=(\sin^3\theta)'=\underbrace{3\sin^2\theta}_{\frac{dv^3}{dv}}\cdot\underbrace{\cos\theta}_{\frac{dv}{d\theta}}$ （$\sin\theta$ を v とおく）

∴点 P における C の接線の傾きは，

$$\frac{dy}{dx}=\frac{3\sin^2\theta\cos\theta}{-3\sin\theta\cos^2\theta}=-\frac{\sin\theta}{\cos\theta}=-\tan\theta$$

$$=-\tan\frac{2}{3}\pi=-(-\sqrt{3})=\sqrt{3}$$

以上より，曲線 C 上の点 $\mathrm{P}\left(-\frac{1}{8},\ \frac{3\sqrt{3}}{8}\right)$ における C の接線の方程式は，

$$y=\sqrt{3}\left\{x-\left(-\frac{1}{8}\right)\right\}+\frac{3\sqrt{3}}{8} \quad \therefore y=\sqrt{3}x+\frac{\sqrt{3}}{2} \ \cdots(\text{答})$$

ココがポイント

⇦ $\theta=\frac{2}{3}\pi$ のとき，

$\cdot\ x=\cos^3\frac{2}{3}\pi=\left(-\frac{1}{2}\right)^3=-\frac{1}{8}$

$\cdot\ y=\sin^3\frac{2}{3}\pi=\left(\frac{\sqrt{3}}{2}\right)^3=\frac{3\sqrt{3}}{8}$

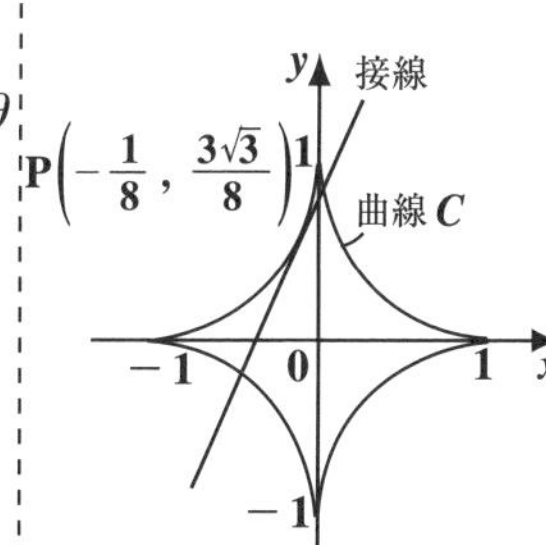

⇦ $\frac{dy}{dx}=\frac{\frac{dy}{d\theta}}{\frac{dx}{d\theta}}=\frac{3\sin^2\theta\cos\theta}{-3\sin\theta\cos^2\theta}$

曲線の接線と法線(Ⅰ)

元気力アップ問題 95　難易度 ★★　CHECK 1　CHECK 2　CHECK 3

双曲線 C：$\dfrac{x^2}{2}-\dfrac{y^2}{4}=-1$ 上の点 $A(1,\sqrt{6})$ における C の接線と法線の方程式を求めよ。

ヒント！ $f(x,y)=k$（定数）の形の方程式の導関数 $\dfrac{dy}{dx}$ を求めるには，この方程式の両辺をそのまま x で微分すればいいんだね。

解答＆解説

双曲線 C：$\dfrac{x^2}{2}-\dfrac{y^2}{4}=-1$ …① 上の点 $A(1,\sqrt{6})$ における C の接線の傾きを求めるために，①の両辺に 4 をかけたものを x で微分すると，

⇦点 $A(1,\sqrt{6})$ の座標を①に代入すると，
$\dfrac{1^2}{2}-\dfrac{(\sqrt{6})^2}{4}=\dfrac{1}{2}-\dfrac{3}{2}=-1$
となって成り立つ。よって，点 A は C 上の点だ。

$$\underbrace{(2x^2)'}_{4x}-\underbrace{(y^2)'}_{}=\underbrace{(-4)'}_{0} \text{ より，}$$

$\dfrac{dy^2}{dx}=\dfrac{dy^2}{dy}\cdot\dfrac{dy}{dx}=2y\cdot y'$ ← 合成関数の微分

$$4x-2y\cdot y'=0,\quad 2y\cdot y'=4x\quad \therefore y'=\frac{2x}{y}\quad\cdots\cdots②$$

（ⅰ）②に点 $A(1,\sqrt{6})$ の座標を代入して，

$$y'=\frac{2\cdot1}{\sqrt{6}}=\frac{2\sqrt{6}}{6}=\frac{\sqrt{6}}{3}$$ となり，これが接線の傾きである。よって，双曲線 C 上の点 A における C の接線の方程式は，

$$y=\frac{\sqrt{6}}{3}(x-1)+\sqrt{6}\quad\therefore y=\frac{\sqrt{6}}{3}x+\frac{2\sqrt{6}}{3}\quad\cdots(答)$$

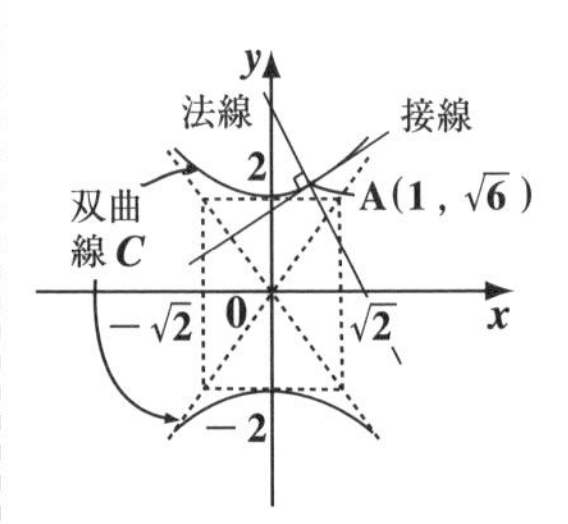

（ⅱ）次に，双曲線 C 上の点 A における C の法線の方程式は，

$$y=-\frac{3}{\sqrt{6}}(x-1)+\sqrt{6}$$

（接線の傾きの逆数に㊀を付けたもの）

$$\therefore y=-\frac{\sqrt{6}}{2}x+\frac{3\sqrt{6}}{2}\quad\cdots\cdots\cdots\cdots(答)$$

⇦$y=-\dfrac{3\sqrt{6}}{6}(x-1)+\sqrt{6}$
$=-\dfrac{\sqrt{6}}{2}x+\dfrac{\sqrt{6}}{2}+\sqrt{6}$
$=-\dfrac{\sqrt{6}}{2}x+\dfrac{3\sqrt{6}}{2}$

ココがポイント

曲線の接線と法線(II)

元気力アップ問題 96　難易度 ★★　CHECK 1　CHECK 2　CHECK 3

曲線 C : $2x^2-2xy+y^2=5$ 上の点 $A(1, 3)$ における C の接線と法線の方程式を求めよ。　(東京理科大)

ヒント！ この曲線 C の形状は気にしなくて構わない。点 A が C 上の点であることを確認したら，C の方程式の両辺を x で微分して，導関数 y' を求め，接線の傾きを求めよう。

解答＆解説

曲線 C : $2x^2-2xy+y^2=5$ …① 上の点 $A(1, 3)$ における C の接線の傾きを求めるために，①の両辺を x で微分すると，

$$\underbrace{(2x^2)'}_{4x}-2\underbrace{(xy)'}_{1\cdot y+x\cdot y'}+\underbrace{(y^2)'}_{\frac{dy^2}{dx}=\frac{dy^2}{dy}\cdot\frac{dy}{dx}=2y\cdot y'}=\overset{0}{5'}$$

(合成関数の微分)

$$4x-2(y+xy')+2y\cdot y'=0$$

$$2(x-y)y'=4x-2y \qquad \therefore y'=\frac{2x-y}{x-y} \;\cdots\cdots②$$

(i) ②に点 $A(1, 3)$ の座標を代入して，

$y'=\dfrac{2\cdot1-3}{1-3}=\dfrac{1}{2}$ であり，これが接線の傾きである。よって，双曲線 C 上の点 A における C の接線の方程式は，

$$y=\frac{1}{2}(x-1)+3 \qquad \therefore y=\frac{1}{2}x+\frac{5}{2} \;\cdots\cdots\cdots\cdots(答)$$

(ii) 次に，双曲線 C 上の点 A における C の法線の方程式は，

$$y=-2(x-1)+3 \qquad \therefore y=-2x+5 \;\cdots\cdots\cdots(答)$$

(-2: 接線の傾きの逆数に㊀を付けたもの)

ココがポイント

⇦点 $A(1, 3)$ を①に代入すると，$2\cdot1^2-2\cdot1\cdot3+3^2=2-6+9=5$ となって成り立つ。よって，点 A は C 上の点だ。

⇦ イメージ

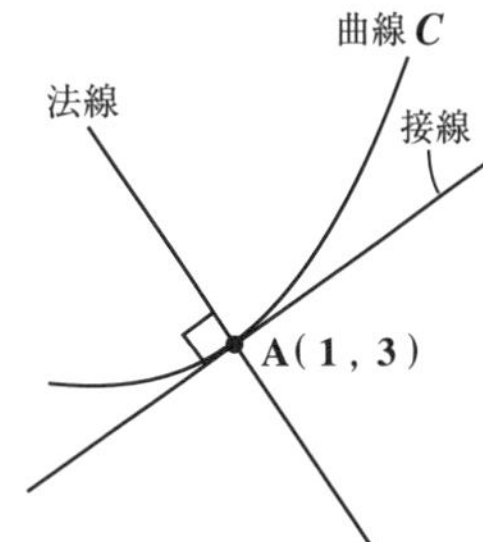

2 曲線の共接条件（Ⅰ）

元気力アップ問題 97　難易度 ★★　CHECK 1　CHECK 2　CHECK 3

2 つの曲線 $y = -\log x$ と $y = ax^2 + bx$ が共有点 P(1, 0) をもち，かつ点 P で共通接線をもつように，a と b の値を定めよ。

ヒント！ 2 曲線 $y = f(x)$ と $y = g(x)$ が $x = t$ で共有点をもち，かつその点で共通接線をもつための条件は，(i) $f(t) = g(t)$ かつ (ii) $f'(t) = g'(t)$ が成り立つことなんだね。

解答＆解説

$y = f(x) = -\log x \cdots$①，$y = g(x) = ax^2 + bx \cdots$②

とおき，それぞれを x で微分すると，

$f'(x) = -\dfrac{1}{x} \cdots$①$'$，$g'(x) = 2ax + b \cdots$②$'$ となる。

ここで，$y = f(x)$ と $y = g(x)$ が，点 P(1, 0) で接する

（「点 P を共有点にもち，その点で共通接線をもつ」と同じ）

ための条件は，①，②と①$'$，②$'$ より，

$$\begin{cases} -\underbrace{\log 1}_{0} = a \cdot 1^2 + b \cdot 1 \cdots\cdots ③ \\ -\dfrac{1}{1} = 2a \cdot 1 + b \quad \cdots\cdots\cdots ④ \end{cases}$$

③，④より，

$$\begin{cases} a + b = 0 \quad \cdots\cdots\cdots ③' \\ 2a + b = -1 \cdots\cdots ④' \end{cases}$$

よって，④$'$ − ③$'$ より，$a = -1$

これを③$'$に代入して，$-1 + b = 0$　∴ $b = 1$

以上より，$a = -1$，$b = 1$ ……………………………(答)

ココがポイント

⇦イメージ

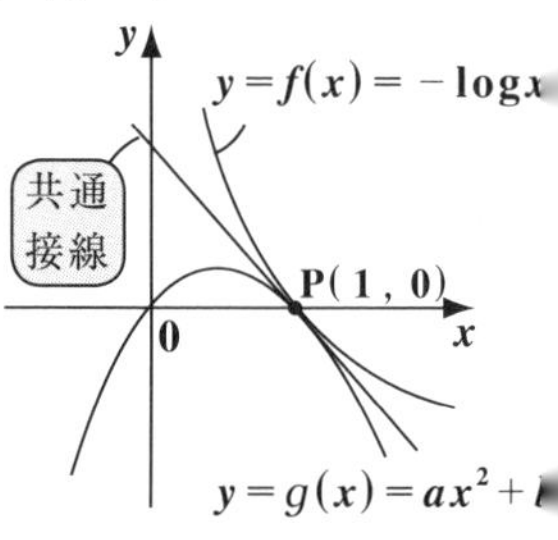

⇦2 曲線の共接条件

$$\begin{cases} f(1) = g(1) \\ f'(1) = g'(1) \end{cases}$$

2曲線の共接条件(Ⅱ)

元気力アップ問題 98　難易度★★　CHECK 1　CHECK 2　CHECK 3

2 曲線 $y=\frac{k}{x}$ と $y=\sqrt{-x+1}$ が $x=t$ で接するとき，定数 k の値と t の値を求めよ。

ヒント！　これも前問と同様，2 曲線 $y=f(x)$ と $y=g(x)$ が $x=t$ で接する問題なので，2 曲線の共接条件：(ⅰ) $f(t)=g(t)$ かつ (ⅱ) $f'(t)=g'(t)$ を利用しよう。

解答＆解説

$$\begin{cases} y=f(x)=\frac{k}{x}=k\cdot x^{-1} & \cdots\cdots① \\ y=g(x)=\sqrt{-(x-1)}=(1-x)^{\frac{1}{2}} & \cdots② \end{cases}$$ とおく。

（これは，$y=\sqrt{-x}$ を x 軸方向に 1 だけ平行移動したもの）

①と②を x で微分して，（合成関数の微分）

$$\begin{cases} f'(x)=-1\cdot k\cdot x^{-2}=-\frac{k}{x^2} & \cdots\cdots①' \\ g'(x)=\frac{1}{2}(1-x)^{-\frac{1}{2}}\cdot(-1)=-\frac{1}{2\sqrt{1-x}} & \cdots②' \end{cases}$$

ここで，$y=f(x)$ と $y=g(x)$ が $x=t$ で接するとき，

$$\begin{cases} \frac{k}{t}=\sqrt{1-t} & \cdots\cdots③ \\ -\frac{k}{t^2}=-\frac{1}{2\sqrt{1-t}} & \cdots④ \end{cases}$$ となる。

（2 曲線の共接条件 $\begin{cases} f(t)=g(t) \\ f'(t)=g'(t) \end{cases}$）

ここで③÷④より，$t=2-2t$，$3t=2$　$\therefore t=\frac{2}{3}$

これを③に代入して，$k=\frac{2}{3}\sqrt{1-\frac{2}{3}}=\frac{2}{3}\cdot\frac{1}{\sqrt{3}}=\frac{2\sqrt{3}}{9}$

以上より，

$k=\frac{2\sqrt{3}}{9}$，$t=\frac{2}{3}$ である。……………………………(答)

ココがポイント

⇦ イメージ

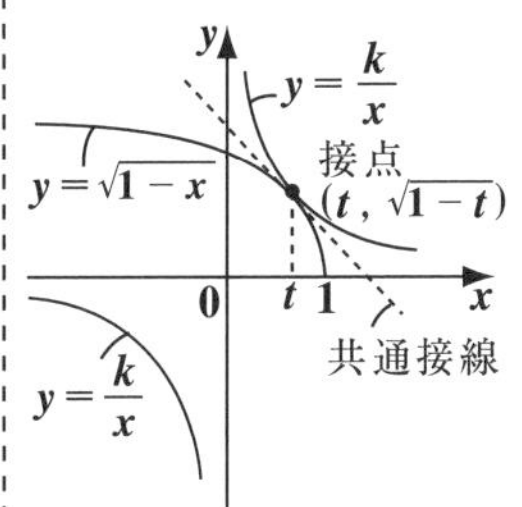

③÷④

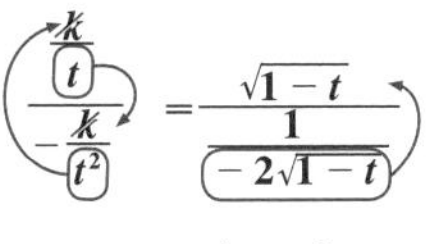

$-t=-2(1-t)$
$t=2-2t$

平均値の定理(Ⅰ)

元気力アップ問題 99	難易度 ★★	CHECK 1	CHECK 2	CHECK 3

$a>0$ のとき，不等式 $2a<e^{2a}-1<2ae^{2a}$ …(＊) が成り立つことを，平均値の定理を用いて示せ。

ヒント！ $a \leqq x \leqq b$ で連続かつ $a<x<b$ で微分可能な関数 $f(x)$ について，$\dfrac{f(b)-f(a)}{b-a}=f'(c)$ をみたす c が，$a<c<b$ の範囲に少なくとも1つ存在する。これが，平均値の定理なんだね。これを利用して(＊)を証明しよう！

解答＆解説

$2a<e^{2a}-1<2ae^{2a}$ ……(＊) $(a>0)$ について，

$a>0$ より，(＊)の各辺を a で割って，

$2<\dfrac{e^{2a}-1}{a}<2e^{2a}$ …(＊)′ となるので，(＊)′ を示せばよい。

> $e^{2\times0}=1$ より，これは，$\dfrac{e^{2a}-e^{2\cdot0}}{a-0}$ となる。よって，$f(x)=e^{2x}$ とおくと，$\dfrac{f(a)-f(0)}{a-0}$ となって，平均変化率の式だね。

ここで，$f(x)=e^{2x}$ とおくと，$f'(x)=2e^{2x}$ ← 合成関数の微分

よって，平均値の定理を用いると，

$$\frac{f(a)-f(0)}{a-0}=\frac{e^{2a}-\underset{e^{2\cdot0}}{1}}{a-0}=2e^{2c}\,(=f'(c))\ \cdots\cdots①$$

$(0<c<a)$ をみたす c が必ず存在する。

ここで，$f'(x)=2e^{2x}$ は右図に示すように，単調増加関数なので，$0<c<a$ より，$2e^{2\cdot0}<2e^{2c}<2e^{2a}$ ……②

（$2e^{2\cdot0}$ は 1 の2倍，$2e^{2c}=\dfrac{e^{2a}-1}{a}$（①より））

となる。②に①を代入すると，

$2<\dfrac{e^{2a}-1}{a}<2e^{2a}$ …(＊)′ $(a>0)$ が成り立つ。

∴ (＊) は成り立つ。 ……………………………(終)

ココがポイント

⇦平均値の定理を使う場合まず，平均変化率の式を見出すことが，ポイントになる！

⇦

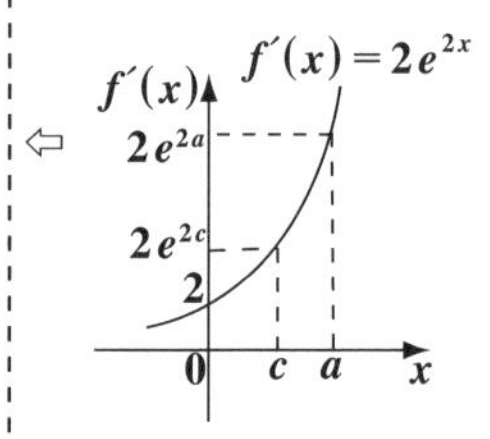

平均値の定理(Ⅱ)

元気力アップ問題 100	難易度 ★★	CHECK 1	CHECK 2	CHECK 3

$b>0$ のとき，不等式 $\dfrac{b}{b+1}<\log(b+1)<b\cdots(*)$ が成り立つことを，平均値の定理を用いて証明せよ。

ヒント！ 平均値の定理を用いるためには，今回は $f(x)=\log(x+1)$ とおいて，平均変化率の式を導いて，考えればいいんだね。頑張ろう！

解答＆解説

$\dfrac{b}{b+1}<\log(b+1)<b\cdots(*)\ (b>0)$ について，

$b>0$ より，$(*)$ の各辺を b で割って，

$\dfrac{1}{b+1}<\dfrac{\log(b+1)}{b}<1\cdots(*)'$ となるので，$(*)'$ を示せ

> $\log 1=0$ より，これは，$\dfrac{\log(b+1)-\log 1}{b-0}$ と書ける。
> よって，$f(x)=\log(x+1)$ とおくと，$\dfrac{f(b)-f(0)}{b-0}$ となって，平均変化率の式だね。

ばよい。ここで，$f(x)=\log(x+1)$ とおくと，

$f'(x)=\dfrac{1}{x+1}$　　よって，平均値の定理を用いると，

$\dfrac{f(b)-f(0)}{b-0}=\dfrac{\log(b+1)-\log 1}{b-0}=\dfrac{1}{c+1}\ (=f'(c))\cdots①$

$(0<c<b)$ をみたす c が必ず存在する。

ここで，$f'(x)=\dfrac{1}{x+1}$ は右図に示すように，単調減少関数なので，$0<c<b$ より，$\underbrace{\dfrac{1}{b+1}}_{f'(b)}<\underbrace{\dfrac{1}{c+1}}_{f'(c)}<\underbrace{1}_{f'(0)}\cdots\cdots②$

となる。②に①を代入すると，

$\dfrac{1}{b+1}<\dfrac{\log(b+1)}{b}<1\ \cdots(*)'(b>0)$ が成り立つ。

$\therefore(*)$ は成り立つ。 ……………………………(終)

ココがポイント

⇦ ⊕の数で割っても，不等式の大小関係は変わらない。

⇦ $f'(x)=\dfrac{(x+1)'}{x+1}=\dfrac{1}{x+1}$

⇦

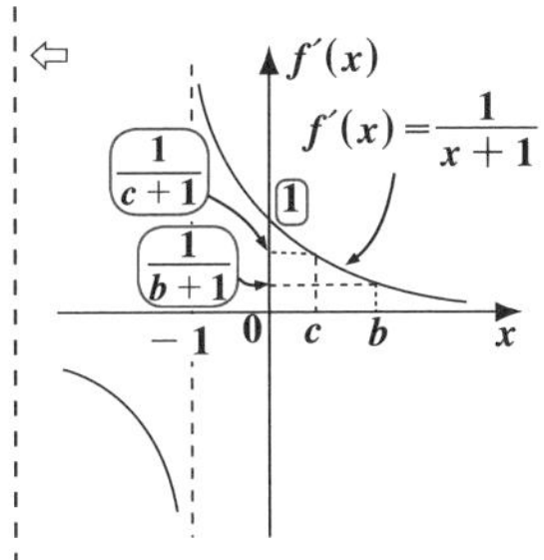

関数の増減とグラフ

元気力アップ問題 101	難易度 ★★	CHECK 1	CHECK 2	CHECK 3

関数 $y = \sin x(1 + \cos x)$ $(0 \leqq x \leqq 2\pi)$ について，増減と極値を調べ，グラフの概形を描き，y の最大値と最小値を求めよ。

ヒント！ 導関数y'を求めて，増減表を作り，それから増減と極値を調べて，グラフの概形を描けばいいんだね。ただし，$y' = 0$ となる点でも，極値(極大値または極小値)をとるとは限らないことに要注意だね。

解答＆解説

ココがポイント

$y = f(x) = \sin x \cdot (1 + \cos x)$ ……① $(0 \leqq x \leqq 2\pi)$

とおく。①を x で微分して，

$f'(x) = \underbrace{(\sin x)'}_{\cos x}(1 + \cos x) + \sin x \cdot \underbrace{(1 + \cos x)'}_{-\sin x}$ ⇦ $(f \cdot g)' = f' \cdot g + f \cdot g'$

$= \cos x(1 + \cos x) - \underbrace{\sin^2 x}_{(1 - \cos^2 x)}$

$= 2\cos^2 x + \cos x - 1$

$$\begin{matrix} 2 & \diagdown\!\!\!\diagup & -1 \\ 1 & & 1 \end{matrix}$$

$= (2\cos x - 1)(\cos x + 1)$

よって，$f'(x) = 0$ のとき，$\cos x = \frac{1}{2}$ または -1 より，

$x = \frac{\pi}{3}$，π，$\frac{5}{3}\pi$

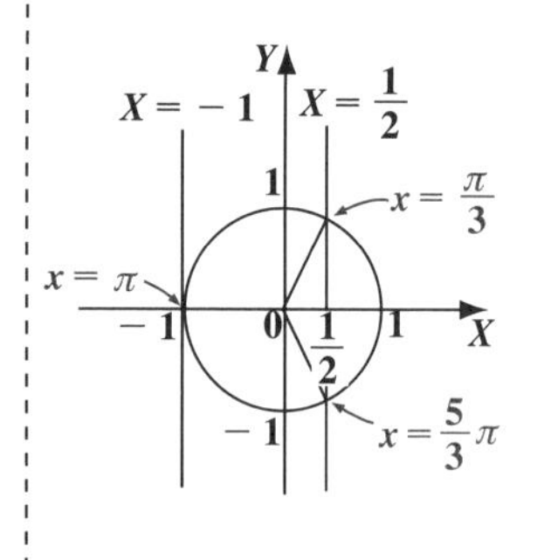

これから，関数 $y = f(x)$ の増減表は右のようになる。

$f(x)$ の増減表

x	0		$\frac{\pi}{3}$		π		$\frac{5}{3}\pi$		2π
$f'(x)$		$+$	0	$-$	0	$-$	0	$+$	
$f(x)$	0	↗	極大	↘	0	↘	極小	↗	0

$f(0) = f(\pi) = f(2\pi) = 0$

①の $\sin x$ は，$x = 0$，π，2π のとき，0 になるからね。

この間の $x = \frac{\pi}{6}$ のとき，

$f'\left(\frac{\pi}{6}\right) = \left(2 \cdot \frac{\sqrt{3}}{2} - 1\right)\left(\frac{\sqrt{3}}{2} + 1\right)$

$= (\sqrt{3} - 1)\left(\frac{\sqrt{3}}{2} + 1\right) > 0$

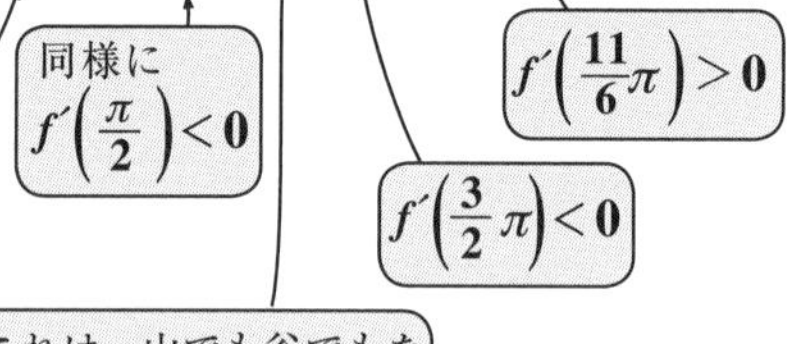

よって,

(ⅰ) $x=\dfrac{\pi}{3}$ のとき,

極大値 $f\left(\dfrac{\pi}{3}\right)=\underbrace{\sin\dfrac{\pi}{3}}_{\frac{\sqrt{3}}{2}}\cdot\left(1+\underbrace{\cos\dfrac{\pi}{3}}_{\frac{1}{2}}\right)$

$=\dfrac{\sqrt{3}}{2}\cdot\dfrac{3}{2}=\dfrac{3\sqrt{3}}{4}$ ……………(答)

(ⅱ) $x=\dfrac{5}{3}\pi$ のとき,

極小値 $f\left(\dfrac{5}{3}\pi\right)=\underbrace{\sin\dfrac{5}{3}\pi}_{-\frac{\sqrt{3}}{2}}\left(1+\underbrace{\cos\dfrac{5}{3}\pi}_{\frac{1}{2}}\right)$

$=-\dfrac{\sqrt{3}}{2}\cdot\dfrac{3}{2}=-\dfrac{3\sqrt{3}}{4}$ ………(答)

よって, $y=f(x)$ $(0\leqq x\leqq 2\pi)$ のグラフの概形は右図のようになる。……………(答)

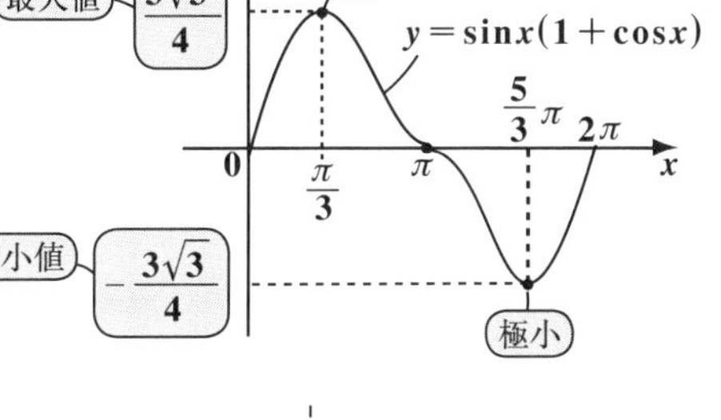

$y=f(x)$ のグラフから明らかに, $y=f(x)$ は,

(ⅰ) $x=\dfrac{\pi}{3}$ で最大値 $\dfrac{3\sqrt{3}}{4}$ をとり,

(ⅱ) $x=\dfrac{5}{3}\pi$ で最小値 $-\dfrac{3\sqrt{3}}{4}$ をとる。…………(答)

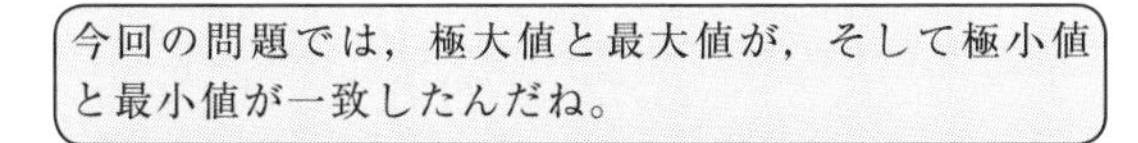
今回の問題では, 極大値と最大値が, そして極小値と最小値が一致したんだね。

関数のグラフ(Ⅰ)

元気力アップ問題 102　難易度 ★★　CHECK 1　CHECK 2　CHECK 3

関数 $y=f(x)=x\cdot e^{-2x}$ の増減を調べて，グラフの概形を描け。

(三重大＊)

Babaのレクチャー $y=f(x)=x\cdot e^{-2x}$ は，

(i) $f(0)=0$ より，原点を通る。

(ii) $x>0$ のとき，$f(x)=\underbrace{x}_{\oplus}\cdot\underbrace{e^{-2x}}_{\oplus}>0$ より，

第1象限にある。

(iii) $x<0$ のとき，$f(x)=\underbrace{x}_{\ominus}\cdot\underbrace{e^{-2x}}_{\oplus}<0$ より，

第3象限にある。

(iv) $\lim_{x\to-\infty}f(x)=\lim_{x\to-\infty}\underbrace{x}_{-\infty}\cdot\underbrace{e^{-2x}}_{+\infty}=-\infty$

(v) $\lim_{x\to\infty}f(x)=\lim_{x\to\infty}\frac{x}{e^{2x}}=0$　（x：中位の∞，e^{2x}：強い∞）

(vi) $y=f(x)$ はニョロニョロする程複雑ではないので，原点0から，$x>0$ にかけて一山できる。

以上より $y=f(x)$ の大体のグラフのイメージが次のように分かるんだね。

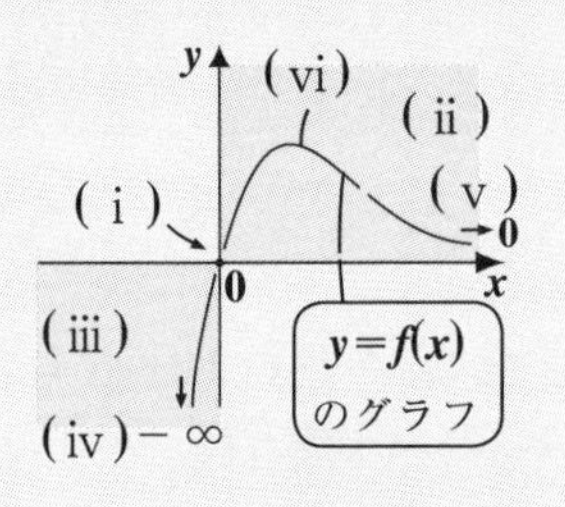

解答＆解説

$y=f(x)=x\cdot e^{-2x}$ ……① とおく。

$f(0)=0\cdot e^0$ より，$y=f(x)$ は原点0を通る。

①を x で微分して，

$$f'(x)=(x\cdot e^{-2x})'=\underbrace{x'}_{1}\cdot e^{-2x}+x\cdot\underbrace{(e^{-2x})'}_{-2e^{-2x}}$$

$$=\underbrace{(1-2x)}_{\widetilde{f'(x)}=\{\oplus,\ 0,\ \ominus\}}\cdot\underbrace{e^{-2x}}_{\oplus}$$

ここで，$f'(x)=0$ のとき，$1-2x=0$ より，$x=\frac{1}{2}$

ココがポイント

⇦ e^{-2x} の微分（$-2x$ を t とおく）

$\frac{de^{-2x}}{dx}=\frac{de^t}{dt}\cdot\frac{d(-2x)}{dx}$

$=e^{-2x}\cdot(-2)$

（合成関数の微分）

⇦ e^{-2x} は常に正より，$f'(x)$ の符号に関する本質的な部分 $\widetilde{f'(x)}$ は $\widetilde{f'(x)}=-2x+1$ となる。

$x=\dfrac{1}{2}$のとき，極大値$f\left(\dfrac{1}{2}\right)=\dfrac{1}{2}\cdot e^{-1}=\dfrac{1}{2e}$

よって，$y=f(x)$ の増減表は右のようになる。……(答)

$f(x)$ の増減表

x		$\frac{1}{2}$	
$f'(x)$	$+$	0	$-$
$f(x)$	↗	$\frac{1}{2e}$	↘

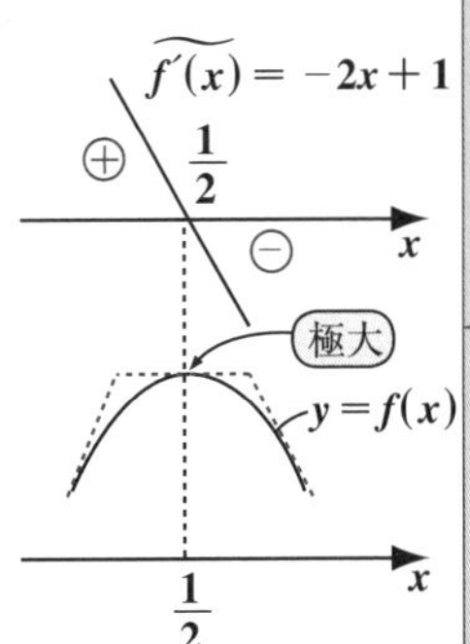

次に，$x\to-\infty$と$x\to+\infty$の極限を調べると，

・$\displaystyle\lim_{x\to-\infty}f(x)=\lim_{x\to-\infty}\underbrace{x}_{-\infty}\cdot\underbrace{e^{-2x}}_{e^{+\infty}=\infty}=-\infty\times\infty=-\infty$となり，

・$\displaystyle\lim_{x\to\infty}f(x)=\lim_{x\to\infty}\underbrace{x}_{\infty}\cdot\underbrace{e^{-2x}}_{e^{-\infty}=0}=\lim_{x\to\infty}\frac{x}{e^{2x}}=0$ となる。（x：中位の∞，e^{2x}：強い∞）

以上より，関数 $y=f(x)=x\cdot e^{-2x}$ のグラフの概形を描くと，右図のようになる。…………………(答)

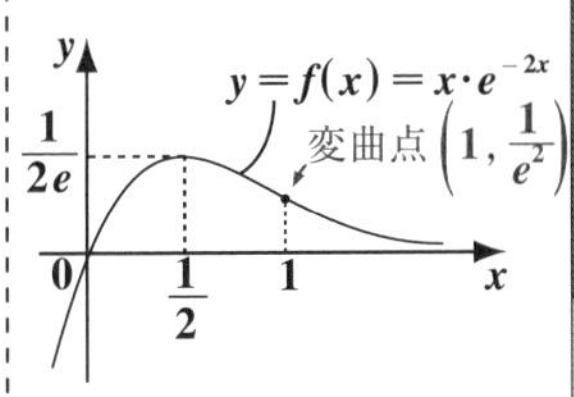

問題文で問われていなかったので，答案には示す必要はないけれど，$y=f(x)$ の2回微分$f''(x)$ の符号(⊕, 0, ⊖) の変化から，$y=f(x)$ の変曲点を求めることもできる。$f'(x)=(1-2x)\cdot e^{-2x}$ をもう1回微分して，

$f''(x)=-2\cdot e^{-2x}+(1-2x)\cdot(-2)\cdot e^{-2x}=\underbrace{4}_{⊕}\underbrace{(x-1)}_{}\underbrace{e^{-2x}}_{⊕}$

$\widetilde{f''(x)}=\begin{cases}⊕\\0\\⊖\end{cases}$

よって，$f''(x)=0$ のとき，

$x-1=0$ より，$x=1$

よって，$y=f(x)$ の増減・凹凸表は右のようになる。

$f(1)=1\cdot e^{-2}=\dfrac{1}{e^2}$ より，

変曲点は$\left(1,\dfrac{1}{e^2}\right)$ となり，

凹凸まで含めた，より正確なグラフの概形が描けるんだね。

・$f''(x)<0$ のとき上に凸
・$f''(x)>0$ のとき下に凸

$f(x)$ の増減・凹凸表

x		$\frac{1}{2}$		1	
$f'(x)$	$+$	0	$-$	$-$	$-$
$f''(x)$	$-$	$-$	$-$	0	$+$
$f(x)$	↗(上に凸)	$\frac{1}{2e}$	↘(上に凸)	$\frac{1}{e^2}$	↘(下に凸)

元気力アップ問題 103 難易度 ★★ CHECK 1 CHECK 2 CHECK 3

関数 $y=f(x)=\dfrac{\log(-x)}{x}$ $(x<0)$ の増減・凹凸を調べて，グラフの概形を描け。 (青山学院大＊)

Babaのレクチャー

$y=f(x)=\dfrac{\log(-x)}{x}$ $(x<0)$ について，

(i) $f(-1)=0$ より，点 $(-1,\ 0)$ を通る。

(ii) $-1<x<0$ のとき，$f(x)=\dfrac{\log(-x)}{x}>0$ （分子 ⊖，分母 ⊖）

(iii) $x<-1$ のとき，$f(x)=\dfrac{\log(-x)}{x}<0$ （分子 ⊕，分母 ⊖）

(iv) $\displaystyle\lim_{x\to-0}f(x)=\lim_{x\to-0}\frac{\log(-x)}{x}=\frac{-\infty}{-0}=+\infty$

(v) $\displaystyle\lim_{x\to-\infty}f(x)=\frac{弱い+\infty}{中位の-\infty}=-0$

(vi) $y=f(x)$ は点 $(-1,\ 0)$ から $x<-1$ の範囲にかけて谷を1つ作る。

以上より，微分しなくても，$y=f(x)$ のグラフの概形は予め分かってしまうんだね。

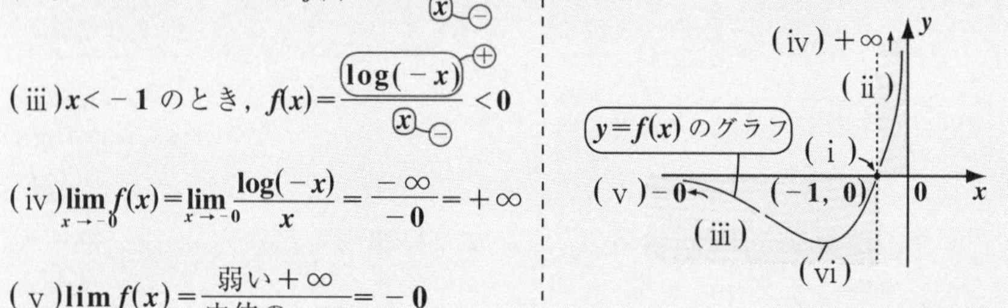

解答＆解説

$y=f(x)=\dfrac{\log(-x)}{x}$ $(x<0)$ ……① とおく。

$f(-1)=\dfrac{\log1}{-1}=\dfrac{0}{-1}=0$ より，$y=f(x)$ は点 $(-1,\ 0)$ を通る。$f(x)$ を x で2回微分して，

$f'(x)=\{⊕, ⓪, ⊖\}$

$$f'(x)=\frac{\frac{-1}{-x}\cdot x-\log(-x)\cdot1}{x^2}=\frac{1-\log(-x)}{x^2}$$ （分母 ⊕）

$$f''(x)=\frac{-\frac{-1}{-x}\cdot x^2-\{1-\log(-x)\}\cdot2x}{x^4}$$

$$=\frac{2\log(-x)-3}{x^3}$$ （分母 ⊖）

ココがポイント

⇦ $x<0$ より，$-x>0$ ∴ $\log(-x)$ の真数条件をみたす。

⇦ $\left(\dfrac{g}{f}\right)'=\dfrac{g'f-gf'}{f^2}$

⇦ $\dfrac{-x-2x+2x\log(-x)}{x^4}$

よって，$f'(x)=0$ のとき，$1-\log(-x)=0$

$$\log(-x)=1,\quad -x=e^1\quad \therefore\ x=-e$$

$f''(x)=0$ のとき，$2\log(-x)-3=0$

$$\log(-x)=\frac{3}{2},\quad -x=e^{\frac{3}{2}}\quad \therefore\ x=-e\sqrt{e}$$

・$x=-e$ のとき，極小値 $f(-e)=\dfrac{\log e}{-e}=-\dfrac{1}{e}$

・$x=-e^{\frac{3}{2}}$ のとき，$f\left(-e^{\frac{3}{2}}\right)=\dfrac{\log e^{\frac{3}{2}}}{-e^{\frac{3}{2}}}=-\dfrac{3}{2e\sqrt{e}}$

$$\therefore \text{変曲点}\left(-e\sqrt{e}\ ,\ -\frac{3}{2e\sqrt{e}}\right)$$

よって，$y=f(x)$ $(x<0)$ の増減・凹凸表は右のようになる。……(答)

x		$-e^{\frac{3}{2}}$		$-e$		0
$f'(x)$	$-$	$-$	$-$	0	$+$	
$f''(x)$	$-$	0	$+$	$+$	$+$	
$f(x)$	↘	$-\frac{3}{2e\sqrt{e}}$	↘	$-\frac{1}{e}$	↗	

次に，関数 $y=f(x)$ の $x\to-0$ と $x\to-\infty$ の極限を求めると，

・$\displaystyle\lim_{x\to-0}f(x)=\lim_{x\to-0}\frac{\log(-x)}{x}=\frac{-\infty}{-0}=+\infty$

・$\displaystyle\lim_{x\to-\infty}f(x)=\lim_{x\to-\infty}\frac{\log(-x)}{x}=\frac{\text{弱い}+\infty}{\text{中位の}-\infty}=-0$

以上より，関数 $y=f(x)$ のグラフの概形を描くと右図のようになる。……………………………(答)

⇦ $\widetilde{f'(x)}=1-\log(-x)$

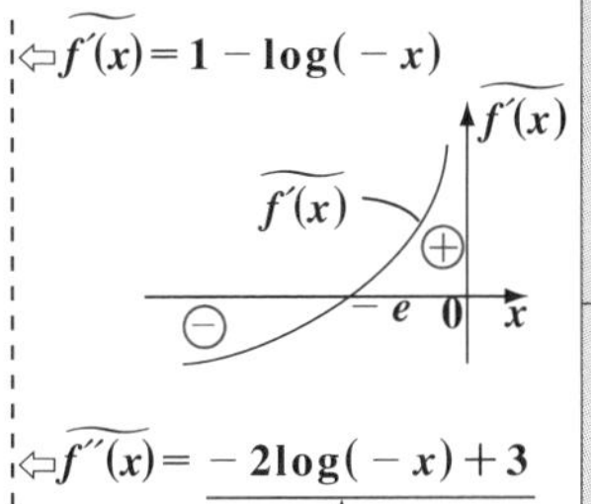

⇦ $\widetilde{f''(x)}=-2\log(-x)+3$

$f''(x)$ の分母 $x^3<0$ となるので，分子に⊖をかけたものが，$f''(x)$ の符号に関する本質的な部分 $\widetilde{f''(x)}$ になる。

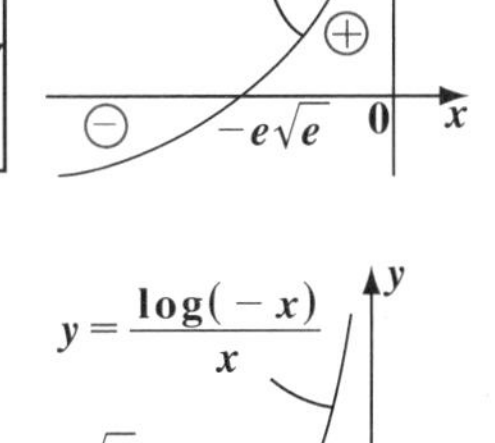

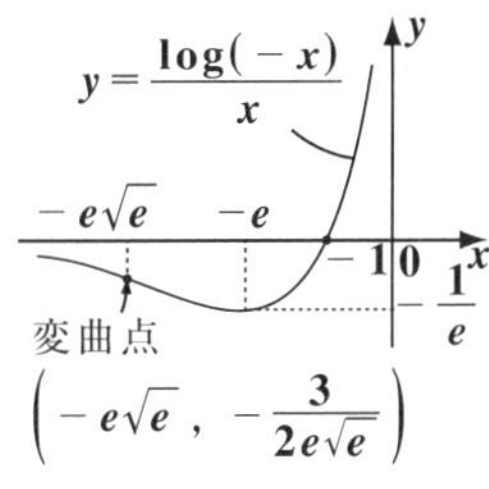

関数のグラフ(Ⅲ)

元気力アップ問題 104　難易度 ★★　CHECK 1　CHECK 2　CHECK 3

関数 $y=f(x)=2\sqrt{x}+\dfrac{1}{x}$　$(x>0)$ の増減・凹凸を調べて，グラフの概形を描け。

Babaのレクチャー　$y=f(x)=2\sqrt{x}+\dfrac{1}{x}$ $(x>0)$ は，2つの関数 $y=2\sqrt{x}$ と $y=\dfrac{1}{x}$ に分解できる。右図に示すように，これらの y 座標の和を取ることにより $y=f(x)$ のグラフの概形が分かる。これから，$y=f(x)$ は，x がある値のとき，極小値を1つとることが分かるね。

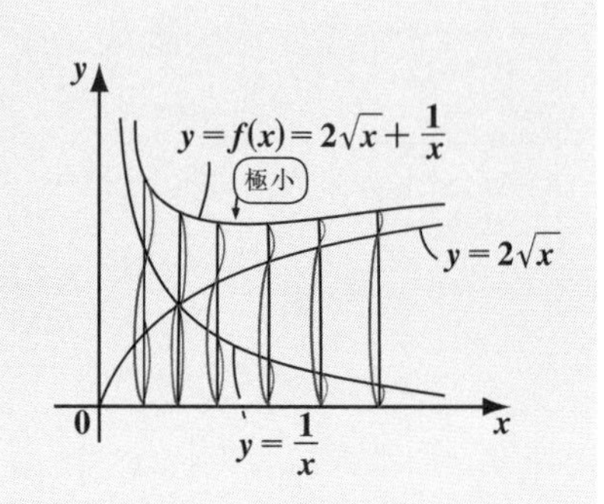

解答＆解説

$y=f(x)=2\sqrt{x}+\dfrac{1}{x}=2x^{\frac{1}{2}}+x^{-1}$ ……① $(x>0)$

とおく。

①を x で2回微分すると，

$f'(x)=2\cdot\dfrac{1}{2}\cdot x^{-\frac{1}{2}}-1\cdot x^{-2}=x^{-\frac{1}{2}}-x^{-2}$

$=\dfrac{1}{\sqrt{x}}-\dfrac{1}{x^2}=\dfrac{x\sqrt{x}-1}{x^2}$

$f''(x)=\left(x^{-\frac{1}{2}}-x^{-2}\right)'=-\dfrac{1}{2}x^{-\frac{3}{2}}-(-2)\cdot x^{-3}$

$=-\dfrac{1}{2x\sqrt{x}}+\dfrac{2}{x^3}=\dfrac{-x\sqrt{x}+4}{2x^3}$

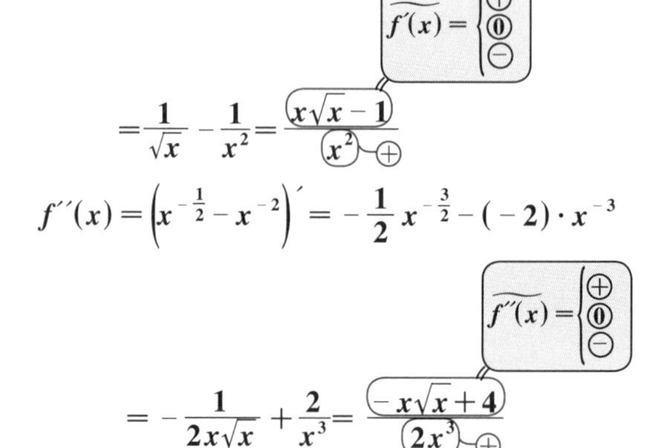

ココがポイント

⇦ $f'(x)$ の分母 $x^2>0$ より，$f'(x)$ の符号に関する本質的な部分 $\widetilde{f'(x)}$ は，$\widetilde{f'(x)}=x^{\frac{3}{2}}-1$ となる。

⇦ $f''(x)$ の分母 $x^3>0$ より，$f''(x)$ の符号に関する本質的な部分 $\widetilde{f''(x)}$ は，$\widetilde{f''(x)}=-x^{\frac{3}{2}}+4$ となる。

よって，$f'(x)=\dfrac{x^{\frac{3}{2}}-1}{x^2}=0$ のとき，

$x^{\frac{3}{2}}=1 \quad \therefore\ x=1^{\frac{2}{3}}=1$

$f''(x)=\dfrac{-x^{\frac{3}{2}}+4}{2x^3}=0$ のとき，

$x^{\frac{3}{2}}=4 \quad \therefore\ x=4^{\frac{2}{3}}=(2^2)^{\frac{2}{3}}=2^{\frac{4}{3}}\ (=\sqrt[3]{16})$ （$\sqrt[3]{16}=2.\cdots$）

⇦ $\widetilde{f'(x)}=x^{\frac{3}{2}}-1$

・$x=1$ のとき，極小値 $f(1)=2\sqrt{1}+\dfrac{1}{1}=3$

・$x=2^{\frac{4}{3}}$ のとき，

$$f\left(2^{\frac{4}{3}}\right)=2\cdot\sqrt{2^{\frac{4}{3}}}+\frac{1}{2^{\frac{4}{3}}}=\frac{2\cdot2^{\frac{2}{3}}\cdot2^{\frac{4}{3}}+1}{2^{\frac{4}{3}}}=9\cdot2^{-\frac{4}{3}}$$

（$2^{1+\frac{2}{3}+\frac{4}{3}}=2^3=8$）

⇦ $\widetilde{f''(x)}=-x^{\frac{3}{2}}+4$

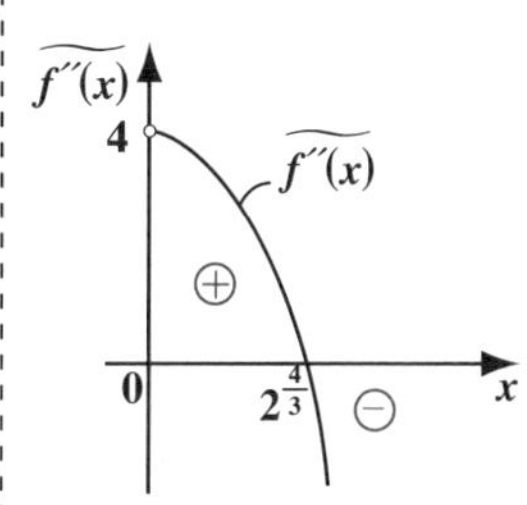

$\therefore$ 変曲点 $\left(2^{\frac{4}{3}},\ 9\cdot2^{-\frac{4}{3}}\right)$

よって，$y=f(x)$ $(x>0)$ の増減・凹凸表は右のようになる。……(答)

$f(x)$ の増減・凹凸表

x	0		1		$2^{\frac{4}{3}}$	
$f'(x)$	／	$-$	0	$+$	$+$	$+$
$f''(x)$	／	$+$	$+$	$+$	0	$-$
$f(x)$	／	↘	3	↗	$9\cdot2^{-\frac{4}{3}}$	↗

次に，関数 $f(x)$ の $x\to+0$，$x\to\infty$ の極限を求めると，

・$\displaystyle\lim_{x\to+0}f(x)=\lim_{x\to+0}\left(2\sqrt{x}+\frac{1}{x}\right)=\infty$ （$2\sqrt{x}\to0$，$\frac{1}{x}\to+\infty$）

・$\displaystyle\lim_{x\to\infty}f(x)=\lim_{x\to\infty}\left(2\sqrt{x}+\frac{1}{x}\right)=\infty$ （$2\sqrt{x}\to\infty$，$\frac{1}{x}\to0$）

以上より，関数 $y=f(x)$ のグラフの概形を描くと右図のようになる。……………………………(答)

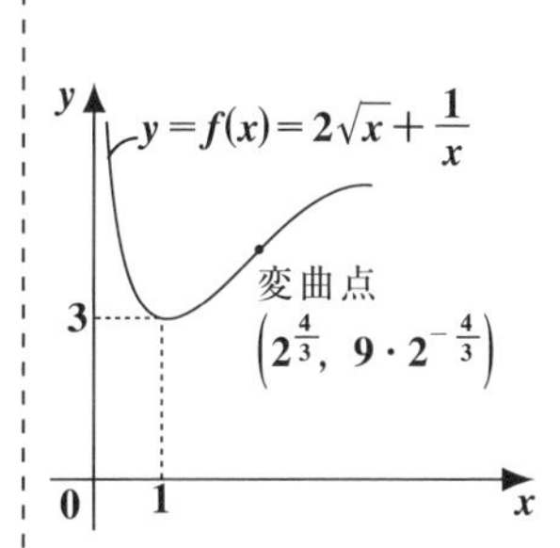

関数のグラフ(IV)

元気力アップ問題 105	難易度 ★★	CHECK 1	CHECK 2	CHECK 3

関数 $y=f(x)=x\cdot e^{-x^2}$ の増減・凹凸を調べて，グラフの概形を描け。

Babaのレクチャー $y=f(x)=x\cdot e^{-x^2}$ について，

(i) $f(-x)=-x\cdot e^{-(-x)^2}=-xe^{-x^2}=-f(x)$

よって $y=f(x)$ は奇関数なので，原点に関して対称なグラフになる。

よって，まず，$x\geqq 0$ について調べる。

(ii) $f(0)=0$ より，原点 $(0,\ 0)$ を通る。

(iii) $x>0$ のとき，$f(x)=\underbrace{x}_{\oplus}\cdot\underbrace{e^{-x^2}}_{\oplus}>0$ より，

$y=f(x)$ は第 1 象限にある。

(iv) $\displaystyle\lim_{x\to\infty}f(x)=\lim_{x\to\infty}\frac{x}{e^{x^2}}=+0$　（x：中位の∞，e^{x^2}：超強い∞）

(v) 原点から $x>0$ の初めの範囲において，一山できる。

(vi) $x\geqq 0$ において出来たグラフの概形を，原点に関して対称移動する。

以上より，$y=f(x)$ の大体のグラフのイメージが次のように描けるんだね。

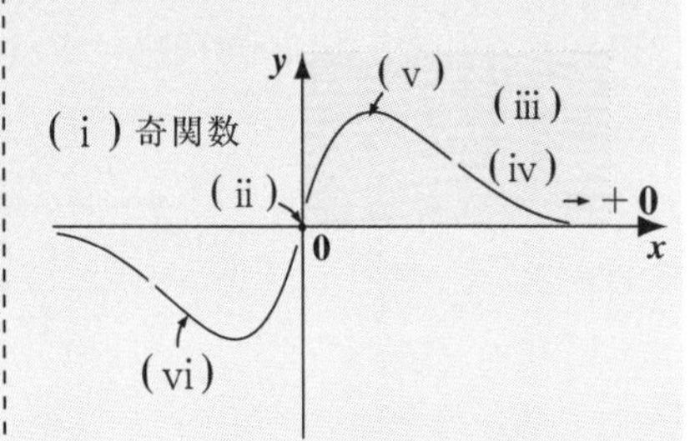

解答

$y=f(x)=x\cdot e^{-x^2}$ ……① とおく。ここで，

$f(-x)=-x\cdot e^{-(-x)^2}=-xe^{-x^2}=-f(x)$ となるので，

$y=f(x)$ は奇関数である。よって，$y=f(x)$ は原点に関して対称なグラフとなるので，まず，$x\geqq 0$ についてのみ調べる。

$f(0)=0\cdot e^{-0}=0$ より，$y=f(x)$ は原点を通る。

次に，①を x で 2 回微分すると，

$f'(x)=1\cdot e^{-x^2}+x\cdot(-2x)e^{-x^2}=(1-2x^2)e^{-x^2}$

$=\underbrace{(1-\sqrt{2}x)}_{\widetilde{f'(x)}}\underbrace{(1+\sqrt{2}x)e^{-x^2}}_{\oplus\,(\because\ x\geqq 0)}$

ココがポイント

⇦・$f(-x)=f(x)$ ならば，$f(x)$ は偶関数（y 軸に対称なグラフ）
・$f(-x)=-f(x)$ ならば，$f(x)$ は奇関数（原点に対称なグラフ）

⇦ $(f\cdot g)'=f'\cdot g+f\cdot g'$

$$f''(x)=\{(1-2x^2)e^{-x^2}\}'=-4x\cdot e^{-x^2}+(1-2x^2)(-2x)e^{-x^2}$$

$$=(4x^3-6x)e^{-x^2}=2x(2x^2-3)e^{-x^2}$$

$$=\underbrace{\left(\sqrt{2}x-\sqrt{3}\right)\cdot x}_{\widetilde{f''(x)}\ (x\geqq 0)}\cdot\underbrace{2\cdot\left(\sqrt{2}x+\sqrt{3}\right)e^{-x^2}}_{\oplus\ (\because\ x\geqq 0)}$$

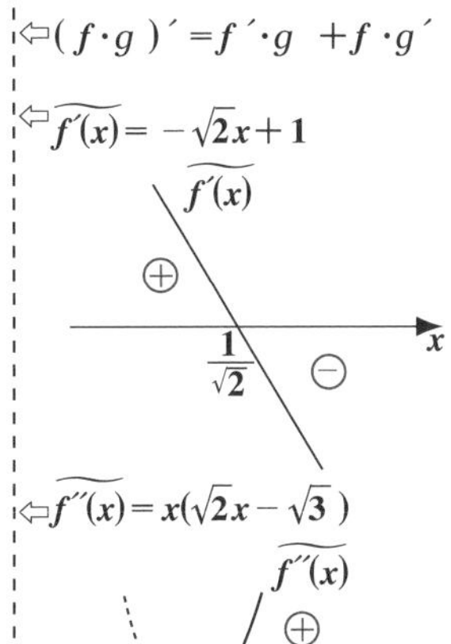

よって，$f'(x)=0$ のとき，$1-\sqrt{2}x=0$　$\therefore\ x=\frac{1}{\sqrt{2}}$

$f''(x)=0$ のとき，$x\left(\sqrt{2}x-\sqrt{3}\right)=0$　$\therefore\ x=0,\ \frac{\sqrt{6}}{2}$

・$x=\frac{1}{\sqrt{2}}$ のとき，極大値 $f\left(\frac{1}{\sqrt{2}}\right)=\frac{1}{\sqrt{2}}\cdot e^{-\frac{1}{2}}=\frac{1}{\sqrt{2e}}$

・$f(0)=0,\ f\left(\frac{\sqrt{6}}{2}\right)=\frac{\sqrt{6}}{2}\cdot e^{-\frac{3}{2}}=\frac{\sqrt{6}}{2e\sqrt{e}}$ より，

変曲点 $(0,\ 0)$，$\left(\frac{\sqrt{6}}{2},\ \frac{\sqrt{6}}{2e\sqrt{e}}\right)$

よって，$y=f(x)\ (x\geqq 0)$ の増減・凹凸表は右のようになる。……(答)

$f(x)$ の増減・凹凸表

x	0		$\frac{1}{\sqrt{2}}$		$\frac{\sqrt{6}}{2}$	
$f'(x)$	$+$	$+$	0	$-$	$-$	$-$
$f''(x)$	0	$-$	$-$	$-$	0	$+$
$f(x)$	0	↗	$\frac{1}{\sqrt{2e}}$	↘	$\frac{\sqrt{6}}{2e\sqrt{e}}$	↘

次に関数 $f(x)$ の $x\to\infty$ の極限を調べると，

$$\lim_{x\to\infty}f(x)=\lim_{x\to\infty}\frac{x}{e^{x^2}}=0$$ となる。

（x：中位の∞，e^{x^2}：超強い∞）

以上より，$y=f(x)$ のグラフの概形は，これが奇関数であることも考慮に入れると，右図のようになる。　………………(答)

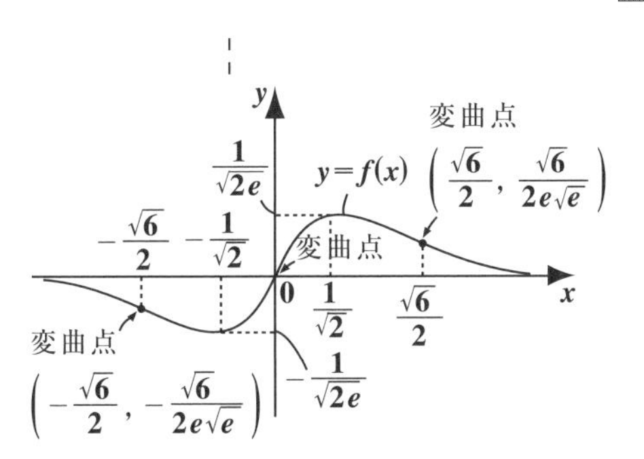

微分法の不等式への応用(Ⅰ)

元気力アップ問題 106	難易度 ★★	CHECK 1	CHECK 2	CHECK 3

$0<\theta<\dfrac{\pi}{2}$ のとき，次の不等式が成り立つことを証明せよ。

$\dfrac{1}{\theta}(\sin\theta+\tan\theta)>2$ ……(＊)　　(福島大)

ヒント！ $f(\theta)=\sin\theta+\tan\theta-2\theta$ とおいて，これが $0<\theta<\dfrac{\pi}{2}$ の範囲で正となることを示せばいいんだね。

解答＆解説

$\theta>0$ より，(＊)の両辺に θ をかけて，

$\sin\theta+\tan\theta>2\theta$ ……(＊)′ $\left(0<\theta<\dfrac{\pi}{2}\right)$ が成り立つことを示せばよい。ここで，

$f(\theta)=\sin\theta+\tan\theta-2\theta$ ……① $\left(0<\theta<\dfrac{\pi}{2}\right)$ とおく。

①を θ で微分して，

$$f'(\theta)=\cos\theta+\frac{1}{\cos^2\theta}-2=\frac{\cos^3\theta-2\cos^2\theta+1}{\cos^2\theta}$$

$$=\frac{(1-\cos\theta)(\underbrace{1-\cos^2\theta}_{\sin^2\theta}+\cos\theta)}{\cos^2\theta}$$

$$=\frac{\overset{\oplus}{(1-\cos\theta)}(\overset{\oplus}{\sin^2\theta}+\overset{\oplus}{\cos\theta})}{\underset{\oplus}{\cos^2\theta}}$$

ここで，$0<\theta<\dfrac{\pi}{2}$ より，$0<\cos\theta<1$，$0<\sin\theta<1$ なので，$f'(\theta)>0$　よって，$f(\theta)$ は，この範囲で単調に増加する。また，

$f(0)=\sin0+\tan0-2\cdot0=0$

よって，右のグラフより明らかに，$0<\theta<\dfrac{\pi}{2}$ において $f(\theta)>0$ となるので，(＊)′は成り立つ。

$\therefore\ 0<\theta<\dfrac{\pi}{2}$ において，(＊)は成り立つ。 ………(終)

ココがポイント

⇦ $\cos\theta$ を c とおくと，

分子 $=c^3-2c^2+1$

$=(c-1)(c^2-c-1)$

$=(1-c)(1-c^2+c)$

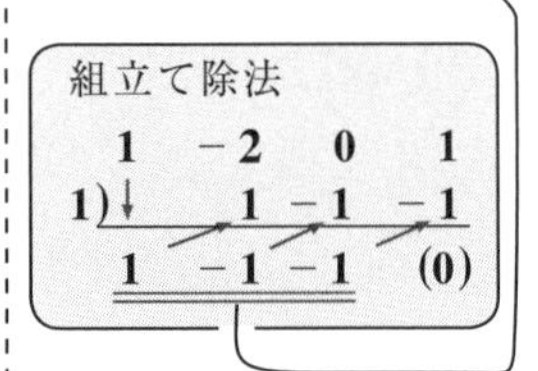

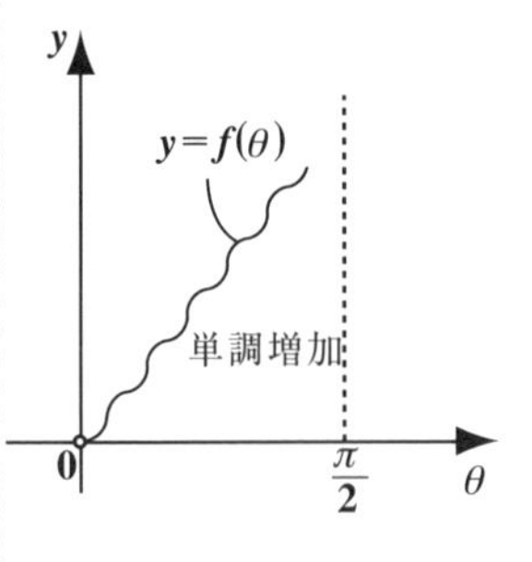

微分法の不等式への応用(Ⅱ)

元気力アップ問題 107　難易度★★　CHECK 1　CHECK 2　CHECK 3

すべての実数 x に対して，不等式 $x \leqq ke^{2x}$ …(＊) が成り立つような定数 k の最小値を求めよ。

ヒント！ $f(x)=x\cdot e^{-2x}$ とおくと,(＊) は $f(x) \leqq k$ となるので, k が $f(x)$ の最大値以上であれば, この不等式は常に成り立つ。よって, $f(x)$ の最大値が k の最小値になるんだね。

解答＆解説

$x \leqq ke^{2x}$ …(＊) の両辺を $e^{2x}\ (>0)$ で割ると，

$x\cdot e^{-2x} \leqq k$ …(＊)′ となる。ここで，

$f(x)=x\cdot e^{-2x}$ …① とおいて，$f(x)$ の最大値 M を求めると，$M \leqq k$ のとき，すべての実数 x に対して，(＊)′，すなわち (＊) が成り立つ。よって，(＊) が成り立つための k の最小値は M である。

①を x で微分して，

$$f'(x)=1\cdot e^{-2x}+x\cdot(-2e^{-2x})=\underbrace{(-2x+1)}_{\widetilde{f'(x)}}\underbrace{e^{-2x}}_{\oplus}$$

$f'(x)=0$ のとき $x=\frac{1}{2}$ より，$y=f(x)$ の増減表は右のようになる。よって，$y=f(x)$ は，$x=\frac{1}{2}$ のとき，

最大値 $M=f\left(\frac{1}{2}\right)=\frac{1}{2}e^{-1}$
$=\frac{1}{2e}$

をとる。よって，すべての実数 x に対して (＊) の不等式が成り立つような定数 k の最小値は，$\frac{1}{2e}$ である。 ……………………(答)

$f(x)$ の増減表

x		$\frac{1}{2}$	
$f'(x)$	＋	0	－
$f(x)$	↗	$\frac{1}{2e}$ (最大値 M)	↘

ココがポイント

⇦
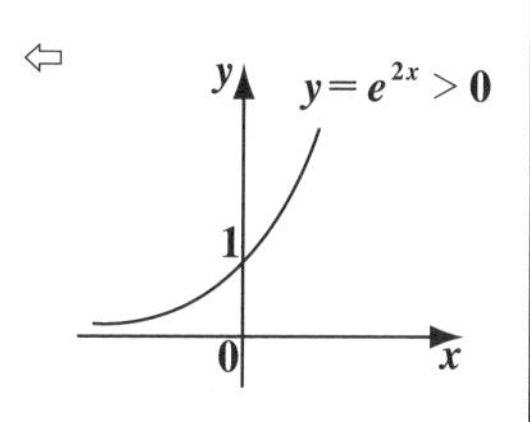

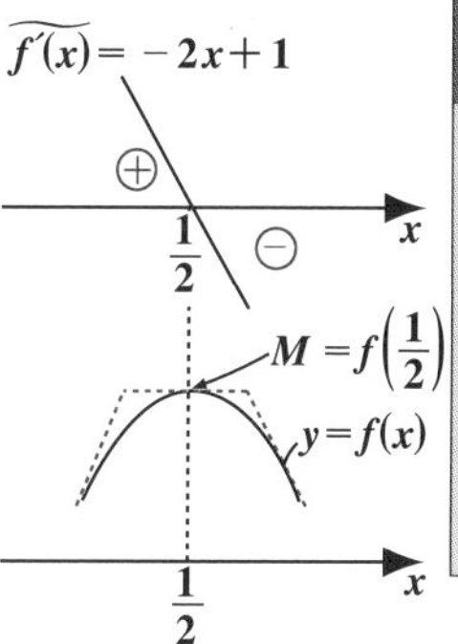

この $y=f(x)$ のグラフについては，元気力アップ問題102(P160)で詳しく解説しているけれど，今回は，$y=f(x)$ の最大値 M だけを求めればいいんだね。

微分法の方程式への応用(Ⅰ)

元気力アップ問題 108　難易度 ★★　CHECK 1　CHECK 2　CHECK 3

方程式 $\log(-x)=ax$ …①　$(x<0)$ の相異なる実数解の個数を求めよ。ただし，a は実数定数とする。

ヒント！ ①の文字定数 a を分離して，$f(x)=a$ の形にし，これをさらに $y=f(x)$ と $y=a$ に分解して，この2つのグラフの異なる共有点の個数を求めればいいんだね。

解答&解説

ココがポイント

方程式 $\log(-x)=ax$ …①　$(x<0)$ の a を分離して，

$$\frac{\log(-x)}{x}=a$$

⇦ $f(x)=a$ の形にして，これをさらに，曲線 $y=f(x)$ と直線 $y=a$ に分解する。

これをさらに2つの関数に分解して，

$$\begin{cases} y=f(x)=\dfrac{\log(-x)}{x} & (x<0) \\ y=a \end{cases}$$

とおく。

← 元気力アップ問題103 (P162) で解説した関数

← x 軸に平行な直線

ここで，$y=f(x)$ のグラフの概形を描くと，

（これについては，元気力アップ問題103で既に解説した要領で答案に書けばいい。ここでは重複するので，解説を省略するね。）

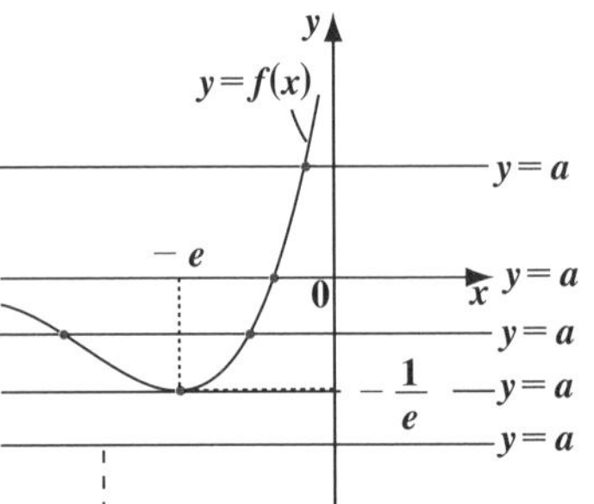

右図のようになる。そして，この曲線 $y=f(x)$ と直線 $y=a$ の共有点の x 座標が①の実数解となる。よって，右のグラフの共有点の個数から，求める①の方程式の相異なる実数解の個数は，次のようになる。

$$\begin{cases} (\text{i})\ a<-\dfrac{1}{e} \text{ のとき，} & 0\text{ 個} \\ (\text{ii})\ a=-\dfrac{1}{e}\text{，または } 0\leqq a \text{ のとき，} & 1\text{ 個} \\ (\text{iii})\ -\dfrac{1}{e}<a<0 \text{ のとき，} & 2\text{ 個} \end{cases}$$

…(答)

微分法の方程式への応用(Ⅱ)

元気力アップ問題 109 難易度 ★★ CHECK 1 CHECK 2 CHECK 3

方程式 $x = ae^{x^2}$ …①の相異なる実数解の個数を求めよ。ただし，a は実数定数とする。

ヒント！ これも，①を $f(x)=a$ の形にして，$y=f(x)$ と $y=a$ に分解して，これらのグラフの共有点の個数から，①の相異なる実数解の個数を求めよう。

解答＆解説

ココがポイント

方程式 $x = ae^{x^2}$ …①の両辺を $e^{x^2}(>0)$ で割って，

$xe^{-x^2} = a$

⇦ $f(x)=a$ の形にして，さらに，$y=f(x)$ と $y=a$ に分解する。

これをさらに，次のように 2 つの関数に分解する。

$$\begin{cases} y = f(x) = x \cdot e^{-x^2} \\ y = a \end{cases}$$

← 元気力アップ問題105(P166)の関数

← x 軸に平行な直線

ここで，$y=f(x)$ のグラフの概形を描くと，

これについては，元気力アップ問題105で既に解説した要領で答案に書けばいい。ここでは重複するので，解説を省略する。

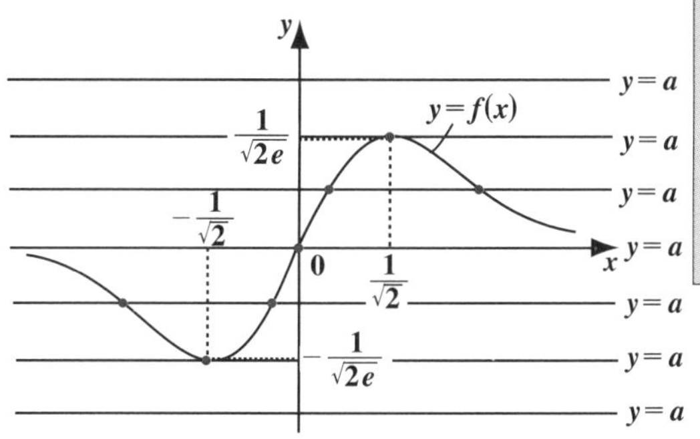

右図のようになる。そして，この曲線 $y=f(x)$ と直線 $y=a$ の共有点の x 座標が①の実数解となる。よって，右のグラフの共有点の個数から，求める①の方程式の相異なる実数解の個数は，次のようになる。

(ⅰ) $a < -\frac{1}{\sqrt{2e}}$，または $\frac{1}{\sqrt{2e}} < a$ のとき，　0 個

(ⅱ) $a = 0,\ \pm\frac{1}{\sqrt{2e}}$ のとき，　1 個

(ⅲ) $-\frac{1}{\sqrt{2e}} < a < 0$，または $0 < a < \frac{1}{\sqrt{2e}}$ のとき，2 個

………(答)

微分法の方程式への応用(Ⅲ)

元気力アップ問題 110　難易度 ★★　CHECK 1　CHECK 2　CHECK 3

点 A(0 , a) から曲線 $y=f(x)=2\sqrt{x}+\frac{1}{x}$ $(x>0)$ に引ける接線の本数を求めよ。ただし，a は実数定数とする。

ヒント！ 点Aは曲線上の点ではないので，まず，曲線 $y=f(x)$ 上の点 $(t,\ f(t))$ における接線が，点A(0 , a) を通るようにする。その結果，文字定数 a を含む t の方程式が導けるんだね。

解答＆解説

$y=f(x)=2\sqrt{x}+\frac{1}{x}=2x^{\frac{1}{2}}+x^{-1}$ $(x>0)$ …①とおく。

このグラフの概形は，元気力アップ問題104で既に調べた。

$f'(x)=2\cdot\frac{1}{2}\cdot x^{-\frac{1}{2}}-1\cdot x^{-2}=\frac{1}{\sqrt{x}}-\frac{1}{x^2}$

(ⅰ) まず，$y=f(x)$ 上の点 $(t,\ f(t))$ における接線の方程式は，

$$y=\left(\frac{1}{\sqrt{t}}-\frac{1}{t^2}\right)(x-t)+2\sqrt{t}+\frac{1}{t}$$

$$\left[y=\quad f'(t)\quad\cdot(x-t)+\quad f(t)\quad\right]$$

$$y=\left(\frac{1}{\sqrt{t}}-\frac{1}{t^2}\right)x+\sqrt{t}+\frac{2}{t}\ \cdots\cdots②$$

(ⅱ) ②が点 A(0 , a) を通るとき，これを②に代入して，

$$a=\sqrt{t}+\frac{2}{t}\qquad\therefore\ \sqrt{t}+\frac{2}{t}=a\ \cdots\cdots③$$

ココがポイント

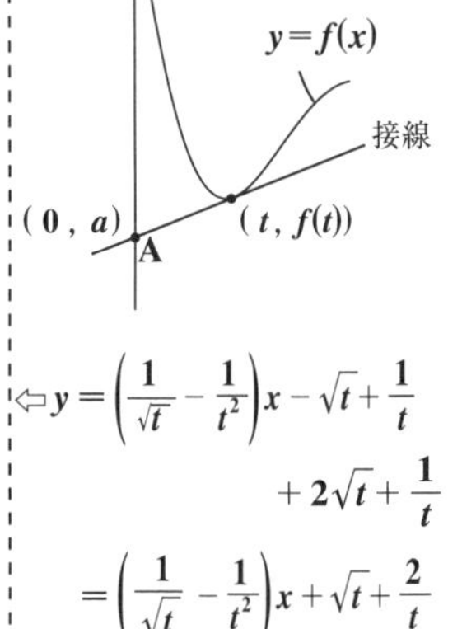

⇦ $y=\left(\frac{1}{\sqrt{t}}-\frac{1}{t^2}\right)x-\sqrt{t}+\frac{1}{t}+2\sqrt{t}+\frac{1}{t}$
$=\left(\frac{1}{\sqrt{t}}-\frac{1}{t^2}\right)x+\sqrt{t}+\frac{2}{t}$

⇦ t の方程式 $g(t)=a$ の形ができた。

③は，文字定数 a を含む t の方程式だ。右図に示すように，たとえば，③が $t=t_1$ と t_2 の 2 つの実数解をもつとき，2 つの接点が存在するので，点 A(0 , a) から 2 本の接線が引ける。つまり，③の異なる実数解 t の個数と，点 A から曲線 $y=f(x)$ に引ける接線の本数は一致するんだね。納得いった？

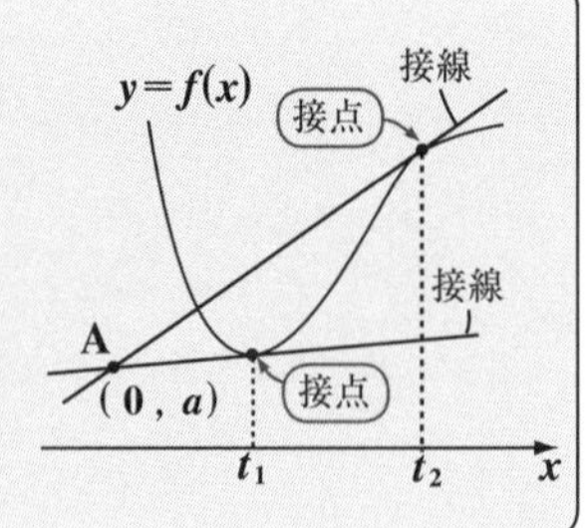

③を分解して，

$$\begin{cases} u = g(t) = \sqrt{t} + \dfrac{2}{t} = t^{\frac{1}{2}} + 2t^{-1} \quad (t > 0) \\ u = a \end{cases}$$

とおく。←(t 軸に平行な直線)

⇦③を，$u = g(t)$ と $u = a$ に分解して，これらのグラフの共有点の個数から，③の実数解 t の個数が分かるんだね。

$$g'(t) = \frac{1}{2} \cdot t^{-\frac{1}{2}} - 2 \cdot t^{-2} = \frac{1}{2\sqrt{t}} - \frac{2}{t^2}$$

$$= \frac{t\sqrt{t} - 4}{2t^2}$$

($t\sqrt{t}-4$ は $\widetilde{g'(t)}$，$2t^2$ は ⊕)

⇦分母 $= 2t^2 > 0$ より，$g'(t)$ の符号に関する本質的な部分 $\widetilde{g'(t)}$ は，$\widetilde{g'(t)} = t\sqrt{t} - 4 = t^{\frac{3}{2}} - 4$ となる。

$\therefore g'(t) = 0$ のとき，$t^{\frac{3}{2}} = 4$ より，$t = 4^{\frac{2}{3}} = 2^{\frac{4}{3}}$

($(2^2)^{\frac{2}{3}} = 2^{2 \times \frac{2}{3}}$)

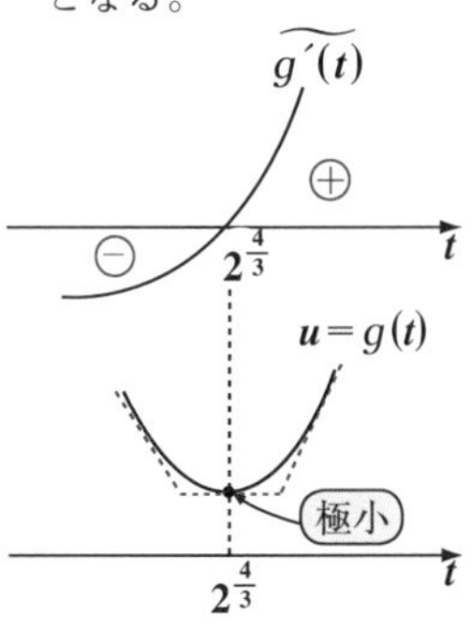

極小値 $g\left(2^{\frac{4}{3}}\right) = \left(2^{\frac{4}{3}}\right)^{\frac{1}{2}} + 2 \cdot \left(2^{\frac{4}{3}}\right)^{-1} = \dfrac{3}{\sqrt[3]{2}}$

$$2^{\frac{2}{3}} + 2^{1-\frac{4}{3}} = 2^{\frac{2}{3}} + 2^{-\frac{1}{3}} = \frac{2+1}{2^{\frac{1}{3}}} = \frac{3}{\sqrt[3]{2}}$$

よって，$u = g(t)$ の増減表は右のようになる。

$g(t)$ の増減表 $(t > 0)$

t	0		$2^{\frac{4}{3}}$	
$g'(t)$	/	$-$	0	$+$
$g(t)$	/	↘	$\dfrac{3}{\sqrt[3]{2}}$	↗

ここで $t \to +0$ と $t \to +\infty$ の極限は，

$$\lim_{t \to +0} g(t) = \infty$$

$$\lim_{t \to +\infty} g(t) = \infty$$ となる。

⇦$\displaystyle\lim_{t \to +0}\left(\sqrt{t} + \frac{2}{t}\right) = \infty$ （$\sqrt{t} \to 0$，$\frac{2}{t} \to \infty$）

$\displaystyle\lim_{t \to +\infty}\left(\sqrt{t} + \frac{2}{t}\right) = \infty$ （$\sqrt{t} \to \infty$，$\frac{2}{t} \to 0$）

よって，右図に示すように，$u = g(t)$ と $u = a$ のグラフの共有点の個数が③の実数解 t の個数，すなわち点 A から $y = f(x)$ に引ける接線の本数に等しいので，接線の本数は，

(ⅰ) $a < \dfrac{3}{\sqrt[3]{2}}$ のとき，0 本

(ⅱ) $a = \dfrac{3}{\sqrt[3]{2}}$ のとき，1 本 ………(答)

(ⅲ) $\dfrac{3}{\sqrt[3]{2}} < a$ のとき，2 本

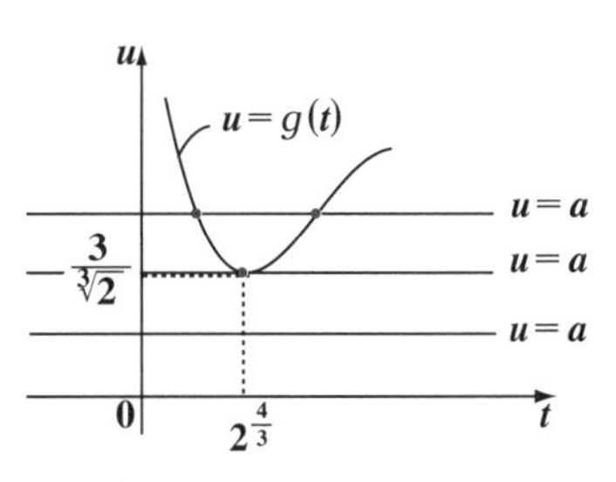

x 軸上の動点 P の速度・加速度

元気力アップ問題 111　難易度 ★★　CHECK 1　CHECK 2　CHECK 3

x 軸上を移動する動点 $P(x)$ の位置 x は，時刻 t により，

$x = 2\sqrt{t} + \frac{2}{3}t\sqrt{t}$ ……① $\left(t \geqq \frac{1}{2}\right)$ で表される。

このとき，動点 P の速度 v と加速度 a を求め，v の最小値と，そのときの t の値を求めよ。

ヒント！ x 軸上の動点P の速度 $v = \frac{dx}{dt}$，加速度 $a = \frac{d^2x}{dt^2} = \frac{dv}{dt}$ より，$a = 0$ のとき v は最小となることを示して，そのときの t の値を求めればいいんだね。

解答＆解説

x 軸上の動点 $P(x)$ の x 座標が

$x = 2 \cdot t^{\frac{1}{2}} + \frac{2}{3}t^{\frac{3}{2}}$ …① $\left(t \geqq \frac{1}{2}\right)$ で表されるので，これを t で 2 回微分して，P の速度 v と加速度 a を求めると，

・$v = \frac{dx}{dt} = \left(2t^{\frac{1}{2}} + \frac{2}{3}t^{\frac{3}{2}}\right)' = 2 \cdot \frac{1}{2}t^{-\frac{1}{2}} + \frac{2}{3} \cdot \frac{3}{2}t^{\frac{1}{2}}$

$\therefore v = \sqrt{t} + \frac{1}{\sqrt{t}}$ ……② $\left(t \geqq \frac{1}{2}\right)$

・$a = \frac{d^2x}{dt^2} = \frac{dv}{dt} = \left(t^{\frac{1}{2}} + t^{-\frac{1}{2}}\right)' = \frac{1}{2}t^{-\frac{1}{2}} - \frac{1}{2} \cdot t^{-\frac{3}{2}}$

$= \frac{1}{2\sqrt{t}} - \frac{1}{2t\sqrt{t}}$

$\therefore a = \frac{t-1}{2t\sqrt{t}}$ ……③ $\left(t \geqq \frac{1}{2}\right)$ （分子 $t-1 = \widetilde{a}$，分母 $2t\sqrt{t}$ は ⊕）

②，③と，v の増減表より，$t = 1$ のとき，v は最小値 $\sqrt{1} + \frac{1}{\sqrt{1}} = 2$ をとる。…(答)

速度 v の増減表

t	$\frac{1}{2}$		1	
$a = \frac{dv}{dt}$		$-$	0	$+$
v		↘	2	↗

（v の最小値）

ココがポイント

⇦ 速度 $v = \frac{dx}{dt}$
加速度 $a = \frac{dv}{dt}$

⇦ v の最小値は，②より，相加・相乗平均の不等式から求めても，もちろん構わない。

⇦ $2t\sqrt{t} > 0$ より，a の符号に関する本質的な部分を $\widetilde{a}$ とおくと，
$\widetilde{a} = t - 1$

$\widetilde{a} = t - 1$
⊖ ⊕ 1 t $\frac{1}{2}$

xy 座標平面上の動点 P

元気力アップ問題 112　難易度 ★★　CHECK 1　CHECK 2　CHECK 3

xy 座標平面上の動点 $\mathbf{P}(t\cos t,\ t\sin t)$ （t：時刻，$t \geqq 0$）の速さ $|\vec{v}|$ と加速度の大きさ $|\vec{a}|$ を求めよ。

ヒント！ xy 平面上の動点P の速度 $\vec{v}=\left(\dfrac{dx}{dt},\ \dfrac{dy}{dt}\right)$，加速度 $\vec{a}=\left(\dfrac{d^2x}{dt^2},\ \dfrac{d^2y}{dt^2}\right)$ から，速さ $|\vec{v}|=\sqrt{\left(\dfrac{dx}{dt}\right)^2+\left(\dfrac{dy}{dt}\right)^2}$，加速度の大きさ $|\vec{a}|=\sqrt{\left(\dfrac{d^2x}{dt^2}\right)^2+\left(\dfrac{d^2y}{dt^2}\right)^2}$ を求めよう。

解答＆解説

動点 $\mathbf{P}(x,\ y)$ について，$x=t\cos t$，$y=t\sin t$ $(t \geqq 0)$ より，

$$\begin{cases} \cdot\ \dfrac{dx}{dt}=(t\cdot\cos t)'=1\cdot\cos t+t\cdot(-\sin t)=\cos t-t\sin t \\ \cdot\ \dfrac{dy}{dt}=(t\cdot\sin t)'=1\cdot\sin t+t\cdot\cos t=\sin t+t\cos t \end{cases}$$

よって，速さ $|\vec{v}|$ は，

$$|\vec{v}|=\sqrt{\left(\dfrac{dx}{dt}\right)^2+\left(\dfrac{dy}{dt}\right)^2}=\sqrt{(\cos t-t\sin t)^2+(\sin t+t\cos t)^2}$$

$=\sqrt{1+t^2}$ $(t \geqq 0)$ である。………………………（答）

$$\begin{cases} \cdot\ \dfrac{d^2x}{dt^2}=(\cos t-t\sin t)'=-\sin t-1\cdot\sin t-t\cdot\cos t \\ \qquad =-2\sin t-t\cos t \\ \cdot\ \dfrac{d^2y}{dt^2}=(\sin t+t\cos t)'=\cos t+1\cdot\cos t+t\cdot(-\sin t) \\ \qquad =2\cos t-t\sin t \end{cases}$$

よって，加速度の大きさ $|\vec{a}|$ は，

$$|\vec{a}|=\sqrt{\left(\dfrac{d^2x}{dt^2}\right)^2+\left(\dfrac{d^2y}{dt^2}\right)^2}$$

$$=\sqrt{(-2\sin t-t\cos t)^2+(2\cos t-t\sin t)^2}=\sqrt{4+t^2}$$

$(t \geqq 0)$ である。………………………（答）

ココがポイント

⇦ 速度ベクトル $\vec{v}=\left(\dfrac{dx}{dt},\ \dfrac{dy}{dt}\right)$
速さ $v=|\vec{v}|$

⇦ $\sin t$ を s，$\cos t$ を c とおくと，
$\sqrt{\ }$ 内 $=c^2-\cancel{2tsc}+t^2s^2+s^2+\cancel{2tsc}+t^2c^2$
$=\underbrace{(c^2+s^2)}_{1}+t^2\underbrace{(s^2+c^2)}_{1}$

⇦ $\sqrt{\ }$ 内 $=4s^2+\cancel{4tsc}+t^2c^2+4c^2-\cancel{4tsc}+t^2s^2$
$=4\underbrace{(s^2+c^2)}_{1}+t^2\underbrace{(c^2+s^2)}_{1}$

近似式(Ⅰ)

元気力アップ問題 113　難易度 ★★　CHECK 1　CHECK 2　CHECK 3

$x \fallingdotseq 0$ のとき，近似式 $(1+x)^{\alpha} \fallingdotseq 1+\alpha x$ …(∗) が成り立つ。この(∗)を利用して，次の式の近似値を求めよ。

(1) $\sqrt{102}$　　(2) $\sqrt[3]{1006}$　　(3) $\sqrt[4]{625.25}$

ヒント！ (1) $\sqrt{102}=\sqrt{100\times 1.02}=10\cdot(1+0.02)^{\frac{1}{2}}$ とし，(2)は $\sqrt[3]{1006}=\sqrt[3]{10^3\times 1.006}=10\cdot(1+0.006)^{\frac{1}{3}}$ などと変形して，(∗)の近似公式を利用して解こう！

解答＆解説

近似式 $(1+x)^{\alpha} \fallingdotseq 1+\alpha x$ …(∗)($x \fallingdotseq 0$) を用いると，

(1) $\sqrt{102}=\sqrt{10^2\times 1.02}=10\sqrt{1.02}=10(1+0.02)^{\frac{1}{2}}$

$\fallingdotseq 10\cdot\left(1+\frac{1}{2}\times 0.02\right)=10\times 1.01$

$\therefore \sqrt{102} \fallingdotseq 10.1$ ……………………………(答)

(2) $\sqrt[3]{1006}=\sqrt[3]{10^3\times 1.006}=10\cdot\sqrt[3]{1.006}$

$=10\cdot(1+0.006)^{\frac{1}{3}} \fallingdotseq 10\cdot\left(1+\frac{1}{3}\times 0.006\right)$

$=10\times 1.002$

$\therefore \sqrt[3]{1006} \fallingdotseq 10.02$ ……………………………(答)

(3) $\sqrt[4]{625.25}=\sqrt[4]{5^4+\frac{1}{4}}=\sqrt[4]{5^4\left(1+\frac{1}{4\times 5^4}\right)}$

（$5^4 = 625$，$\frac{1}{4} = 0.25$）

$=5\sqrt[4]{1+\frac{1}{4\cdot 5^4}}=5\cdot\left(1+\frac{1}{4\cdot 5^4}\right)^{\frac{1}{4}}$

$\fallingdotseq 5\left(1+\frac{1}{4}\cdot\frac{1}{4\cdot 5^4}\right)=5\times 1.0001$

（$\frac{1}{2^4\times 5^4}=\frac{1}{10^4}=\frac{1}{10000}=0.0001$）

$\therefore \sqrt[4]{625.25}=5.0005$ ……………………………(答)

ココがポイント

⇦ $x=0.02$，$\alpha=\frac{1}{2}$ とおくと，$(1+0.02)^{\frac{1}{2}} \fallingdotseq 1+\frac{1}{2}\times 0.02$ となる。

⇦ $x=0.006$，$\alpha=\frac{1}{3}$ とおくと，$(1+0.006)^{\frac{1}{3}} \fallingdotseq 1+\frac{1}{3}\times 0.006$ となる。

⇦ $625=5^4$，$0.25=\frac{1}{4}$ だね。

⇦ $x=\frac{1}{4\cdot 5^4}$，$\alpha=\frac{1}{4}$ とおくと，$\left(1+\frac{1}{4\cdot 5^4}\right)^{\frac{1}{4}} \fallingdotseq 1+\frac{1}{4}\cdot\frac{1}{4\cdot 5^4}$ となる。

近似式(Ⅱ)

元気力アップ問題 114　難易度 ★★　CHECK 1　CHECK 2　CHECK 3

$h \fallingdotseq 0$ のとき，近似式 $f(a+h) \fallingdotseq f(a)+hf'(a) \cdots (*)$ が成り立つ。この $(*)$ を利用して，次の式の近似値を求めよ。

(1) $e^{2.002}$　　(2) $\sin 121^\circ$

ヒント！ (1) は，$f(x)=e^x$ とおくと，$f'(x)=e^x$ より，$a=2$，$h=0.002$ とおいて，$(*)$ の近似公式を利用すればいいんだね。(2) も同様だね。

解答＆解説

(1) $e^{2.002}$ の近似値について，$f(x)=e^x$ とおくと，

$f'(x)=(e^x)'=e^x$ であり，$a=2$，$h=0.002$ とおくと，$(*)$ の近似式より，

$e^{2.002}=e^{2+0.002} \fallingdotseq e^2+0.002\cdot e^2$ となる。

$[f(2+0.002) \fallingdotseq f(2)+0.002\cdot f'(2)]$

$\therefore\ e^{2.002} \fallingdotseq 1.002\cdot e^2$ である。 ……………………(答)

⇦ $h=0.002 \fallingdotseq 0$ より，$f(a+h) \fallingdotseq f(a)+h\cdot f'(a)$ を用いた。

(2) まず，121° を弧度法 θ (ラジアン) とすると，

$180^\circ : \pi = 121^\circ : \theta$ より，$180\cdot\theta = 121\cdot\pi$，$\theta = \dfrac{121}{180}\pi$ (ラジアン)

$$\therefore\ 121^\circ = \frac{121}{180}\pi = \frac{120}{180}\pi + \frac{1}{180}\pi = \underbrace{\frac{2}{3}\pi}_{a} + \underbrace{\frac{\pi}{180}}_{h\text{とおく}} \text{ より，}$$

$\sin 121^\circ = \sin\left(\dfrac{2}{3}\pi + \dfrac{\pi}{180}\right)$ の近似値を求める。

$f(x)=\sin x$ とおくと，$f'(x)=(\sin x)'=\cos x$

であり，また，$a=\dfrac{2}{3}\pi$，$h=\dfrac{\pi}{180}$ とおくと，

$(*)$ の近似式より，

$$\sin 121^\circ = \sin\left(\frac{2}{3}\pi + \frac{\pi}{180}\right) \fallingdotseq \sin\frac{2}{3}\pi + \frac{\pi}{180}\cdot\cos\frac{2}{3}\pi$$

$$\left[f\left(\frac{2}{3}\pi + \frac{\pi}{180}\right) \fallingdotseq f\left(\frac{2}{3}\pi\right) + \frac{\pi}{180}\cdot f'\left(\frac{2}{3}\pi\right)\right]$$

$$= \frac{\sqrt{3}}{2} + \frac{\pi}{180}\cdot\left(-\frac{1}{2}\right) = \frac{\sqrt{3}}{2} - \frac{\pi}{360} \text{ である。}$$

……(答)

⇦ $h=\dfrac{\pi}{180} \fallingdotseq 0$ より，$f(a+h) \fallingdotseq f(a)+hf'(a)$ を用いた。

第7章● 微分法とその応用の公式の復習

1. 微分係数の定義式

$$f'(a)=\lim_{h\to 0}\frac{f(a+h)-f(a)}{h}=\lim_{h\to 0}\frac{f(a)-f(a-h)}{h}=\lim_{b\to a}\frac{f(b)-f(a)}{b-a}$$

2. 導関数の定義式

$$f'(x)=\lim_{h\to 0}\frac{f(x+h)-f(x)}{h}=\lim_{h\to 0}\frac{f(x)-f(x-h)}{h}$$

3. 微分計算(8つの知識)($a>0$ かつ $a\neq 1$)

(1) $(x^{\alpha})'=\alpha x^{\alpha-1}$ (α：実数)　　(2) $(\sin x)'=\cos x$　など。

4. 微分計算(3つの公式)

(1) $(f\cdot g)'=f'\cdot g+f\cdot g'$　　(2) $\left(\frac{g}{f}\right)'=\frac{g'\cdot f-g\cdot f'}{f^2}$

(3) 合成関数の微分：$\frac{dy}{dx}=\frac{dy}{dt}\cdot\frac{dt}{dx}$

5. 関数の極限の知識($a>0$)

(1) $\lim_{x\to\infty}\frac{x^{\alpha}}{e^x}=0$　　(2) $\lim_{x\to\infty}\frac{e^x}{x^{\alpha}}=\infty$

(3) $\lim_{x\to\infty}\frac{\log x}{x^{\alpha}}=0$　　(4) $\lim_{x\to\infty}\frac{x^{\alpha}}{\log x}=\infty$

6. $f'(x)$ の符号と関数 $f(x)$ の増減

(i) $f'(x)>0$ のとき，増加　　(ii) $f'(x)<0$ のとき，減少

7. $f''(x)$ の符号と $y=f(x)$ のグラフの凹凸

(i) $f''(x)>0$ のとき，下に凸　(ii) $f''(x)<0$ のとき，上に凸

8. $f(x)=a$(定数)の実数解の個数

$y=f(x)$ と $y=a$ に分解して，この2つのグラフの共有点から求める。

9. x 軸上の動点の速度 v，加速度 a (x：位置，t：時刻)

(1) 速度 $v=\frac{dx}{dt}$　　(2) 加速度 $a=\frac{dv}{dt}=\frac{d^2x}{dt^2}$

10. 近似式

(i) $h\fallingdotseq 0$ のとき，$f(a+h)\fallingdotseq f'(a)h+f(a)$

(ii) $x\fallingdotseq 0$ のとき，$f(x)\fallingdotseq f'(0)\cdot x+f(0)$

第 8 章
CHAPTER

8 積分法とその応用

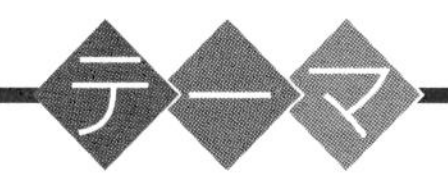

▶ 定積分で表された関数

$\left(\int_a^b f(t)\,dt = A(\text{定数})\right)$

▶ 区分求積法

$\left(\lim_{n\to\infty}\frac{1}{n}\sum_{k=1}^{n} f\left(\frac{k}{n}\right) = \int_0^1 f(x)dx\right)$

▶ 面積・体積・曲線の長さの計算

$\left(L = \int_a^b \sqrt{1+\{f'(x)\}^2}\,dx\right)$

第8章 積分法とその応用 ●公式&解法パターン

1. 積分計算の公式（積分定数 C は略す）

(1) $\int \cos x\,dx = \sin x$

(2) $\int \sin x\,dx = -\cos x$

(3) $\int \frac{1}{\cos^2 x}dx = \tan x$

(4) $\int e^x\,dx = e^x$

(5) $\int \frac{1}{x}dx = \log|x|$

(6) $\int \frac{f'}{f}dx = \log|f|$

2. 積分計算の応用公式（積分定数 C は略す）

(1) $\int \cos mx dx = \frac{1}{m}\sin mx$

(2) $\int \sin mx dx = -\frac{1}{m}\cos mx$

(3) $\int f^{\alpha}\cdot f'\,dx = \frac{1}{\alpha+1}f^{\alpha+1}$

（ただし，$f=f(x)$，$m \fallingdotseq 0$
$\alpha \fallingdotseq -1$）

3. 不定積分の性質

(I) $\int\{f(x)+g(x)\}\,dx = \int f(x)\,dx + \int g(x)\,dx$

$\int\{f(x)-g(x)\}\,dx = \int f(x)\,dx - \int g(x)\,dx$

← 2つの関数の和や差の積分は，項別に積分して，和や差をとればいい。

(II) $\int kf(x)dx = k\int f(x)\,dx$　（k：実数定数）

4. 定積分の計算

$$\int_a^b f(x)\,dx = \left[F(x)\right]_a^b = F(b)-F(a)$$

← 定積分の結果は定数になる。

5. 部分積分の公式

(1) $\int_a^b f \cdot g' dx = [f \cdot g]_a^b dx - \underline{\int_a^b f' \cdot g dx}$

簡単な積分

(2) $\int_a^b f' \cdot g dx = [f \cdot g]_a^b dx - \underline{\int_a^b f \cdot g' dx}$

(ただし，$f = f(x)$，$g = g(x)$ とする。)

部分積分のコツは，左辺の積分は難しいが，変形後の右辺の積分が簡単になるようにすることだ。

(ex) $\int_0^1 x \cdot e^{2x} dx = \int_0^1 x \cdot \left(\frac{1}{2}e^{2x}\right)' dx$

$\int_0^1 f \cdot g' dx = [f \cdot g]_0^1 - \int_0^1 f' \cdot g dx$

$= \left[\frac{1}{2}xe^{2x}\right]_0^1 - \int_0^1 1 \cdot \frac{1}{2}e^{2x} dx$

$= \frac{1}{2} 1 \cdot e^{2 \cdot 1} - \frac{1}{2} 0 \cdot e^0 - \frac{1}{2}\left[\frac{1}{2}e^{2x}\right]_0^1 = \frac{1}{2}e^2 - \frac{1}{4}(e^2 - \underset{e^0}{1}) = \frac{1}{4}(e^2 + 1)$

6. 置換積分のパターン公式 (a：正の定数)

(1) $\int \sqrt{a^2 - x^2} dx$ などの場合，$x = a\sin\theta$ (または，$x = a\cos\theta$) とおく。

(2) $\int \frac{1}{a^2 - x^2} dx$ などの場合，$x = a\tan\theta$ とおく。

(3) $\int f(\sin x) \cdot \cos x dx$ の場合，$\sin x = t$ とおく。

(4) $\int f(\cos x) \cdot \sin x dx$ の場合，$\cos x = t$ とおく。

その他，複雑な被積分関数が与えられた場合でも，その中の 1 部を t とおいて，うまく変数 t だけの積分にもち込めればいいんだね。

(ex) $\int_0^{\frac{\pi}{2}} (1 + \sin x) \cdot \cos x dx$ について，$\sin x = t$ とおくと，$\cos x dx = dt$，$t : 0 \to 1$

$\therefore \int_0^{\frac{\pi}{2}} (1 + \sin x)\cos x dx = \int_0^1 (1 + t) dt = \left[t + \frac{1}{2}t^2\right]_0^1 = 1 + \frac{1}{2} = \frac{3}{2}$

7. 定積分で表された関数（a, b：正の定数，x：変数）

(1) $\int_a^b f(t)dt$ の場合，$\int_a^b f(t)dt = A$（定数）とおく。

(2) $\int_a^x f(t)dt$ の場合，
- (ⅰ) $x = a$ を代入して，$\int_a^a f(t)\,dt = 0$
- (ⅱ) x で微分して，$\left\{\int_a^x f(t)\,dt\right\}' = f(x)$

(ex) $f(x) = e^{-x} + 2\int_0^1 f(t)\,dt$ について，$A = \int_0^1 f(t)\,dt$ とおくと，

$f(x) = e^{-x} + 2A$ より，

$A = \int_0^1 (e^{-t} + 2A)\,dt = [-e^{-t} + 2At]_0^1 = -e^{-1} + 2A + 1$ となる。

よって，$A = e^{-1} - 1$　　$\therefore f(x) = e^{-x} + 2(e^{-1} - 1)$ である。

8. 区分求積法

区間 $0 \leqq x \leqq 1$ で，$y = f(x)$ と x 軸とで挟まれる図形を n 等分し，右図のような n 個の長方形を作り k 番目の長方形の面積を S_k とおくと，

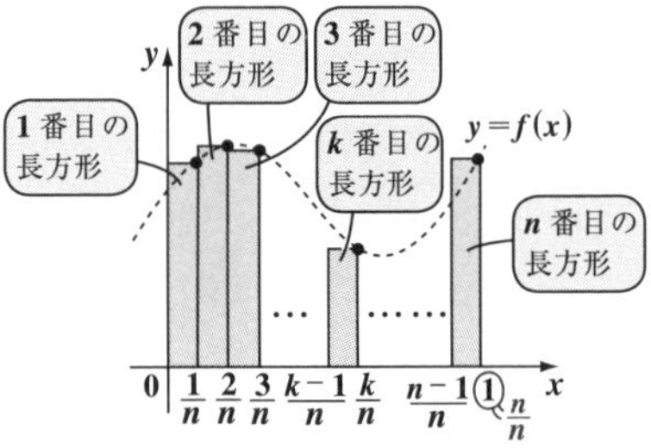

$S_k = \frac{1}{n} \cdot f\left(\frac{k}{n}\right)$ となる。

この $k = 1, 2, \cdots, n$ の総和をとって，$n \to \infty$ の極限をとると，これは，$0 \leqq x \leqq 1$ の範囲で，$y = f(x)$ と x 軸とで挟まれる図形の面積に等しくなるので，次の区分求積法の公式：

$$\lim_{n \to \infty} \frac{1}{n} \sum_{k=1}^{n} f\left(\frac{k}{n}\right) = \int_0^1 f(x)\,dx$$

が成り立つ。

(ex) $\lim_{n \to \infty} \sum_{k=1}^{n} \frac{2k}{n^2}$ は，区分求積法を用いて，次のように計算できる。

$$\lim_{n \to \infty} \frac{1}{n} \sum_{k=1}^{n} \underbrace{2 \cdot \frac{k}{n}}_{f\left(\frac{k}{n}\right)} = \int_0^1 \underbrace{2x}_{f(x)}\,dx = [x^2]_0^1 = 1^2 - 0^2 = 1$$

9. 面積計算

(1) 2 曲線で挟まれる図形の面積

$a \leqq x \leqq b$ の範囲で，2 曲線 $y=f(x)$ と $y=g(x)$

$[f(x) \geqq g(x)]$ とで挟まれる図形の面積 S は，

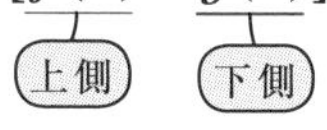

面積 $S=\int_a^b \{f(x)-g(x)\}dx$ となる。

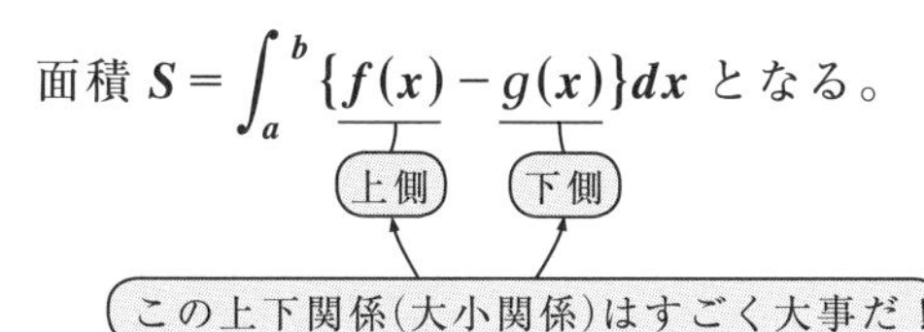

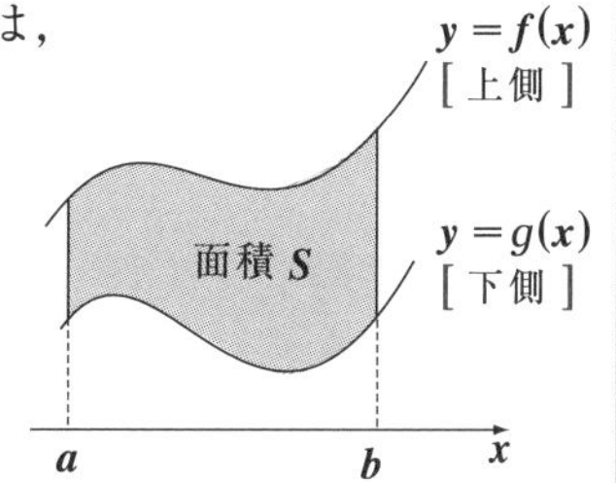

(2) 曲線と x 軸で挟まれる図形の面積

(ⅰ) $f(x) \geqq 0$ のとき，

$y=f(x)$ は x 軸の上側にあるので，

面積 $S_1=\int_a^b f(x)\,dx$

$f(x)-0$
上側　下側

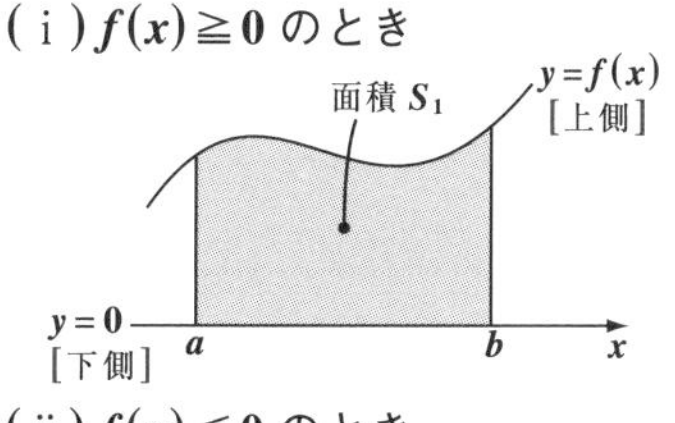

(ⅱ) $f(x) \leqq 0$ のとき，

$y=f(x)$ は x 軸の下側にあるので，

面積 $S_2=-\int_a^b f(x)\,dx$

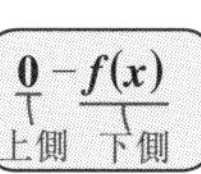

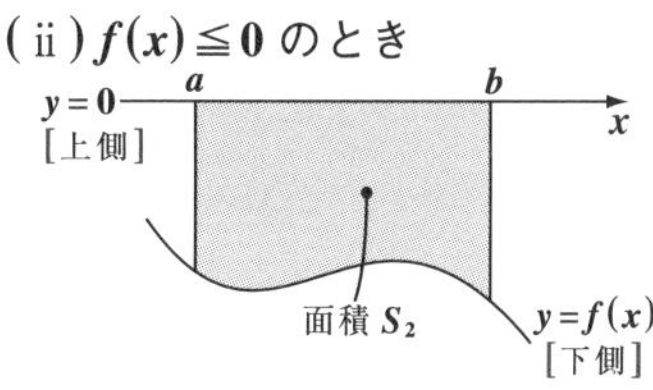

(3) 媒介変数表示された曲線の面積計算

媒介変数表示された曲線 $x=f(\theta)$，$y=g(\theta)$ と x 軸で挟まれる図形の面積 S は，まず，$y=h(x)$ の形で与えられているものとして，$S=\int_a^b y\,dx$ とし，これを θ での積分に切り替えて，

$$S=\int_\alpha^\beta y\frac{dx}{d\theta}d\theta$$ として計算する。

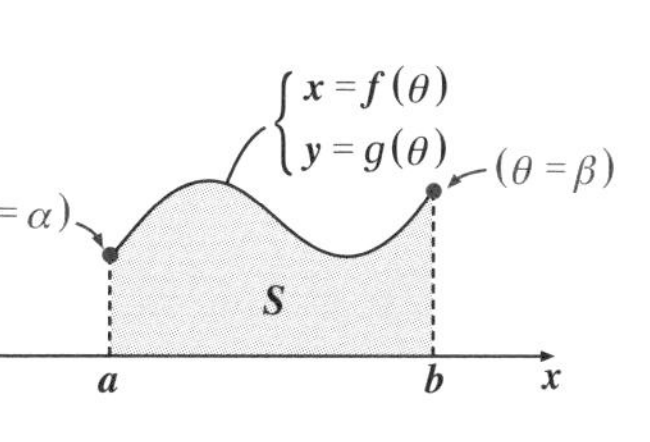

10. 定積分と不等式

$f(x) \geqq g(x)$ ならば右図から，

$\displaystyle\int_a^b f(x)\,dx \geqq \int_a^b g(x)\,dx$　が成り立つ。

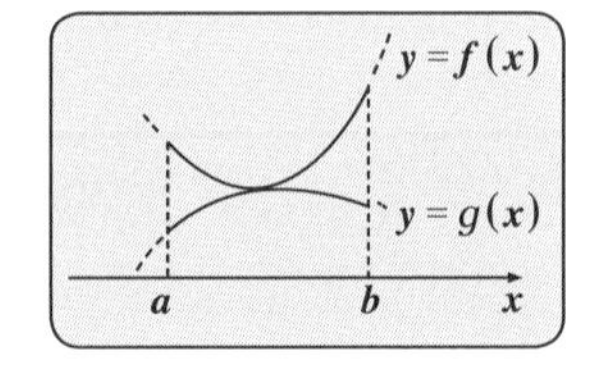

[（図）≧（図）]

11. 体積計算

$a \leqq x \leqq b$ の範囲に存在する立体を x 軸に垂直な平面で切った切り口の断面積が $S(x)$ で表されるとき，この立体の体積 V は，

$V=\displaystyle\int_a^b S(x)dx$　となる。

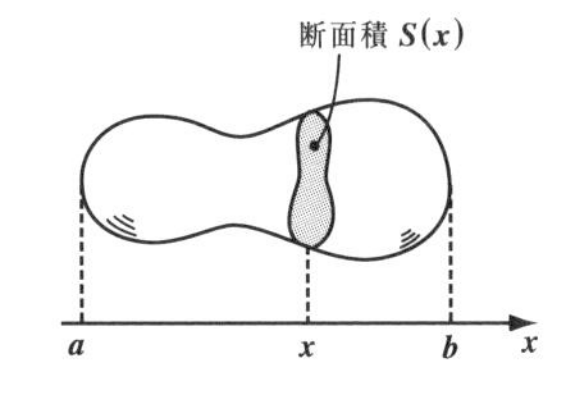

12. 回転体の積分公式

(Ⅰ) $y=f(x)$ $(a \leqq x \leqq b)$ を x 軸のまわりに回転してできる回転体の体積 V_x

$$V_x=\underbrace{\pi\int_a^b y^2}_{S(x)}dx=\underbrace{\pi\int_a^b \{f(x)\}^2}_{S(x)}dx$$

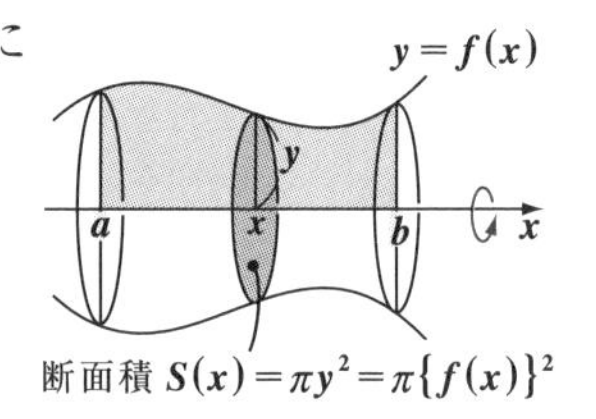

(Ⅱ) $x=g(y)$ $(c \leqq y \leqq d)$ を y 軸のまわりに回転してできる回転体の体積 V_y

$$V_y=\underbrace{\pi\int_c^d x^2}_{S(y)}dy=\underbrace{\pi\int_c^d \{g(y)\}^2}_{S(y)}dy$$

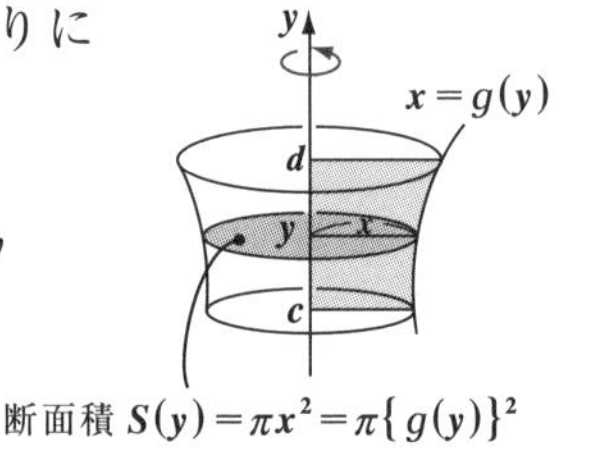

13. 曲線の長さ L の公式

(1) $a \leqq x \leqq b$ の範囲の曲線 $y=f(x)$ の長さ L は，

$$L=\int_a^b\sqrt{1+(y')^2}\,dx=\int_a^b\sqrt{1+\{f'(x)\}^2}\,dx$$ となる。

(2) $\alpha \leqq t \leqq \beta$ の範囲で，媒介変数表示された曲線

$\begin{cases} x=f(t) \\ y=g(t) \end{cases}$ の長さ L は，$L=\displaystyle\int_\alpha^\beta\sqrt{\left(\frac{dx}{dt}\right)^2+\left(\frac{dy}{dt}\right)^2}\,dt$　で求める。

14. x 軸上を動く動点P

時刻$t=t_1$のとき位置x_1にあった動点Pが，時刻$t=t_2$のとき位置x_2にあるとき（ただし，$t_1 \leqq t_2$），動点Pの位置x_2と，この間に動いた道のりLは，次のようになる。

時刻 t_2 における動点 P の位置 x_2 は

右図より，

$$x_2 = x_1 + \int_{t_1}^{t_2} v\,dt$$

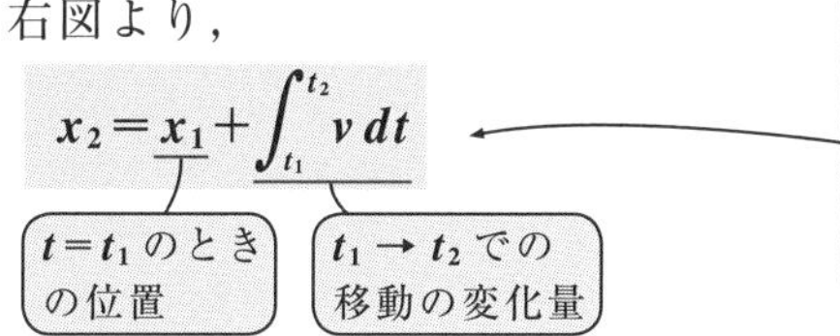

となるんだね。これに対して，

時刻 t_1 から t_2 の間に，動点 P が実際に動いた道のりを L とおくと，

$$L = \int_{t_1}^{t_2} |v|\,dt \quad となる。$$

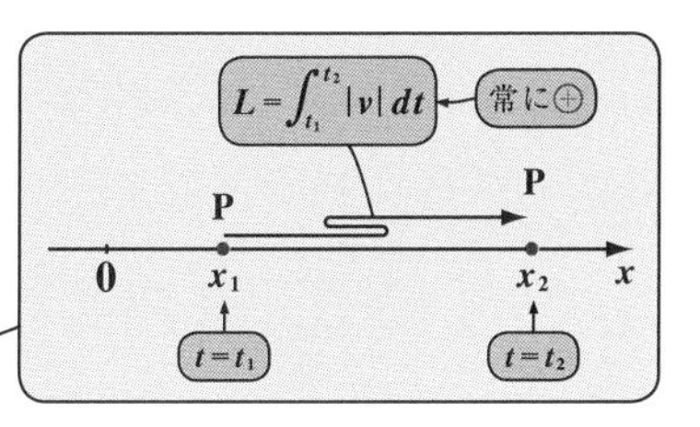

15. xy 平面上を動く動点Pの道のりL

xy 平面上を動く動点 $\mathrm{P}(x,\ y)$ が，

$$\begin{cases} x = f(t) \\ y = g(t) \end{cases} \quad (t：時刻)\ と表されるとき，$$

P の速度 $\vec{v}$ と速さ $|\vec{v}|$ は，

$$\begin{cases} 速度 \quad \vec{v} = \left(\dfrac{dx}{dt},\ \dfrac{dy}{dt}\right) \\ 速さ \quad |\vec{v}| = \sqrt{\left(\dfrac{dx}{dt}\right)^2 + \left(\dfrac{dy}{dt}\right)^2} \end{cases} \quad となる。$$

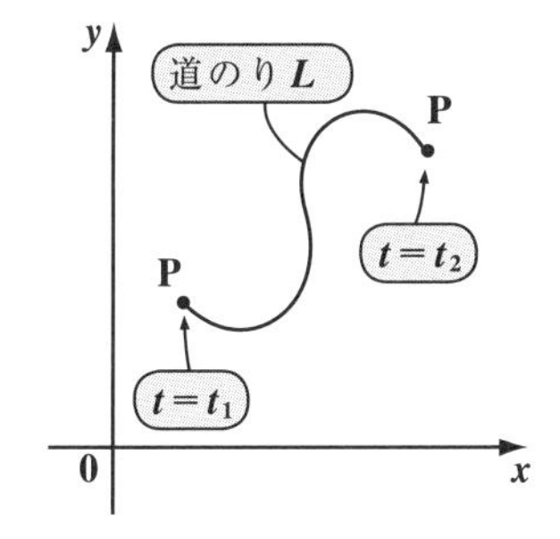

∴動点 P が，時刻 t_1 から t_2 の間に実際に移動する道のりを L とおくと，

$$L = \int_{t_1}^{t_2} |\vec{v}|\,dt = \int_{t_1}^{t_2} \sqrt{\left(\frac{dx}{dt}\right)^2 + \left(\frac{dy}{dt}\right)^2}\,dt \quad となる。$$

物理的には，t は時刻を表すが，数学的には，媒介変数 t で表示された曲線の長さ L の公式とまったく同じなんだね。

積分計算(Ⅰ)

元気力アップ問題115　難易度★★　CHECK 1　CHECK 2　CHECK 3

次の定積分を求めよ。

(1) $\displaystyle\int_0^{\frac{\pi}{2}}\cos^2 3x\,dx$　　(2) $\displaystyle\int_0^{\frac{\pi}{4}}\sin 3x\cdot\sin x\,dx$

(3) $\displaystyle\int_0^{2\pi}|\sin 4x|\,dx$

ヒント！ (1)は，半角の公式，(2)は積→差の公式を利用し，(3)は $y=|\sin 4x|$ のグラフを描いて考えるとうまく積分できるはずだ。頑張ろう！

解答＆解説

(1) $\displaystyle\int_0^{\frac{\pi}{2}}\underbrace{\cos^2 3x}_{\frac{1}{2}(1+\cos 6x)}\,dx=\frac{1}{2}\int_0^{\frac{\pi}{2}}(1+\cos 6x)\,dx$

$\displaystyle=\frac{1}{2}\left[x+\frac{1}{6}\sin 6x\right]_0^{\frac{\pi}{2}}=\frac{1}{2}\times\frac{\pi}{2}=\frac{\pi}{4}$ ………………(答)

(2) $\displaystyle\int_0^{\frac{\pi}{4}}\underbrace{\sin 3x\cdot\sin x}_{-\frac{1}{2}\{\cos(3x+x)-\cos(3x-x)\}}\,dx=-\frac{1}{2}\int_0^{\frac{\pi}{4}}(\cos 4x-\cos 2x)\,dx$

$\displaystyle=-\frac{1}{2}\left[\frac{1}{4}\sin 4x-\frac{1}{2}\sin 2x\right]_0^{\frac{\pi}{4}}=\frac{1}{4}\times\underbrace{\sin\frac{\pi}{2}}_{1}=\frac{1}{4}$ …(答)

(3) $0\leqq x\leqq 2\pi$ のとき，$0\leqq 4x\leqq 8\pi$ より，$y=\sin 4x$ と $y=|\sin 4x|$ のグラフは右図のようになる。よって，求める定積分は，

$\displaystyle\int_0^{2\pi}|\sin 4x|\,dx=8\cdot\int_0^{\frac{\pi}{4}}\sin 4x\,dx$

[8 × (0 〜 $\frac{\pi}{4}$ の山の面積)]

$\displaystyle=8\times\left(-\frac{1}{4}\right)\left[\cos 4x\right]_0^{\frac{\pi}{4}}=-2(\underbrace{\cos\pi}_{-1}-\underbrace{\cos 0}_{1})=4$ …(答)

ココがポイント

⇦ 半角の公式
$\cos^2\theta=\frac{1}{2}(1+\cos 2\theta)$

⇦ $\displaystyle\int\cos mx\,dx=\frac{1}{m}\sin mx$

⇦ 積→差の公式
$\sin\alpha\sin\beta$
$=-\frac{1}{2}\{\cos(\alpha+\beta)-\cos(\alpha-\beta)\}$

⇦ $y=\sin 4x$

$y=|\sin 4x|$

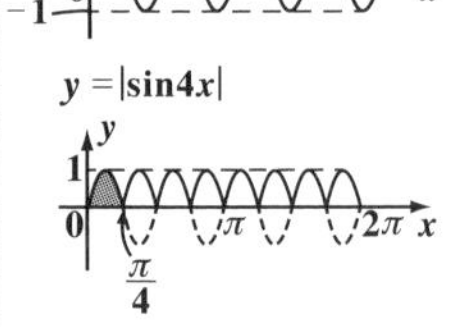

積分計算 (Ⅱ)

元気力アップ問題116　難易度 ★★　CHECK 1　CHECK 2　CHECK 3

次の定積分を求めよ。

(1) $\displaystyle\int_1^2 \frac{1}{(x-3)(x-4)}dx$　　(2) $\displaystyle\int_{\frac{\pi}{8}}^{\frac{\pi}{4}} \frac{1}{\tan 2x}dx$　(愛媛大＊)

(3) $\displaystyle\int_{\frac{1}{2}}^2 \left|\frac{1}{x}-1\right|dx$

ヒント！ いずれも，積分公式 $\displaystyle\int \frac{f'}{f}dx = \log|f|$ を利用する定積分の問題だね。

解答＆解説

$\displaystyle\int\left(\frac{f'}{f}-\frac{g'}{g}\right)dx$ の形だね。

(1) $\displaystyle\int_1^2 \frac{1}{(x-3)(x-4)}dx = \int_1^2 \left(\frac{1}{x-4}-\frac{1}{x-3}\right)dx$

$\displaystyle = \Big[\log|x-4|-\log|x-3|\Big]_1^2 = \left[\log\left|\frac{x-4}{x-3}\right|\right]_1^2$

$\displaystyle = \log\left|\frac{-2}{-1}\right| - \log\left|\frac{-3}{-2}\right| = \log 2 - \log\frac{3}{2} = \log\frac{4}{3}$ …(答)

(2) $\displaystyle\int_{\frac{\pi}{8}}^{\frac{\pi}{4}} \frac{1}{\tan 2x}dx = \int_{\frac{\pi}{8}}^{\frac{\pi}{4}} \frac{\cos 2x}{\sin 2x}dx$　　$\displaystyle\int\frac{f'}{f}dx$ の形

$\displaystyle = \frac{1}{2}\int_{\frac{\pi}{8}}^{\frac{\pi}{4}} \frac{2\cos 2x}{\sin 2x}dx = \frac{1}{2}\int_{\frac{\pi}{8}}^{\frac{\pi}{4}} \frac{(\sin 2x)'}{\sin 2x}dx$

$\displaystyle = \frac{1}{2}\Big[\log|\sin 2x|\Big]_{\frac{\pi}{8}}^{\frac{\pi}{4}} = -\frac{1}{2}\log\frac{1}{\sqrt{2}} = \frac{1}{4}\log 2$ …………(答)

(3) $\displaystyle\int_{\frac{1}{2}}^2 \left|\frac{1}{x}-1\right|dx = \int_{\frac{1}{2}}^1 \left(\frac{1}{x}-1\right)dx - \int_1^2 \left(\frac{1}{x}-1\right)dx$

(i) $\frac{1}{2} \leqq x \leqq 1$ のとき 0 以上，(ii) $1 \leqq x \leqq 2$ のとき 0 以下

$\displaystyle = \Big[\log|x|-x\Big]_{\frac{1}{2}}^1 - \Big[\log|x|-x\Big]_1^2$

$\displaystyle = \underbrace{\log 1}_{0} - 1 - \left(\log\frac{1}{2}-\frac{1}{2}\right) - (\log 2 - 2) + (\underbrace{\log 1}_{0} - 1)$

$\displaystyle = \underbrace{-\log 2^{-1}}_{\log 2} + \frac{1}{2} - \log 2 = \frac{1}{2}$ ……………………………(答)

ココがポイント

⇦ $\displaystyle\frac{1}{(x-3)(x-4)} = \frac{1}{x-4}-\frac{1}{x-3}$

部分分数に分解する

⇦ $\displaystyle\log 2 - \log\frac{3}{2} = \log\frac{2}{\frac{3}{2}}$

⇦ $\displaystyle\frac{1}{\tan 2x} = \frac{1}{\frac{\sin 2x}{\cos 2x}}$

⇦ $\displaystyle = \frac{1}{2}\left\{\log\left(\sin\frac{\pi}{2}\right) - \log\left(\sin\frac{\pi}{4}\right)\right\}$　（$\sin\frac{\pi}{2}=1$，$\sin\frac{\pi}{4}=\frac{1}{\sqrt{2}}$）

$\displaystyle = -\frac{1}{2}\log 2^{-\frac{1}{2}} = \frac{1}{4}\log 2$

⇦ 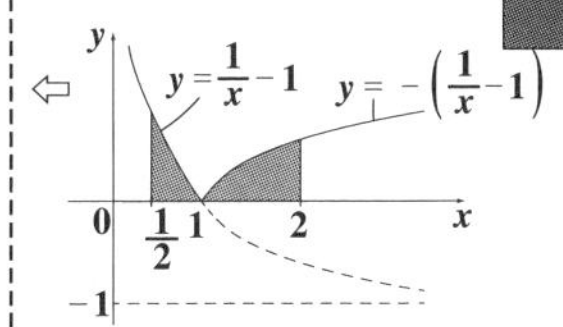

積分計算(Ⅲ)

元気力アップ問題117　難易度 ★★　CHECK 1　CHECK 2　CHECK 3

次の定積分を求めよ。

(1) $\displaystyle\int_0^{\frac{\pi}{3}}\frac{\tan^4 x}{\cos^2 x}dx$　　(2) $\displaystyle\int_0^{\frac{\pi}{2}}(1+\sin x)^3\cos x\,dx$

(3) $\displaystyle\int_0^{\frac{\pi}{4}}\sin^2 2x\cdot\cos 2x\,dx$　　(4) $\displaystyle\int_0^{\sqrt{3}}x\sqrt{x^2+1}\,dx$

ヒント！ いずれも，積分公式 $\displaystyle\int f^n\cdot f'dx=\frac{1}{n+1}f^{n+1}$ を利用する定積分の問題だ。

解答＆解説

(1) $\displaystyle\int_0^{\frac{\pi}{3}}\underbrace{\tan^4 x}_{f^4}\cdot\underbrace{\frac{1}{\cos^2 x}}_{f'}dx=\underbrace{\frac{1}{5}\left[\tan^5 x\right]_0^{\frac{\pi}{3}}}_{\frac{1}{5}f^5}$

$\displaystyle=\frac{1}{5}\left(\tan^5\frac{\pi}{3}-\tan^5 0\right)=\frac{1}{5}(\sqrt{3})^5=\frac{9\sqrt{3}}{5}$ ………(答)

⇦ $f(x)=\tan x$ とおくと，$f'(x)=\dfrac{1}{\cos^2 x}$ より，$\displaystyle\int_0^{\frac{\pi}{3}}f^4\cdot f'dx=\frac{1}{5}\left[f^5\right]_0^{\frac{\pi}{3}}$ となる。

(2) $\displaystyle\int_0^{\frac{\pi}{2}}\underbrace{(1+\sin x)^3}_{f^3}\underbrace{\cos x}_{f'}dx=\frac{1}{4}\left[(1+\sin x)^4\right]_0^{\frac{\pi}{2}}$

$\displaystyle=\frac{1}{4}\{(1+1)^4-(1+0)^4\}=\frac{16-1}{4}=\frac{15}{4}$ ………(答)

⇦ $f(x)=1+\sin x$ とおくと，$f'(x)=\cos x$ より，$\displaystyle\int_0^{\frac{\pi}{2}}f^3\cdot f'dx=\frac{1}{4}\left[f^4\right]_0^{\frac{\pi}{2}}$

(3) $\displaystyle\frac{1}{2}\int_0^{\frac{\pi}{4}}\underbrace{\sin^2 2x}_{f^2}\cdot\underbrace{2\cos 2x}_{f'}dx=\frac{1}{2}\cdot\frac{1}{3}\left[\sin^3 2x\right]_0^{\frac{\pi}{4}}$

$\displaystyle=\frac{1}{6}(1^3-0^3)=\frac{1}{6}$ ………(答)

⇦ $f(x)=\sin 2x$ とおくと，$f'(x)=2\cos 2x$ より，$\displaystyle\frac{1}{2}\int_0^{\frac{\pi}{4}}f^2\cdot f'dx=\frac{1}{2}\cdot\frac{1}{3}\left[f^3\right]_0^{\frac{\pi}{4}}$

(4) $\displaystyle\frac{1}{2}\int_0^{\sqrt{3}}\underbrace{(x^2+1)^{\frac{1}{2}}}_{f^{\frac{1}{2}}}\cdot\underbrace{2x}_{f'}dx=\frac{1}{2}\cdot\frac{2}{3}\left[(x^2+1)^{\frac{3}{2}}\right]_0^{\sqrt{3}}$

$\displaystyle=\frac{1}{3}\{(3+1)^{\frac{3}{2}}-(0+1)^{\frac{3}{2}}\}=\frac{4^{\frac{3}{2}}-1}{3}=\frac{7}{3}$ ……(答)　（$4^{\frac{3}{2}}=2^3=8$）

⇦ $f(x)=x^2+1$ とおくと，$f'(x)=2x$ より，$\displaystyle\frac{1}{2}\int_0^{\sqrt{3}}f^{\frac{1}{2}}\cdot f'dx=\frac{1}{2}\cdot\frac{2}{3}\left[f^{\frac{3}{2}}\right]_0^{\sqrt{3}}$

部分積分(Ⅰ)

元気力アップ問題118　難易度 ★★　CHECK 1　CHECK 2　CHECK 3

次の定積分を求めよ。

(1) $\displaystyle\int_0^2 x\cdot e^{-x}dx$　　(2) $\displaystyle\int_1^e \log x\,dx$　　(3) $\displaystyle\int_0^{\frac{\pi}{4}} x\cdot\cos 2x\,dx$

ヒント！ いずれも，部分積分の公式 $\int f'g\,dx = f\cdot g - \int f\cdot g'\,dx$ などを利用して，解いていこう。

解答＆解説

(1) $\displaystyle\int_0^2 x\cdot e^{-x}dx = \int_0^2 x\cdot\underbrace{(-e^{-x})'}dx$

e^{-x}を積分して，$-e^{-x}$とし,これに“′”(微分)を付ける。

$\displaystyle = -\left[xe^{-x}\right]_0^2 - \int_0^2 \underset{x'}{1}\cdot(-e^{-x})dx$ ←簡単な積分！

$= -(2\cdot e^{-2} - 0\cdot e^0) + \left[-e^{-x}\right]_0^2 = -2e^{-2} - e^{-2} + \underset{}{e^0}$（$e^0=1$）

$= 1 - 3e^{-2}$ ……………………(答)

(2) $\displaystyle\int_1^e 1\cdot\log x\,dx = \int_1^e \underbrace{x'}\cdot\log x\,dx$

1を積分して，xとし，これに“′”を付ける。

$\displaystyle = \left[x\cdot\log x\right]_1^e - \int_1^e x\cdot\underset{(\log x)'}{\frac{1}{x}}dx = e\underset{1}{\log e} - 1\cdot\underset{0}{\log 1} - \left[x\right]_1^e$

簡単な積分！

$= e - (e - 1) = 1$ ……………………(答)

(3) $\displaystyle\int_0^{\frac{\pi}{4}} x\cdot\cos 2x\,dx = \int_0^{\frac{\pi}{4}} x\cdot\underbrace{\left(\frac{1}{2}\sin 2x\right)'}dx$

$\cos 2x$を積分して，$\frac{1}{2}\sin 2x$とし,これに“′”を付ける。

$\displaystyle = \frac{1}{2}\left[x\sin 2x\right]_0^{\frac{\pi}{4}} - \int_0^{\frac{\pi}{4}} \underset{x'}{1}\cdot\frac{1}{2}\sin 2x\,dx$ ←簡単な積分！

$\displaystyle = \frac{1}{2}\left(\frac{\pi}{4}\cdot 1 - 0\cdot 0\right) - \frac{1}{2}\cdot\left(-\frac{1}{2}\right)\left[\cos 2x\right]_0^{\frac{\pi}{4}}$

$\displaystyle = \frac{\pi}{8} + \frac{1}{4}(0-1) = \frac{\pi-2}{8}$ ……………………(答)

ココがポイント

⇦ $\displaystyle\int_0^2 f\cdot g'\,dx$
$\displaystyle = [f\cdot g]_0^2 - \int_0^2 f'\cdot g\,dx$
これを簡単化する！

⇦ $\displaystyle\int_1^e f'\cdot g\,dx$
$\displaystyle = [f\cdot g]_1^e - \int_1^e f\cdot g'\,dx$

⇦ $\displaystyle\int \log x\,dx = x\cdot\log x - x$
は，公式として覚えよう！

⇦ $\displaystyle\int_0^{\frac{\pi}{4}} f\cdot g'\,dx$
$\displaystyle = [f\cdot g]_0^{\frac{\pi}{4}} - \int_0^{\frac{\pi}{4}} f'\cdot g\,dx$

部分積分 (II)

元気力アップ問題 119	難易度 ★★	CHECK 1	CHECK 2	CHECK 3

次の定積分を求めよ。

(1) $\int_0^1 x^2 e^x dx$　　(2) $\int_0^{\frac{\pi}{2}} x^2 \sin x\,dx$

ヒント！ (1), (2)共に，部分積分を2回使って解く問題なんだね。頑張ろう！

解答＆解説

(1) $\int_0^1 x^2 e^x dx = \int_0^1 x^2 \cdot (e^x)' dx$

$= [x^2 e^x]_0^1 - \int_0^1 \underset{(x^2)'}{2x} \cdot e^x dx$ ← 少し簡単になった

$= 1^2 \cdot e^1 - \cancel{0^2 \cdot e^0} - 2\int_0^1 x \cdot (e^x)' dx$

$= e - 2\left\{[x \cdot e^x]_0^1 - \int_0^1 \underset{x'}{1} \cdot e^x dx\right\}$ ← 簡単な積分

$= e - 2(1 \cdot e - \cancel{0 \cdot e^0} - [e^x]_0^1) = e - 2$ …………(答)

(2) $\int_0^{\frac{\pi}{2}} x^2 \sin x\,dx = \int_0^{\frac{\pi}{2}} x^2 \cdot (-\cos x)' dx$

$= \cancel{-[x^2 \cos x]_0^{\frac{\pi}{2}}} - \int_0^{\frac{\pi}{2}} \underset{(x^2)'}{2x} \cdot (-\cos x) dx$ ← 少し簡単になった

$= 2\int_0^{\frac{\pi}{2}} x \cdot (\sin x)' dx$

$= 2\left\{[x \cdot \sin x]_0^{\frac{\pi}{2}} - \int_0^{\frac{\pi}{2}} \underset{x'}{1} \cdot \sin x\,dx\right\}$ ← 簡単な積分

$= 2\left\{\frac{\pi}{2} \cdot 1 - \cancel{0 \cdot 0} + [\cos x]_0^{\frac{\pi}{2}}\right\} = \pi - 2$ …………(答)

ココがポイント

⇦ 部分積分
$\int_0^1 f \cdot g' dx$
$= [f \cdot g]_0^1 - \int_0^1 f' \cdot g\,dx$
を2回使って解く問題だね。

⇦ $e - 2(\cancel{e} - \cancel{e} + 1) = e - 2$

⇦ 部分積分
$\int_0^{\frac{\pi}{2}} f \cdot g' dx$
$= [f \cdot g]_0^{\frac{\pi}{2}} - \int_0^{\frac{\pi}{2}} f' \cdot g\,dx$
を2回使う！

⇦ $2\left(\frac{\pi}{2} + 0 - 1\right) = \pi - 2$

置換積分(I)

元気力アップ問題 120	難易度 ★★	CHECK 1	CHECK 2	CHECK 3

次の定積分を求めよ。

(1) $\int_0^3 \sqrt{9-x^2}\,dx$　　　(2) $\int_0^{\sqrt{3}} \frac{1}{3+x^2}\,dx$

ヒント！ (1) は $x = 3\sin\theta$, (2) は $x = \sqrt{3}\tan\theta$ と置換して積分すればうまくいくんだね。

解答＆解説

(1) $\int_0^3 \sqrt{9-x^2}\,dx$ について，$x = 3\sin\theta$ とおくと，

$dx = 3\cos\theta\,d\theta$，$x : 0 \to 3$ のとき，$\theta : 0 \to \frac{\pi}{2}$ より，

($x'dx$)　($(3\sin\theta)'d\theta$)　($\sin\theta : 0 \to 1$)

$$\int_0^3 \sqrt{9-x^2}\,dx = \int_0^{\frac{\pi}{2}} \sqrt{9-9\sin^2\theta} \cdot 3\cos\theta\,d\theta$$

($3\sqrt{1-\sin^2\theta} = 3\sqrt{\cos^2\theta} = 3\cos\theta$ ($\because \cos\theta \geqq 0$))

$$= 9\int_0^{\frac{\pi}{2}} \cos^2\theta\,d\theta = 9 \cdot \frac{1}{2}\int_0^{\frac{\pi}{2}} (1+\cos 2\theta)\,d\theta$$

$$= \frac{9}{2}\left[\theta + \frac{1}{2}\sin 2\theta\right]_0^{\frac{\pi}{2}} = \frac{9}{2} \cdot \frac{\pi}{2} = \frac{9}{4}\pi \quad \cdots\cdots\cdots\cdots (答)$$

(2) $\int_0^{\sqrt{3}} \frac{1}{3+x^2}\,dx$ について，$x = \sqrt{3}\tan\theta$ とおくと，

$dx = \frac{\sqrt{3}}{\cos^2\theta}\,d\theta$，$x : 0 \to \sqrt{3}$ のとき，$\theta : 0 \to \frac{\pi}{4}$ より，

($x' \cdot dx$)　($(\sqrt{3}\tan\theta)'d\theta$)　($\tan\theta : 0 \to 1$)

$$\int_0^{\sqrt{3}} \frac{1}{3+x^2}\,dx = \int_0^{\frac{\pi}{4}} \frac{1}{3+3\tan^2\theta} \cdot \frac{\sqrt{3}}{\cos^2\theta}\,d\theta$$

$$= \frac{\sqrt{3}}{3}\int_0^{\frac{\pi}{4}} \frac{1}{1+\tan^2\theta} \cdot \frac{1}{\cos^2\theta}\,d\theta = \frac{\sqrt{3}}{3}\int_0^{\frac{\pi}{4}} 1 \cdot d\theta$$

$$= \frac{\sqrt{3}}{3}[\theta]_0^{\frac{\pi}{4}} = \frac{\sqrt{3}}{3} \cdot \frac{\pi}{4} = \frac{\sqrt{3}}{12}\pi \quad \cdots\cdots\cdots\cdots (答)$$

ココがポイント

⇦ $\int \sqrt{a^2-x^2}\,dx$ のとき，$x = a\sin\theta$ とおく。後は，dx と $d\theta$ の関係，θ の積分区間を押さえて置換積分にもち込めばいい。

⇦ 半角の公式 $\cos^2\theta = \frac{1}{2}(1+\cos 2\theta)$

⇦ $\int \frac{1}{a^2+x^2}\,dx$ のときは，$x = a\tan\theta$ とおく。

⇦ 公式 $1+\tan^2\theta = \frac{1}{\cos^2\theta}$ より，

$\frac{1}{1+\tan^2\theta} \cdot \frac{1}{\cos^2\theta} = \frac{1}{\frac{1}{\cos^2\theta} \cdot \cos^2\theta} = 1$

置換積分(II)

元気力アップ問題121　難易度 ★★　CHECK 1　CHECK 2　CHECK 3

次の定積分を求めよ。

(1) $\displaystyle\int_0^{\frac{\pi}{2}}\frac{\sin 2x}{1+\sin^2 x}dx$　　(2) $\displaystyle\int_0^{\frac{\pi}{2}}\sin 2x\sqrt{1+\cos^2 x}\,dx$

ヒント！ (1)は $f(\sin x)\cdot\cos x$ の積分になるので，$\sin x=t$ とおき，また，(2)では，$f(\cos x)\cdot\sin x$ の積分になるので，$\cos x=t$ とおくと，うまく計算できるんだね。

解答＆解説

(1) $\displaystyle\int_0^{\frac{\pi}{2}}\frac{\sin 2x}{1+\sin^2 x}dx=\int_0^{\frac{\pi}{2}}\underbrace{\frac{2\sin x}{1+\sin^2 x}}_{f(\sin x)}\cdot\cos x\,dx$

ここで，$\sin x=t$ とおくと，$\cos x\,dx=dt$

また，$x:0\to\frac{\pi}{2}$ のとき，$t:0\to1$ より，

与式 $=\displaystyle\int_0^1\frac{2t}{1+t^2}dt=\left[\log(1+t^2)\right]_0^1$ ← $\displaystyle\int\frac{f'}{f}dt=\log|f|$

$=\log(1+1^2)-\underbrace{\log(1+0^2)}_{\log 1=0}=\log 2$ …………(答)

(2) $\displaystyle\int_0^{\frac{\pi}{2}}\sin 2x\sqrt{1+\cos^2 x}\,dx=\int_0^{\frac{\pi}{2}}\underbrace{2\cos x\sqrt{1+\cos^2 x}}_{f(\cos x)}\sin x\,dx$

ここで，$\cos x=t$ とおくと，$-\sin x\,dx=dt$ から，

$\sin x\,dx=-dt$

また，$x:0\to\frac{\pi}{2}$ のとき，$t:1\to0$ より，

与式 $=\displaystyle\int_1^0 2t\sqrt{1+t^2}(-1)dt=\int_0^1\underbrace{2t}_{f'}\cdot\underbrace{(1+t^2)^{\frac{1}{2}}}_{f^{\frac{1}{2}}}dt$

$=\dfrac{2}{3}\left[(1+t^2)^{\frac{3}{2}}\right]_0^1$ ← $\displaystyle\int f^{\frac{1}{2}}\cdot f'\,dt=\frac{2}{3}f^{\frac{3}{2}}$

$=\dfrac{2}{3}\left\{(1+1^2)^{\frac{3}{2}}-(1+0^2)^{\frac{3}{2}}\right\}=\dfrac{2}{3}\cdot(2\sqrt{2}-1)$ …(答)

ココがポイント

⇦ $\sin 2x=2\sin x\cos x$ と変形すると，$\displaystyle\int_0^{\frac{\pi}{2}}f(\sin x)\cdot\cos x\,dx$ となるので，$\sin x=t$ とおき，$(\sin x)'dx=t'dt$ から $\cos x\,dx=dt$
また，$x:0\to\frac{\pi}{2}$ のとき $t:0\to1$ となるんだね。

⇦ $\sin 2x=2\sin x\cos x$ より この定積分は，$\displaystyle\int_0^{\frac{\pi}{2}}f(\cos x)\cdot\sin x\,dx$ となるので，$\cos x=t$ とおき，$(\cos x)'dx=t'dt$ から $-\sin x\,dx=dt$
また，$x:0\to\frac{\pi}{2}$ のとき $t:1\to0$ となるんだね。

定積分で表された関数(I)

元気力アップ問題 122	難易度 ★★	CHECK 1	CHECK 2	CHECK 3

次の関数 $f(x)$ を求めよ。

$$f(x) = x^2 - \int_0^{\frac{\pi}{2}} f(t)\cdot\cos t\,dt \quad \cdots\cdots ①$$

ヒント！ ①の定積分 $\int_0^{\frac{\pi}{2}} f(t)\cdot\cos t\,dt = A$(定数)とおけるので，①は $f(x) = x^2 - A$ となる。よって，A の値を求めればいいんだね。ここでは，部分積分を2回使うことになる。

解答＆解説

$f(x) = x^2 - \int_0^{\frac{\pi}{2}} f(t)\cdot\cos t\,dt \cdots ①$ について，（A(定数)とおく）

$A = \int_0^{\frac{\pi}{2}} f(t)\cdot\cos t\,dt \cdots ②$ とおくと，①は

$f(x) = x^2 - A \cdots ①'$ より，$f(t) = t^2 - A \cdots ①''$ となる。

①″を②に代入して，

$$A = \int_0^{\frac{\pi}{2}} (t^2 - A)\cdot\cos t\,dt$$

$$= \int_0^{\frac{\pi}{2}} (t^2 - A)\cdot(\sin t)'\,dt$$

$$= \left[(t^2 - A)\sin t\right]_0^{\frac{\pi}{2}} - \int_0^{\frac{\pi}{2}} 2t\cdot\sin t\,dt$$

$$= \left(\frac{\pi^2}{4} - A\right)\cdot 1 - (0 - A)\cdot 0 - 2\int_0^{\frac{\pi}{2}} t\cdot(-\cos t)'\,dt$$

$$= \frac{\pi^2}{4} - A - 2\left\{-\left[t\cos t\right]_0^{\frac{\pi}{2}} - \int_0^{\frac{\pi}{2}} 1\cdot(-\cos t)\,dt\right\}$$

$$= \frac{\pi^2}{4} - A - 2\cdot 1$$

部分積分

$$\int_0^{\frac{\pi}{2}} f\cdot g'\,dt = \left[f\cdot g\right]_0^{\frac{\pi}{2}} - \int_0^{\frac{\pi}{2}} f'\cdot g\,dt$$

簡単な積分になった！

$\therefore 2A = \dfrac{\pi^2}{4} - 2$ より，$A = \dfrac{\pi^2}{8} - 1 \cdots ③$ （A の値が求まった！）

③を①′に代入して，$f(x) = x^2 - \dfrac{\pi^2}{8} + 1 \quad \cdots$(答)

ココがポイント

⇦定積分を A(定数)とおくと，$f(x) = x^2 - A$ よってこの定数 A が求まればいいんだね。

⇦文字変数を x から t に変えても構わない。

⇦右辺を積分して，$A = (A$ の式$)$ の形にすると，A の方程式となるので，A の値が求まるんだね。

⇦部分積分を2回行う。

⇦{ }内 $-\frac{\pi}{2}\cdot 0 + 0\cdot 1 + [\sin t]_0^{\frac{\pi}{2}} = 1 - 0 = 1$

定積分で表された関数(Ⅱ)

元気力アップ問題 123	難易度 ★★★	CHECK 1	CHECK 2	CHECK 3

次の関数 $f(x)$ を求めよ。

$$f(x)=\sqrt{x^2+1}+\int_0^1(t^3+t)f(t)\,dt \quad \cdots\cdots ①$$

ヒント！ 前問と同様に，$\int_0^1(t^3+t)f(t)\,dt=A$（定数）とおくと，①は $f(x)=\sqrt{x^2+1}+A$ となるので，$A=\int_0^1(t^3+t)(\sqrt{x^2+1}+A)\,dt$ から，A の値を求めよう。ただし，この積分計算は結構複雑なので 3 つの積分に分けて計算するといい。

解答＆解説

$f(x)=\sqrt{x^2+1}+\underbrace{\int_0^1(t^3+t)f(t)\,dt}_{A(\text{定数})\text{とおく}}$ …① について，

ここで，$A=\int_0^1(t^3+t)f(t)\,dt$ …②とおくと，①は，

$f(x)=\sqrt{x^2+1}+A$ …①′ より，

$f(t)=\sqrt{t^2+1}+A$ …①″ となる。

①″を②に代入して，

$$A=\int_0^1\underbrace{(t^3+t)(\sqrt{t^2+1}+A)}_{A(t^3+t)+t\sqrt{t^2+1}+t^3\sqrt{t^2+1}}\,dt$$

$$=A\underbrace{\int_0^1(t^3+t)\,dt}_{㋐}+\underbrace{\int_0^1 t\sqrt{t^2+1}\,dt}_{㋑}+\underbrace{\int_0^1 t^3\sqrt{t^2+1}\,dt}_{㋒} \quad \cdots\cdots ③$$

③の 3 つの定積分 ㋐,㋑,㋒ を順に求めると，

㋐ $\int_0^1(t^3+t)\,dt=\left[\frac{1}{4}t^4+\frac{1}{2}t^2\right]_0^1$

$$=\frac{1}{4}\cdot1^4+\frac{1}{2}\cdot1^2-\left(\frac{1}{4}\cdot0^4+\frac{1}{2}\cdot0^2\right)=\frac{3}{4} \quad \cdots\cdots\cdots\cdots ④$$

ココがポイント

⇦ $\int_0^1(t^3+t)f(t)\,dt=A$ とおくと，①は $f(x)=\sqrt{x^2+1}+A$ となるので，定数 A を求めよう。

⇦ 変数 x を t に置き換えても構わない。

⇦ 右辺の積分を計算して，$A=(A\text{の式})$，すなわち A の方程式を作ってこれを解いて，A の値を求めよう。

㋑ $\displaystyle\int_0^1 t\sqrt{t^2+1}\,dt = \frac{1}{2}\int_0^1 \underbrace{2t}_{f'}\cdot\underbrace{(t^2+1)}_{f}{}^{\frac{1}{2}}\,dt$

$\displaystyle = \frac{1}{2}\cdot\frac{2}{3}\left[(t^2+1)^{\frac{3}{2}}\right]_0^1 = \frac{1}{3}\left(2^{\frac{3}{2}}-1^{\frac{3}{2}}\right)$

$\displaystyle = \frac{1}{3}(2\sqrt{2}-1)$ ……………………………… ⑤

⇦ $\displaystyle\int_0^1 f^{\frac{1}{2}}\cdot f'\,dt = \frac{2}{3}f^{\frac{3}{2}}$ となる。

㋒ $\displaystyle\int_0^1 t^3\cdot\sqrt{t^2+1}\,dt = \int_0^1 \underbrace{t^2}_{u-1}\cdot\sqrt{\underbrace{t^2+1}_{u}}\cdot\underbrace{t\,dt}_{\frac{1}{2}du}$

$t^2+1=u$ とおくと，$t^2=u-1$

$2t\,dt=du$ より，$t\,dt=\frac{1}{2}du$

また，$t:0\to1$ のとき，$u:1\to2$ より，

$\displaystyle\int_0^1 t^3\cdot\sqrt{t^2+1}\,dt = \int_1^2 (u-1)\cdot u^{\frac{1}{2}}\cdot\frac{1}{2}du$

$\displaystyle = \frac{1}{2}\int_1^2\left(u^{\frac{3}{2}}-u^{\frac{1}{2}}\right)du = \frac{1}{2}\left[\frac{2}{5}u^{\frac{5}{2}}-\frac{2}{3}u^{\frac{3}{2}}\right]_1^2$

$\displaystyle = \frac{1}{2}\left\{\frac{2}{5}\cdot4\sqrt{2}-\frac{2}{3}\cdot2\sqrt{2}-\left(\frac{2}{5}-\frac{2}{3}\right)\right\}$

$\displaystyle = \frac{2}{15}(\sqrt{2}+1)$ ……………………………… ⑥

⇦ これは，$t^2+1=u$ と置換すると，$t^2=u-1$
$(t^2)'dt=(u-1)'du$ より，
$2t\,dt=1\cdot du$
$t\,dt=\frac{1}{2}du$
また，$t:0\to1$ のとき
$u:1\to2$

⇦ $\displaystyle\frac{1}{2}\left(\frac{24\sqrt{2}-20\sqrt{2}}{15}-\frac{6-10}{15}\right) = \frac{2\sqrt{2}}{15}+\frac{2}{15} = \frac{2\sqrt{2}+2}{15}$

以上④，⑤，⑥を③に代入して，

$\displaystyle A = \underbrace{\frac{3}{4}}_{㋐}\cdot A + \underbrace{\frac{1}{3}(2\sqrt{2}-1)}_{㋑} + \underbrace{\frac{2}{15}(\sqrt{2}+1)}_{㋒}$ より，

$\displaystyle A = \frac{16\sqrt{2}-4}{5}$ ……⑦ となる。

⇦ $\displaystyle\frac{1}{4}A = \frac{10\sqrt{2}-5+2\sqrt{2}+2}{15} = \frac{12\sqrt{2}-3}{15} = \frac{4\sqrt{2}-1}{5}$
$\displaystyle\therefore A = \frac{16\sqrt{2}-4}{5}$

⑦を①´に代入して，

$\displaystyle f(x) = \sqrt{x^2+1} + \frac{16\sqrt{2}-4}{5}$ ……………………(答)

定積分で表された関数（Ⅲ）

元気力アップ問題124　難易度 ★★　CHECK 1　CHECK 2　CHECK 3

(1) $\int_a^x f(t)dt=(x-1)e^x$ のとき，a の値と $f(x)$ を求めよ。

(2) $\int_b^x g(t)dt=\sin x\cos x$ のとき，b の値と $g(x)$ を求めよ。ただし，$0\leqq b<2\pi$ とする。

ヒント！ (1) 積分区間が，$a\leqq t\leqq x$ より，この定積分の結果は定数ではなく，x の関数である。この場合，(i) $x=a$ を両辺に代入する，(ii) 両辺を x で微分する，の2つの操作で問題を解けばいいんだね。(2) も同様だ。

解答＆解説

(1) $\int_a^x f(t)dt=(x-1)e^x$ …① について，

(i) ①の両辺に $x=a$ を代入して，

$$\int_a^a f(t)dt=(a-1)\cdot \underbrace{e^a}_{\oplus}=0 \quad \therefore a=1 \text{ ………（答）}$$

(ii) ①の両辺を x で微分して，

$$\underbrace{\left\{\int_a^x f(t)\,dt\right\}'}_{f(x)}=\underbrace{(x-1)'\cdot e^x}_{1\cdot e^x}+(x-1)\cdot e^x=xe^x$$

$\therefore f(x)=xe^x$ ………………………………（答）

(2) $\int_b^x g(t)\,dt=\sin x\cos x$ …② $(0\leqq b<2\pi)$ について，

(i) ②の両辺に $x=b$ を代入して，

$$\sin b\cdot\cos b=0 \qquad \therefore b=0,\ \frac{\pi}{2},\ \pi,\ \frac{3}{2}\pi \text{ …（答）}$$

(ii) ②の両辺を x で微分して，

$$g(x)=\underbrace{(\sin x)'}_{\cos x}\cdot\cos x+\sin x\cdot\underbrace{(\cos x)'}_{-\sin x}$$

$\therefore g(x)=\cos^2 x-\sin^2 x=\cos 2x$ …………（答）

ココがポイント

⇦ $\int_a^x f(t)dt$ の場合，
(i) $x=a$ を代入して，
$\int_a^a f(t)dt=0$
(ii) x で微分して，
$\left\{\int_a^x f(t)dt\right\}'=f(x)$
として解こう。

⇦ $\int_b^b g(t)dt=0$
・$\sin b=0$ より，$b=0,\ \pi$
・$\cos b=0$ より，$b=\frac{\pi}{2},\ \frac{3}{2}\pi$

⇦ $\left\{\int_b^x g(t)\,dt\right\}'=g(x)$

区分求積法(Ⅰ)

元気力アップ問題 125　難易度 ★★　CHECK 1　CHECK 2　CHECK 3

次の極限の式を定積分で表し，その値を求めよ。

(1) $I=\lim_{n\to\infty}\left(\frac{1}{n+1}+\frac{1}{n+2}+\frac{1}{n+3}+\cdots+\frac{1}{2n}\right)$　(上智大)

(2) $J=\lim_{n\to\infty}\frac{1}{n^4}\sum_{k=1}^{n}(n+k)^3$　(東京理大＊)

ヒント！ (1), (2) 共に，区分求積法の公式：$\lim_{n\to\infty}\frac{1}{n}\sum_{k=1}^{n}f\left(\frac{k}{n}\right)=\int_0^1 f(x)dx$ を使って解こう！

解答＆解説

(1) $I=\lim_{n\to\infty}\left(\frac{1}{n+\underline{\underline{1}}}+\frac{1}{n+\underline{\underline{2}}}+\frac{1}{n+\underline{\underline{3}}}+\cdots+\frac{1}{n+\underline{\underline{n}}}\right)$

$=\lim_{n\to\infty}\sum_{k=1}^{n}\frac{1}{n+\underline{\underline{k}}}=\lim_{n\to\infty}\sum_{k=1}^{n}\frac{1}{n}\cdot\frac{1}{1+\frac{k}{n}}$

(Σ計算から見たら，これは定数なので，Σの外に出せる！)

$=\lim_{n\to\infty}\frac{1}{n}\sum_{k=1}^{n}\underbrace{\frac{1}{1+\frac{k}{n}}}_{f\left(\frac{k}{n}\right)}=\int_0^1\underbrace{\frac{1}{1+x}}_{f(x)}dx$ ……………(答)

$\therefore\ I=\left[\log|1+x|\right]_0^1=\log 2-\log 1=\log 2$ ………(答)

(2) $J=\lim_{n\to\infty}\frac{1}{n^4}\sum_{k=1}^{n}(n+k)^3=\lim_{n\to\infty}\frac{1}{n}\sum_{k=1}^{n}\frac{(n+k)^3}{n^3}$

$=\lim_{n\to\infty}\frac{1}{n}\sum_{k=1}^{n}\underbrace{\left(1+\frac{k}{n}\right)^3}_{f\left(\frac{k}{n}\right)}=\int_0^1\underbrace{(1+x)^3}_{f(x)}dx$ ………(答)

$\therefore\ J=\frac{1}{4}\left[(1+x)^4\right]_0^1=\frac{1}{4}(2^4-1^4)$

$=\frac{16-1}{4}=\frac{15}{4}$ ……………………………(答)

ココがポイント

⇦ $\frac{1}{n+k}=\frac{1}{n\left(1+\frac{k}{n}\right)}=\frac{1}{n}\cdot\frac{1}{1+\frac{k}{n}}$

⇦ 区分求積法 $\lim_{n\to\infty}\frac{1}{n}\sum_{k=1}^{n}f\left(\frac{k}{n}\right)=\int_0^1 f(x)dx$

⇦ $\frac{(n+k)^3}{n^3}=\left(\frac{n+k}{n}\right)^3=\left(1+\frac{k}{n}\right)^3$

⇦ $\int_0^1\underbrace{(1+x)^3}_{g}\cdot\underbrace{1}_{g'}dx=\int_0^1 g^3\cdot g'dx=\frac{1}{4}\left[g^4\right]_0^1$ となる。

区分求積法(Ⅱ)

元気力アップ問題126　難易度 ★★　CHECK 1　CHECK 2　CHECK 3

次の極限の式を定積分で表し，その値を求めよ。

$$K=\lim_{n\to\infty}\left(\frac{1}{n^3}e^{-\frac{1}{n}}+\frac{4}{n^3}e^{-\frac{2}{n}}+\frac{9}{n^3}e^{-\frac{3}{n}}+\cdots+\frac{n^2}{n^3}e^{-\frac{n}{n}}\right)$$

ヒント！ 与式をまず，$\lim_{n\to\infty}\frac{1}{n}\sum_{k=1}^{n}f\left(\frac{k}{n}\right)$ の形にして，区分求積法にもち込もう。

解答＆解説

$$K=\lim_{n\to\infty}\frac{1}{n}\left(\frac{1^2}{n^2}e^{-\frac{1}{n}}+\frac{2^2}{n^2}e^{-\frac{2}{n}}+\frac{3^2}{n^2}e^{-\frac{3}{n}}+\cdots+\frac{n^2}{n^2}e^{-\frac{n}{n}}\right)$$

$$=\lim_{n\to\infty}\frac{1}{n}\sum_{k=1}^{n}\frac{k^2}{n^2}e^{-\frac{k}{n}}$$

$$=\lim_{n\to\infty}\frac{1}{n}\sum_{k=1}^{n}\underbrace{\left(\frac{k}{n}\right)^2e^{-\frac{k}{n}}}_{f\left(\frac{k}{n}\right)}=\int_0^1\underbrace{x^2\cdot e^{-x}}_{f(x)}dx\ \cdots\cdots\cdots(答)$$

$$\therefore\ K=\int_0^1 x^2\cdot(-e^{-x})'dx$$

$$=-\left[x^2e^{-x}\right]_0^1-\int_0^1 2x\cdot(-e^{-x})dx$$

$$=-1^2\cdot e^{-1}+0^2\cdot e^0+2\underbrace{\int_0^1 x(-e^{-x})'dx}$$

$$\int_0^1 x(-e^{-x})'dx=-\left[xe^{-x}\right]_0^1-\int_0^1 1\cdot(-e^{-x})dx=-e^{-1}+\left[-e^{-x}\right]_0^1=-e^{-1}-e^{-1}+1\ (1=e^0)$$

$$=-e^{-1}+2(-2e^{-1}+1)$$

$$=2-5e^{-1}=2-\frac{5}{e}$$

$$=\frac{2e-5}{e}\ \cdots\cdots\cdots(答)$$

ココがポイント

⇦区分求積法

$$\lim_{n\to\infty}\frac{1}{n}\sum_{k=1}^{n}f\left(\frac{k}{n}\right)=\int_0^1 f(x)dx$$

⇦部分積分

$$\int_0^1 f\cdot g'dx=\left[f\cdot g\right]_0^1-\int_0^1 f'\cdot g\,dx$$

を2回行う。

定積分と不等式

元気力アップ問題 127　難易度 ★★　CHECK 1　CHECK 2　CHECK 3

右の $y=\log x$ のグラフから，自然数 n に対して，

$$\frac{1}{2}\{\log n+\log(n+1)\}<\int_n^{n+1}\log x\,dx \quad \cdots\cdots ①$$

が成り立つ。①を使って，

$$2<(2n+1)\log\left(1+\frac{1}{n}\right) \quad \cdots\cdots(*)$$

が成り立つことを示せ。　　（広島大＊）

ヒント！ ①は，グラフの面積の大小関係 ⊿ < ▯ を示したものだね。①の右辺を積分して，$(*)$ の式を導けばいいんだね。頑張ろう！

解答＆解説

右の対数関数のグラフの面積の大小関係から，

$$\frac{1}{2}\{\underbrace{\log n}_{上底}+\underbrace{\log(n+1)}_{下底}\}\cdot\underbrace{1}_{高さ}<\underbrace{\int_n^{n+1}\log x\,dx}_{㋐} \cdots ① \quad [⊿<▯]$$

が成り立つ。①の右辺の積分を㋐とおくと，

$$㋐\int_n^{n+1}\log x\,dx=\Big[x\log x-x\Big]_n^{n+1} \qquad (n=1,2,3,\cdots)$$

$$=(n+1)\log(n+1)-(n+1)-n\cdot\log n+n$$

$$=(n+1)\log(n+1)-n\log n-1 \quad \cdots\cdots② \text{ となる。}$$

②を①に代入して，

$$\frac{1}{2}\{\log n+\log(n+1)\}<(n+1)\log(n+1)-n\log n-1$$

$$\log n+\log(n+1)<(2n+2)\log(n+1)-2n\log n-2$$

$$2<(2n+1)\log(n+1)-(2n+1)\log n$$

$$2<(2n+1)\{\log(n+1)-\log n\}$$

$$\therefore 2<(2n+1)\log\left(1+\frac{1}{n}\right) \cdots(*) \ (n=1,2,\cdots) \text{ が導ける。}$$

………（終）

ココがポイント

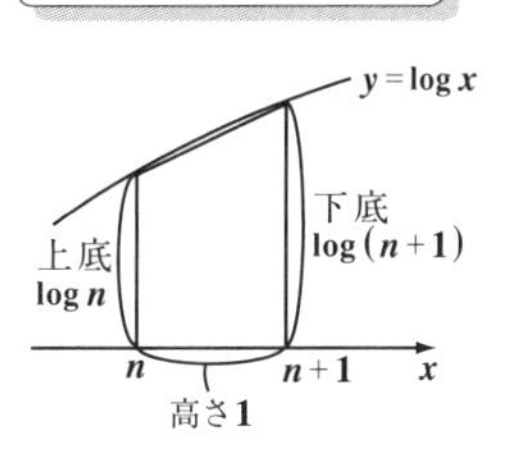

⇦ 公式：$\int\log x\,dx=x\log x-x$ を使った。

⇦ 両辺を2倍した。

⇦ { }内 $=\log\dfrac{n+1}{n}=\log\left(1+\dfrac{1}{n}\right)$

2 変数関数の定積分 (I)

元気力アップ問題 128　難易度 ★★　CHECK 1　CHECK 2　CHECK 3

x の関数 $f(x)=\int_0^{\frac{\pi}{2}}(t+x\cdot\cos 2t)^2dt$ が x の 2 次関数であることを示し，この最小値とそのときの x の値を求めよ。

ヒント！ x と t との 2 変数の式 $(t+x\cdot\cos 2t)^2$ を t で積分するので，まず x は定数として扱う。しかし，積分後 t はなくなるので，x の 2 次関数であることが分かるはずだ。これは下に凸の放物線なので，当然最小値が存在するんだね。

解答＆解説

$f(x)=\int_0^{\frac{\pi}{2}}(t+x\cdot\cos 2t)^2dt$ ……① とおく。

（t：変数，x：定数扱い，t：変数，dt：t で積分）

①を変形して，

$$f(x)=\int_0^{\frac{\pi}{2}}(t^2+2x\cdot t\cos 2t+x^2\cdot\cos^2 2t)dt$$

$$=\underbrace{\int_0^{\frac{\pi}{2}}t^2dt}_{C(\text{定数})}+2x\underbrace{\int_0^{\frac{\pi}{2}}t\cos 2t\,dt}_{B(\text{定数})}+x^2\underbrace{\int_0^{\frac{\pi}{2}}\cos^2 2t\,dt}_{A(\text{定数})}\cdots②$$

ここで，$A=\int_0^{\frac{\pi}{2}}\cos^2 2t\,dt$ ，$B=\int_0^{\frac{\pi}{2}}t\cos 2t\,dt$ ，

$C=\int_0^{\frac{\pi}{2}}t^2dt$ とおいて，定数 A, B, C を求めると，

$$A=\int_0^{\frac{\pi}{2}}\cos^2 2t\,dt=\frac{1}{2}\int_0^{\frac{\pi}{2}}(1+\cos 4t)dt$$

半角の公式 $\cos^2\theta=\dfrac{1+\cos 2\theta}{2}$

$$=\frac{1}{2}\left[t+\frac{1}{4}\sin 4t\right]_0^{\frac{\pi}{2}}=\frac{1}{2}\cdot\frac{\pi}{2}=\frac{\pi}{4}\ \cdots\cdots③$$

（$\frac{1}{4}\sin 4t$ の部分は 0 （$\because\sin 2\pi=\sin 0=0$ だからね））

ココがポイント

⇦ ①は，t で積分するのでまず，x は定数扱いにして，t を変数として積分しよう。

⇦ $2x$ や，x^2 は定数扱いなので，項別に積分する際に，係数として積分記号 ($\int$) の外に出せる。
すると，
- $\int_0^{\frac{\pi}{2}}t^2dt=C$
- $\int_0^{\frac{\pi}{2}}t\cos 2tdt=B$
- $\int_0^{\frac{\pi}{2}}\cos^2 2tdt=A$

のように，各定積分は定数 A, B, C とおけるので，$f(x)=Ax^2+2Bx+C$ となって，$f(x)$ は x の 2 次関数であることが分かるんだね。

$$B=\int_0^{\frac{\pi}{2}} t\cdot\cos 2t\,dt=\int_0^{\frac{\pi}{2}} t\cdot\left(\frac{1}{2}\sin 2t\right)'dt$$

$$=\frac{1}{2}\left[t\cdot\sin 2t\right]_0^{\frac{\pi}{2}}-\int_0^{\frac{\pi}{2}}1\cdot\frac{1}{2}\sin 2t\,dt$$

$0\ (\because \sin\pi=\sin 0=0)$

$$=-\frac{1}{2}\left[-\frac{1}{2}\cos 2t\right]_0^{\frac{\pi}{2}}=\frac{1}{4}\left[\cos 2t\right]_0^{\frac{\pi}{2}}$$

$$=\frac{1}{4}(\underbrace{\cos\pi}_{-1}-\underbrace{\cos 0}_{1})=\frac{1}{4}(-1-1)=-\frac{1}{2}\ \cdots\cdots ④$$

部分積分

$$\int_0^{\frac{\pi}{2}} fg'dt=\left[f\cdot g\right]_0^{\frac{\pi}{2}}-\int_0^{\frac{\pi}{2}} f'\cdot g\,dt$$

$$C=\int_0^{\frac{\pi}{2}} t^2dt=\frac{1}{3}\left[t^3\right]_0^{\frac{\pi}{2}}=\frac{1}{3}\cdot\frac{\pi^3}{8}=\frac{\pi^3}{24}\ \cdots\cdots\cdots\cdots ⑤$$

以上③，④，⑤を②に代入して，$f(x)$を求めると，

$f(x)=\frac{\pi}{4}x^2-x+\frac{\pi^3}{24}$ ……⑥ となる。 ………………(終)

⇦ x^2 の係数 $\frac{\pi}{4}>0$ より，$f(x)$は下に凸の放物線だね。

⑥は下に凸の放物線より，⑥を x で微分すると，

$$f'(x)=\frac{\pi}{2}x-1$$

$f'(x)=0$ のとき，$\frac{\pi}{2}x=1 \quad \therefore x=\frac{2}{\pi}$

$\therefore x=\frac{2}{\pi}$ のとき，$f(x)$は最小値 m をとる。 …………(答)

最小値 $m=f\left(\frac{2}{\pi}\right)=\underbrace{\frac{\pi}{4}\cdot\frac{4}{\pi^2}-\frac{2}{\pi}}_{\frac{1}{\pi}-\frac{2}{\pi}=-\frac{1}{\pi}}+\frac{\pi^3}{24}$

$=\frac{\pi^3}{24}-\frac{1}{\pi}$ ………………………………(答)

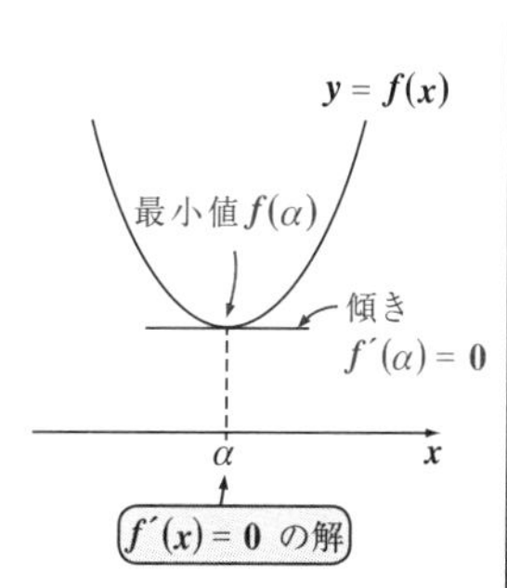

2 変数関数の定積分(Ⅱ)

元気力アップ問題 129　難易度 ★★　CHECK 1　CHECK 2　CHECK 3

関数 $f(t)=\int_0^1|e^x-e^t|dx\ \ (t\geqq 0)$ を求めよ。

ヒント！ $f(t)=\int_0^1|e^x-e^t|dx$ について，この定積分は x についての積分なので，

（e^x：まず，変数）（e^t：まず，定数扱い → 積分後，変数）（dx：x で積分）

x はまず変数で，t は定数とみる。でも，x での積分が終わると x には 1 や 0 が代入されてなくなるので，積分後は t だけが残り，これが変数となって，t の関数 $f(t)$ になる。

ここでまず，$y=g(x)=e^x-e^t$（e^t：これは，まず定数扱い）とおくと，これはグラフでは，曲線 $y=e^x$ を e^t だけ下に引っ張り下げた曲線であり，$y=0$ のとき，$e^x-e^t=0$，$e^x=e^t$ より，$x=t$ のとき，x 軸と交わる。したがって，

$$y=|g(x)|=\begin{cases}-g(x) & (x\leqq t)\\ g(x) & (t\leqq x)\end{cases}$$

となるので，$y=|g(x)|$ のグラフは右図のようになる。これから，

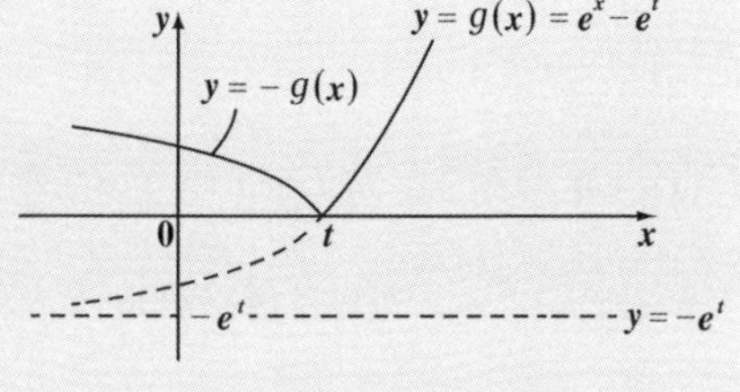

(ⅰ) $0\leqq t<1$ と (ⅱ) $1\leqq t$ の場合分けが必要となることに注意しよう。

解答＆解説

$f(t)=\int_0^1|e^x-e^t|dx$ ……① $(t\geqq 0)$ について，

$g(x)=e^x-e^t$ とおくと，$y=g(x)$ は，右図のように

$x=t$ で x 軸と交わり，

(ⅰ) $x\leqq t$ のとき，$g(x)\leqq 0$，(ⅱ) $t\leqq x$ のとき，$g(x)\geqq 0$ より，

$y=|g(x)|=|e^x-e^t|$ は，右のグラフより，

$$y=|g(x)|=\begin{cases}-g(x)=-(e^x-e^t) & (x\leqq t\ \text{のとき})\\ g(x)=e^x-e^t & (t\leqq x\ \text{のとき})\end{cases}$$

となる。よって，①の定積分は，(ⅰ) $0\leqq t<1$ と (ⅱ) $1\leqq t$ の 2 通りに場合分けして調べればよい。

ココがポイント

⇦

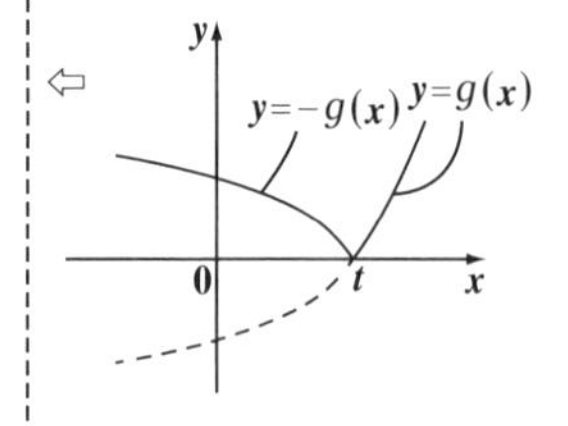

(i) $0 \leqq t < 1$ のとき，

$$f(t) = -\int_0^t g(x)dx + \int_t^1 g(x)dx$$

$$= -\int_0^t (e^x - e^t)dx + \int_t^1 (e^x - e^t)dx$$

$$= -\left[e^x - x \cdot e^t\right]_0^t + \left[e^x - x \cdot e^t\right]_t^1$$

$= 2te^t - 3e^t + e + 1$ となる。← tの関数になった

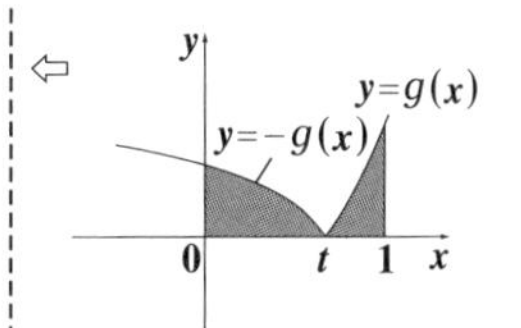

⇦ x での積分では，e^t は定数扱いなんだね。

⇦ $-(e^t - te^t) + (e^0 - 0 \cdot e^t) + (e^1 - 1e^t) - (e^t - te^t)$
$= 2te^t - 3e^t + e + 1$

(ii) $1 \leqq t$ のとき，

$$f(t) = -\int_0^1 g(x)dx$$

$$= -\int_0^1 (e^x - e^t)dx$$

$$= -\left[e^x - x \cdot e^t\right]_0^1$$

$$= -(e^1 - 1 \cdot e^t) + (e^0 - 0 \cdot e^t)$$

$= e^t - e + 1$ となる。← tの関数になった

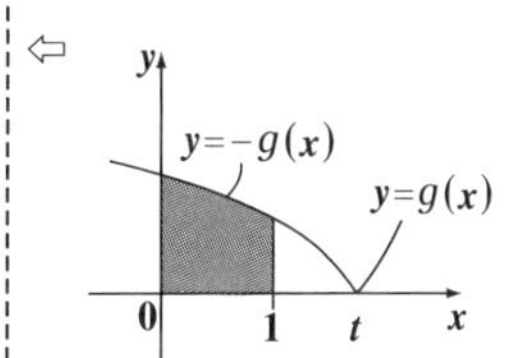

以上 (i)，(ii) より，

$$f(t) = \begin{cases} (2t-3)e^t + e + 1 & (0 \leqq t < 1) \\ e^t - e + 1 & (1 \leqq t) \end{cases}$$ ……………………(答)

面積計算(Ⅰ)

元気力アップ問題130	難易度 ★★	CHECK 1	CHECK 2	CHECK 3

曲線 $y = f(x) = \sin x(1+\cos x)$ $(0 \leqq x \leqq 2\pi)$ と x 軸とで囲まれる図形の面積 S を求めよ。

ヒント! この関数のグラフについては，元気力アップ問題**101(P158)**で詳しく解説したので，この曲線の概形は分かっているものとして，面積を求める。$0 \leqq x \leqq \pi$ では，$f(x) \geqq 0$ だけれど，$\pi \leqq x \leqq 2\pi$ では，$f(x) \leqq 0$ であることに気を付けよう。

解答＆解説

$y = f(x) = \sin x(1+\cos x)$ $(0 \leqq x \leqq 2\pi)$

を x で微分して増減・極値を調べると，この曲線 $y = f(x)$ の概形は右図のようになる。

ココがポイント

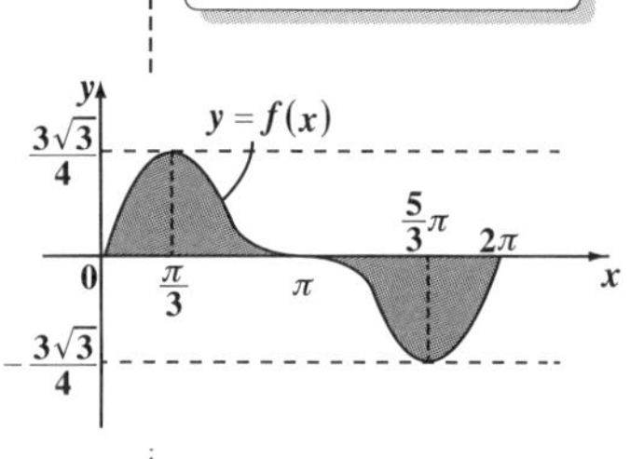

よって，曲線 $y = f(x)$ $(0 \leqq x \leqq 2\pi)$ と x 軸とで囲まれる図形の面積 S を求めると，

$$S = \int_0^{\pi} \underbrace{f(x)}_{0\text{以上}}\,dx - \int_{\pi}^{2\pi} \underbrace{f(x)}_{0\text{以下}}\,dx \quad \cdots\cdots ①$$

[+]

ここで，$F(x) = \int f(x)dx$ とおくと，

⇦ $f(x)$ の不定積分を $F(x)$ とおいた。

$$F(x) = \int (1+\cos x)\cdot\sin x\,dx = -\int \underbrace{(1+\cos x)}_{g}\cdot\underbrace{(-\sin x)}_{g'}\,dx$$

$$= -\frac{1}{2}(1+\cos x)^2 + C \quad \cdots\cdots ②\ \text{となる。}$$

⇦ $F(x) = -\int g\cdot g'\,dx$
$= -\frac{1}{2}g^2 + C$
として，$F(x)$ が求まる。

よって②を使うと，①は，

$$S = \left[F(x)\right]_0^{\pi} - \left[F(x)\right]_{\pi}^{2\pi} = F(\pi) - F(0) - F(2\pi) + F(\pi)$$

⇦ 定積分なので，$F(x)$ の積分定数 C は無視できる。
$\begin{pmatrix} \cos 0 = \cos 2\pi = 1 \\ \cos\pi = -1 \end{pmatrix}$

$$= 2\cdot\underbrace{F(\pi)}_{-\frac{1}{2}(1-1)^2=0} - \underbrace{F(0)}_{-\frac{1}{2}(1+1)^2=-2} - \underbrace{F(2\pi)}_{-\frac{1}{2}(1+1)^2=-2}$$

$= 2+2 = 4$ である。 ……………………………(答)

面積計算(Ⅱ)

元気力アップ問題131　難易度 ★★　CHECK 1　CHECK 2　CHECK 3

曲線 $y=f(x)=x\cdot e^{-x^2}$ と x 軸と2直線 $x=-1$ と $x=1$ とで囲まれる図形の面積 S を求めよ。

ヒント！ この関数のグラフについては，元気力アップ問題105(P166)で詳しく解説したので，この曲線は分かっているものとして，面積 S を計算する。$y=f(x)$は，$f(-x)=-f(x)$をみたす奇関数なので，原点対称なグラフであることも利用して解こう！

解答＆解説

$y=f(x)=xe^{-x^2}$ ……① は，

$f(-x)=-x\cdot e^{-(-x)^2}=-xe^{-x^2}=-f(x)$ となって，

奇関数なので，原点に関して対称なグラフになる。

また，①を x で微分して，増減・極値，および極限を調べることにより，曲線 $y=f(x)$の概形は右上図のようになる。

よって，曲線 $y=f(x)$ と x 軸と 2 直線 $x=-1$，$x=1$ とで囲まれる図形の面積 S は，曲線の対称性も考慮に入れると，

$$S=2\int_0^1 f(x)\,dx=2\int_0^1 x\cdot e^{-x^2}dx$$

［ 2 × (0から1までの面積) ］

$$=2\cdot\left(-\frac{1}{2}\right)\left[e^{-x^2}\right]_0^1$$

$$=-(e^{-1^2}-\underbrace{e^0}_{1})$$

$$=-\left(\frac{1}{e}-1\right)=1-\frac{1}{e}=\frac{e-1}{e}$$ である。………………(答)

ココがポイント

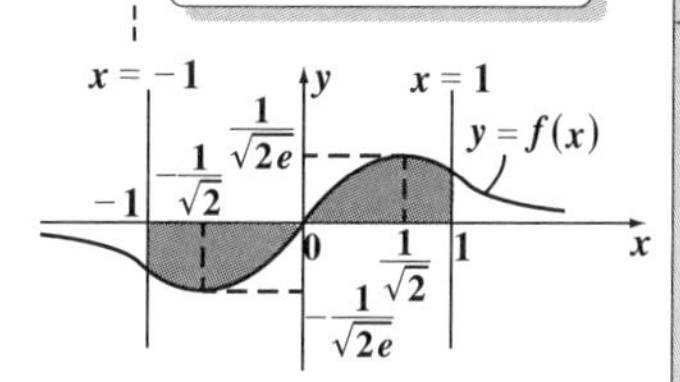

⇦ 合成関数の微分
$(e^{-x^2})'=-2x\cdot e^{-x^2}$
より，これを逆手にとって，
$\int xe^{-x^2}dx=-\frac{1}{2}e^{-x^2}+C$
となるんだね。

面積計算(Ⅲ)

元気力アップ問題132	難易度 ★★	CHECK 1	CHECK 2	CHECK 3

曲線 $C: y=f(x)=\frac{1}{2}\log x\ (x>0)$ 上の点 $(e^2, f(e^2))$ における接線を l とおく。曲線 C と直線 l，および x 軸とで囲まれる図形の面積 S を求めよ。

ヒント！ 接線 l は，公式 $y=f'(e^2)(x-e^2)+f(e^2)$ により求めればいいね。後は図を描いて，求める面積 S をうまく計算していこう。

解答＆解説

曲線 $C: y=f(x)=\frac{1}{2}\log x$ ……① $(x>0)$ とおく。

$f'(x)=\frac{1}{2}\cdot\frac{1}{x}=\frac{1}{2x}$ より，$y=f(x)$ 上の点 $(e^2, \underline{\underline{1}})$

における接線 l の方程式は，

$$y=\frac{1}{2e^2}(x-e^2)+\underline{\underline{1}}\quad [y=f'(e^2)(x-e^2)+\underline{\underline{f(e^2)}}]$$

$$\therefore\ y=\frac{1}{2e^2}x+\frac{1}{2}\ \text{……② である。}$$

$y=0$ のとき，②は，$\frac{1}{2e^2}x=-\frac{1}{2}\qquad x=-e^2$

以上より，曲線 C と直線 l と x 軸とで囲まれる図形(右図の網目部)の面積 S は，

$$S=\frac{1}{2}\cdot 2e^2\cdot 1\ -\int_1^{e^2}\frac{1}{2}\log x\,dx$$

$$=e^2-\frac{1}{2}\left[x\cdot\log x-x\right]_1^{e^2}$$

$$=e^2-\frac{1}{2}(e^2\cdot\underbrace{\log e^2}_{2}-e^2-\underbrace{1\cdot\log 1}_{0}+1)$$

$$=e^2-\frac{1}{2}(2e^2-e^2+1)=\frac{e^2-1}{2}\ \text{である。}\ \text{…………(答)}$$

ココがポイント

⇦ $\underline{\underline{f(e^2)}}=\frac{1}{2}\log e^2=\frac{2}{2}\cdot\underbrace{\log e}_{1}=\underline{\underline{1}}$

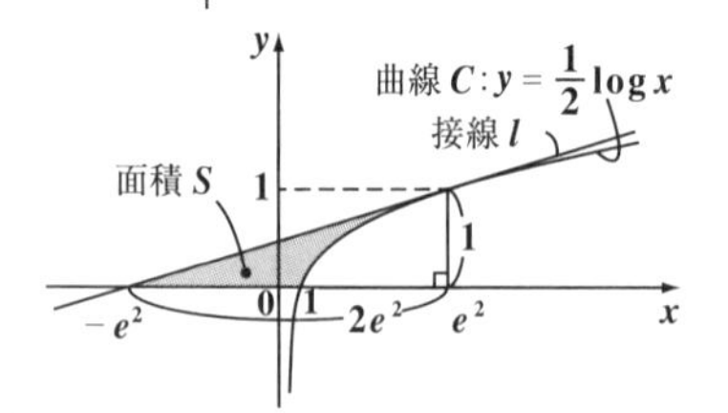

⇦ $\int\log x\,dx=x\log x-x+C$ は公式として覚えよう。

面積計算(IV)

元気力アップ問題 133	難易度 ★★	CHECK 1	CHECK 2	CHECK 3

2つの曲線 C_1: $y = x^2 + a$ と C_2: $y = 4\sqrt{x}$ $(x \geqq 0)$ が，$x = t$ で接するものとする。このとき，定数 a と t の値を求めよ。また，**2**曲線 C_1，C_2 と y 軸とで囲まれる図形の面積 S を求めよ。

ヒント！ **2**曲線 $y = f(x)$ と $y = g(x)$ が $x = t$ で接する条件は，**2**曲線の共接条件より，$f(t) = g(t)$ かつ $f'(t) = g'(t)$ だね。これから a と t の値を求め，図を描いて，求める図形の面積を計算しよう。

解答＆解説

曲線 C_1: $y = f(x) = x^2 + a$ …①，曲線 C_2: $y = g(x) = 4\sqrt{x}$ …②

とおくと，$f'(x) = 2x$，$g'(x) = 4 \cdot \frac{1}{2} \cdot x^{-\frac{1}{2}} = \frac{2}{\sqrt{x}}$ である。

よって，$y = f(x)$ と $y = g(x)$ が $x = t$ で接する条件は，

$$\begin{cases} t^2 + a = 4\sqrt{t} \quad \cdots\cdots\cdots ③ \\ 2t = \dfrac{2}{\sqrt{t}} \quad \cdots\cdots\cdots\cdots ④ \end{cases}$$

④より，$t\sqrt{t} = t^{\frac{3}{2}} = 1$　$\therefore t = 1$

これを③に代入して，$1 + a = 4\sqrt{1}$　$\therefore a = 4 - 1 = 3$

以上より，$a = 3$，$t = 1$ ……………………………………(答)

以上より，曲線 C_1: $y = x^2 + 3$ と曲線 C_2: $y = 4\sqrt{x}$ と y 軸とで囲まれる図形 (右図の網目部) の面積 S は，

$$S = \int_0^1 \{\underbrace{f(x)}_{x^2+3\ (上側)} - \underbrace{g(x)}_{4 \cdot x^{\frac{1}{2}}\ (下側)}\} dx = \int_0^1 \left(x^2 + 3 - 4x^{\frac{1}{2}}\right) dx$$

$$= \left[\frac{1}{3}x^3 + 3x - \frac{8}{3}x^{\frac{3}{2}}\right]_0^1 = \frac{1}{3} + 3 - \frac{8}{3}$$

$$= \frac{10 - 8}{3} = \frac{2}{3}$$ である。……………………………(答)

ココがポイント

⇦ **2**曲線の共接条件

$$\begin{cases} f(t) = g(t) \quad \cdots\cdots ③ \\ かつ \\ f'(t) = g'(t) \quad \cdots\cdots ④ \end{cases}$$

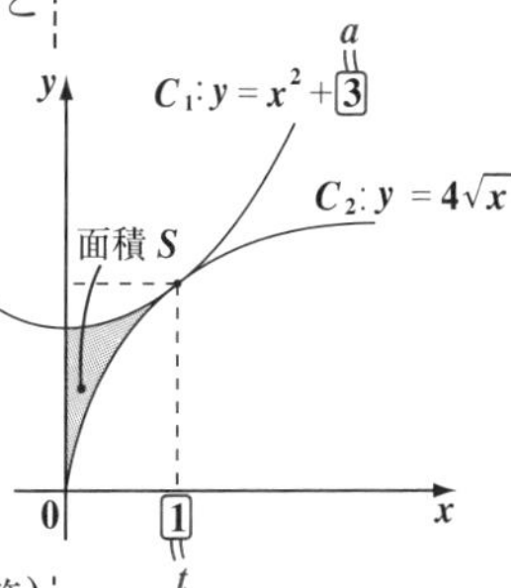

面積計算(V)

元気力アップ問題 134　難易度 ★★　CHECK 1　CHECK 2　CHECK 3

だ円 $C: \frac{x^2}{a^2}+\frac{y^2}{b^2}=1$ ……① $(a>0,\ b>0)$ の面積を S とおくと，
$S=\pi ab$ であることを示せ。

ヒント！ ①のだ円 C は，媒介変数 θ を用いると，$x=a\cos\theta,\ y=b\sin\theta$ で表せる。これを利用して，だ円の面積 を θ での積分に置き換えて計算するとうまくいくんだね。

解答＆解説

だ円 $C: \frac{x^2}{a^2}+\frac{y^2}{b^2}=1$ ……① $(a>0,\ b>0)$ は，

媒介変数 θ を用いると，

$$\begin{cases} x=a\cos\theta & \cdots\cdots② \\ y=b\sin\theta & \cdots\cdots③ \end{cases}$$

$(0\leqq\theta<2\pi)$ で表せる。

実際に②，③を①に代入すると，
$\frac{a^2\cos^2\theta}{a^2}+\frac{b^2\sin^2\theta}{b^2}=1$
$\cos^2\theta+\sin^2\theta=1$
となって，成り立つことが分かる。

②より，$dx=-a\sin\theta\,d\theta$ ……②´

$x'dx=(a\cos\theta)'d\theta$

となる。ここで，だ円 C は，x 軸，及び y 軸に関して線対称な曲線なので，求めるだ円 C の面積 S は，

$S=4\int_0^a y\,dx$ ……④　$\left[\ 4\times \text{(0〜a の部分の面積)}\ \right]$

($y=b\sin\theta$，$dx=-a\sin\theta\,d\theta$)

ここで，③と②´を④に代入し，また，

$x: 0\to a$ のとき，$\theta: \frac{\pi}{2}\to 0$ より，

$$S=4\int_{\frac{\pi}{2}}^0 b\sin\theta\cdot(-a\sin\theta)\,d\theta$$
$$=4ab\int_0^{\frac{\pi}{2}}\sin^2\theta d\theta=2ab\int_0^{\frac{\pi}{2}}(1-\cos2\theta)\,d\theta$$
$$=2ab\left[\theta-\frac{1}{2}\sin2\theta\right]_0^{\frac{\pi}{2}}=2ab\times\frac{\pi}{2}$$

$\sin\pi=\sin0=0$ だからね

$\therefore S=\pi ab$ となる。 ……………………………………(終)

ココがポイント

面積 $S=\pi ab$

$\frac{x^2}{a^2}+\frac{y^2}{b^2}=1$（だ円）

①から $y=f(x)$ と表せたものとする

$\theta=\frac{\pi}{2}$　$\theta=0$

⇦ 半角の公式
$\sin^2\theta=\frac{1}{2}(1-\cos2\theta)$

面積計算(VI)

元気力アップ問題135　難易度 ★★　CHECK 1　CHECK 2　CHECK 3

曲線 $C: y=f(x)=x\cdot e^{-2x}$ と x 軸および直線 $x=\alpha$ $(\alpha>0)$ とで囲まれる図形の面積を $S(\alpha)$ とおく。$S(\alpha)$と，極限 $\lim_{\alpha\to\infty}S(\alpha)$ を求めよ。

ただし，$\lim_{\alpha\to\infty}\frac{\alpha}{e^{2\alpha}}=0$ を用いてもよい。

ヒント！ $y=f(x)$のグラフは，元気力アップ問題**102**(**P160**)で既に解説した。今回は，面積 $S(\alpha)$ が α の関数なので，$\alpha\to\infty$ の極限まで求めよう！

解答＆解説

$y=f(x)=x\cdot e^{-2x}$ のグラフは，$f'(x)$ により増減と極値，また極限を調べることにより，右図のようになる。

よって，曲線 $C: y=f(x)$と x 軸と直線 $x=\alpha$ $(\alpha>0)$ により囲まれる図形の面積 $S(\alpha)$ は，

$$S(\alpha)=\int_0^\alpha f(x)dx=\int_0^\alpha x\cdot e^{-2x}dx$$

$$=\int_0^\alpha x\cdot\left(-\frac{1}{2}e^{-2x}\right)'dx$$

$$=-\frac{1}{2}\left[xe^{-2x}\right]_0^\alpha-\left(-\frac{1}{2}\right)\int_0^\alpha 1\cdot e^{-2x}dx$$

（簡単な積分）

$$=-\frac{1}{2}\alpha\cdot e^{-2\alpha}+\frac{1}{2}\left(-\frac{1}{2}\right)\left[e^{-2x}\right]_0^\alpha$$

$$=-\frac{\alpha}{2e^{2\alpha}}-\frac{1}{4}(e^{-2\alpha}-1)$$

$\therefore\ S(\alpha)=\frac{1}{4}-\frac{1}{4e^{2\alpha}}-\frac{\alpha}{2e^{2\alpha}}$ $(\alpha>0)$ となる。…………(答)

よって，求める $\alpha\to\infty$ の極限は，

$$\lim_{\alpha\to\infty}S(\alpha)=\lim_{\alpha\to\infty}\left(\frac{1}{4}-\frac{1}{4}\cdot\frac{1}{e^{2\alpha}}-\frac{1}{2}\cdot\frac{\alpha}{e^{2\alpha}}\right)=\frac{1}{4}$$ である。…(答)

（$\frac{1}{e^{2\alpha}}\to 0$，$\frac{\alpha}{e^{2\alpha}}\to 0$）

ココがポイント

⇦

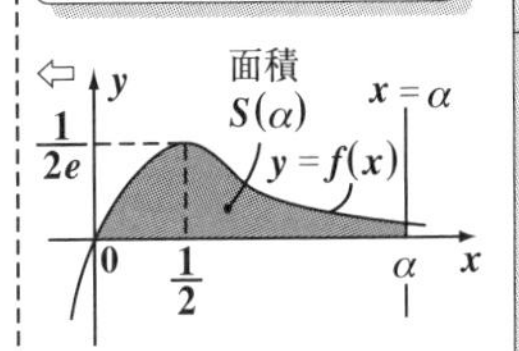

⇦ 部分積分

$\int_0^\alpha f\cdot g'dx$

$=[f\cdot g]_0^\alpha-\int_0^\alpha f'\cdot g\,dx$

（これを簡単化する）

5 数列の極限　6 関数の極限　7 微分法とその応用　8 積分法とその応用

元気力アップ問題 136　難易度 ★★　CHECK 1　CHECK 2　CHECK 3

2 つの曲線 C_1 : $y = x^2 + 3$ と曲線 C_2 : $y = 4\sqrt{x}$　($x \geqq 0$) は点 (1, 4) で接する。曲線 C_1 と C_2 と y 軸とで囲まれる図形を D とおく。
(1) 図形 D を x 軸のまわりに回転してできる回転体の体積 V_x を求めよ。
(2) 図形 D を y 軸のまわりに回転してできる回転体の体積 V_y を求めよ。

ヒント！ x 軸のまわりの回転体の体積は $\pi\int_a^b y^2 dx$ で求められ，y 軸のまわりの回転体の体積は $\pi\int_c^d x^2 dy$ で計算できるんだね。今回，回転の対象となる図形 D は，元気力アップ問題 133(P207) で既に解説している。

解答＆解説

ココがポイント

$$\begin{cases} \text{曲線 } C_1 : y = x^2 + 3 & \cdots\cdots ① \text{と} \\ \text{曲線 } C_2 : y = 4\sqrt{x} & \cdots\cdots ② \end{cases}$$

は，点 (1, 4) で接するので，C_1 と C_2 と y 軸とで囲まれる図形 D は右図の網目部になる。

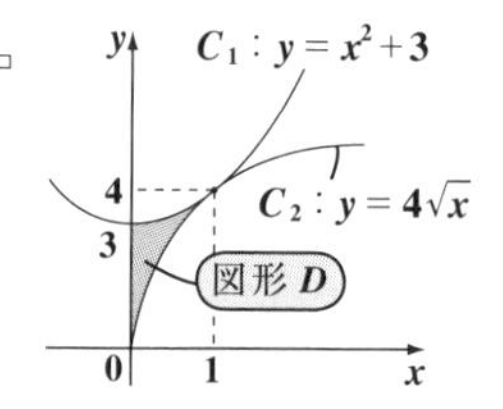

(1) 図形 D を x 軸のまわりに回転してできる回転体の体積 V_x は，①，②と右図より，

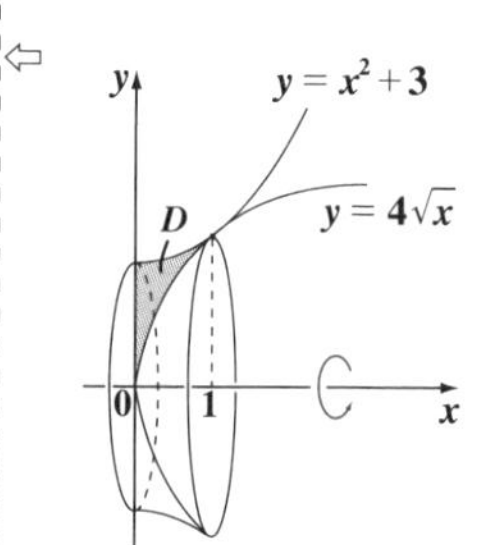

$$V_x = \pi\int_0^1 (x^2 + 3)^2 dx - \pi\int_0^1 (4\sqrt{x})^2 dx$$

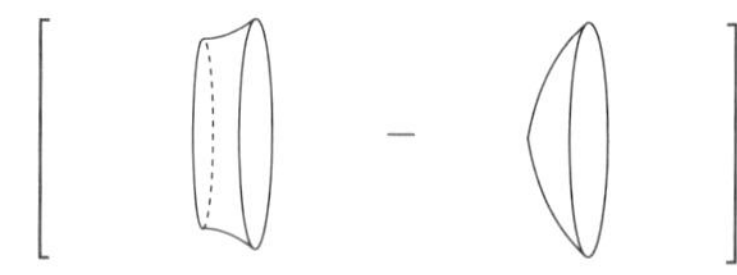

$$= \pi\int_0^1 (x^4 + 6x^2 + 9)dx - \pi\int_0^1 16x\,dx$$

$$= \pi\left[\frac{1}{5}x^5 + 2x^3 + 9x\right]_0^1 - \pi\left[8x^2\right]_0^1$$

$\therefore V_x = \pi\left(\frac{1}{5} + 2 + 9\right) - \pi \cdot 8 = \pi\left(\frac{1}{5} + 11 - 8\right)$

$= \frac{16}{5}\pi$ である。…………………………(答)

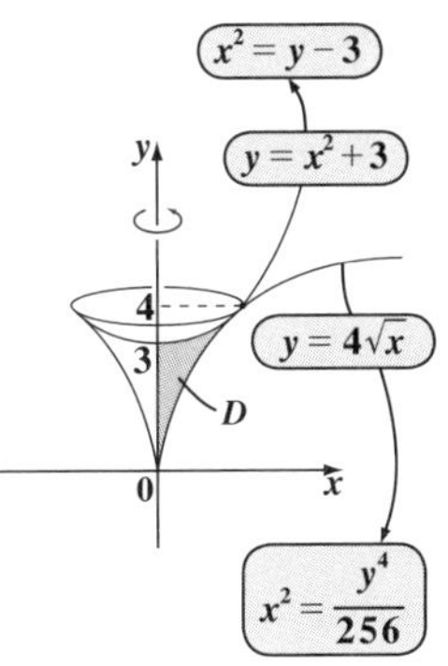

(2) 図形 D を y 軸のまわりに回転してできる回転体の体積 V_y は，

$$\begin{cases} ①より，x^2 = y - 3 \cdots\cdots\cdots ①' \\ ②より，x^2 = \frac{y^4}{2^8} = \frac{y^4}{256} \cdots\cdots ②' \end{cases}$$

②より，$\sqrt{x} = \frac{y}{4} = \frac{y}{2^2}$
両辺を4乗して
$x^2 = \left(\frac{y}{2^2}\right)^4 = \frac{y^4}{2^8}$

と，右図より，

$$V_y = \pi\int_0^4 \frac{y^4}{2^8}dy - \pi\int_3^4 (y-3)dy$$

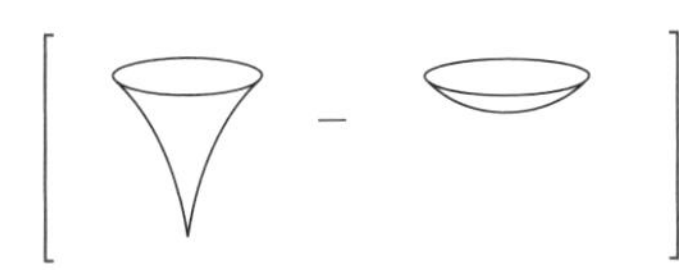

$$= \frac{\pi}{2^8}\left[\frac{1}{5}y^5\right]_0^4 - \pi\left[\frac{1}{2}y^2 - 3y\right]_3^4$$

$$= \underbrace{\frac{\pi}{2^8} \cdot \frac{1}{5} \cdot 4^5}_{\frac{4}{5}\pi} - \pi\underbrace{\left\{8 - 12 - \left(\frac{9}{2} - 9\right)\right\}}_{-4-\frac{9}{2}+9 = 5-\frac{9}{2} = \frac{1}{2}}$$

⇦ $\frac{\pi}{2^8} \cdot \frac{1}{5} \cdot 4^5 = \frac{\pi \cdot 2^{10}}{5 \cdot 2^8} = \frac{4}{5}\pi$ （$4^5 = 2^{10}$）

$$= \frac{4}{5}\pi - \frac{1}{2}\pi$$

$= \frac{8-5}{10}\pi = \frac{3}{10}\pi$ である。…………………(答)

5 数列の極限
6 関数の極限
7 微分法とその応用
8 積分法とその応用

体積計算(Ⅱ)

元気力アップ問題137　難易度 ★★★　CHECK 1　CHECK 2　CHECK 3

曲線 $C : y = f(x) = x \cdot e^{-2x}$ と x 軸と直線 $x = \alpha$ $(\alpha > 0)$ とで囲まれる図形を D とおく。この図形 D を x 軸のまわりに回転してできる回転体の体積を $V(\alpha)$ とおく。$V(\alpha)$ および極限 $\lim_{\alpha \to \infty} V(\alpha)$ を求めよ。ただし，

$\lim_{\alpha \to \infty} \frac{\alpha^2}{e^{4\alpha}} = 0$，$\lim_{\alpha \to \infty} \frac{\alpha}{e^{4\alpha}} = 0$ を用いてもよい。

ヒント！ この曲線のグラフについては，元気力アップ問題**102**(**P160**)で既に解説している。また，この図形の面積とその極限については元気力アップ問題**135**(**P209**)で学習したんだね。今回は，x 軸のまわりの回転体の体積 $V(\alpha)$ と，その極限の問題だ。公式通りに解いていけばいいんだけれど，計算は少し大変になる。頑張ろう！

解答＆解説

$y = x \cdot e^{-2x} \cdots①$ のグラフは，$f'(x)$ により増減と極値を，また極限を調べることにより，右図のようになる。よって，曲線 $C : y = f(x)$ と x 軸と直線 $x = \alpha$ で囲まれる図形 D(右図の網目部)を x 軸のまわりに回転してできる回転体の体積を $V(\alpha)$ とおくと，

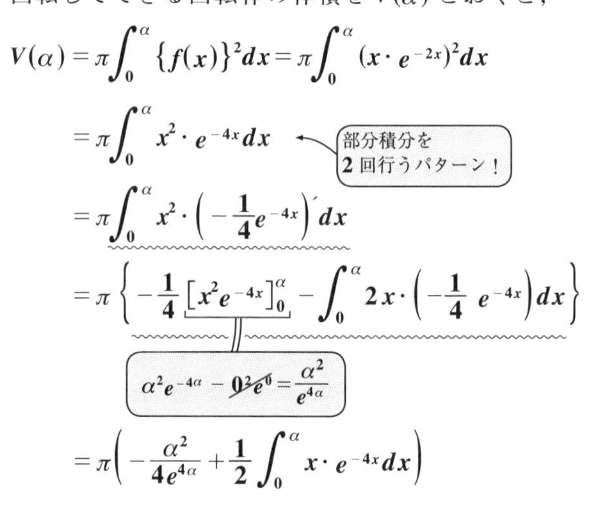

$$V(\alpha) = \pi \int_0^\alpha \{f(x)\}^2 dx = \pi \int_0^\alpha (x \cdot e^{-2x})^2 dx$$

$$= \pi \int_0^\alpha x^2 \cdot e^{-4x} dx$$

$$= \pi \int_0^\alpha x^2 \cdot \left(-\frac{1}{4} e^{-4x}\right)' dx$$

$$= \pi \left\{ -\frac{1}{4} \left[x^2 e^{-4x} \right]_0^\alpha - \int_0^\alpha 2x \cdot \left(-\frac{1}{4} e^{-4x} \right) dx \right\}$$

$$\alpha^2 e^{-4\alpha} - 0^2 e^0 = \frac{\alpha^2}{e^{4\alpha}}$$

$$= \pi \left(-\frac{\alpha^2}{4e^{4\alpha}} + \frac{1}{2} \int_0^\alpha x \cdot e^{-4x} dx \right)$$

ココがポイント

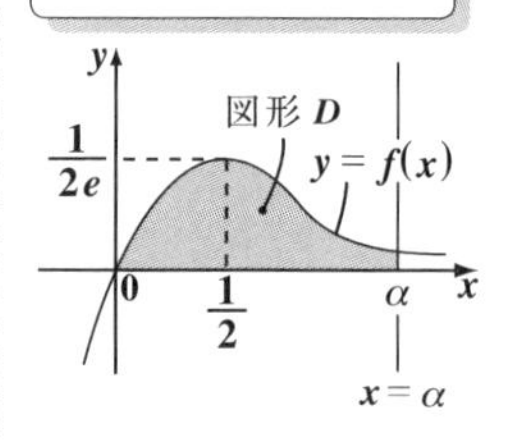

⇦ 回転体の体積 $V(\alpha)$

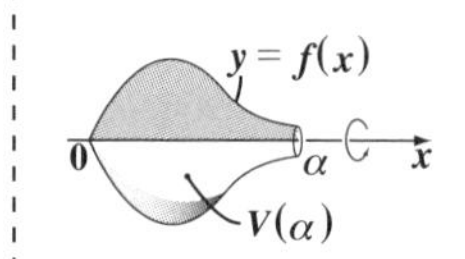

⇦ $\int_0^\alpha f \cdot g' dx$

$= [f \cdot g]_0^\alpha - \int_0^\alpha f' \cdot g \, dx$

よって，

$$V(\alpha)=\pi\left\{-\frac{\alpha^2}{4e^{4\alpha}}+\frac{1}{2}\underline{\int_0^\alpha x\cdot\left(-\frac{1}{4}e^{-4x}\right)'dx}\right\}$$

⇦2回目の部分積分

$\underline{\int_0^\alpha f\cdot g'dx}$

$\underline{=[f\cdot g]_0^\alpha-\int_0^\alpha f'\cdot g\,dx}$

$$-\frac{1}{4}[xe^{-4x}]_0^\alpha-\int_0^\alpha 1\cdot\left(-\frac{1}{4}e^{-4x}\right)dx$$

$$=-\frac{1}{4}(\alpha e^{-4\alpha}-0\cdot e^0)+\frac{1}{4}\left(-\frac{1}{4}\right)\cdot[e^{-4x}]_0^\alpha$$

$$=-\frac{1}{4}\alpha e^{-4\alpha}-\frac{1}{16}(e^{-4\alpha}-1)$$

$$=-\frac{\alpha}{4e^{4\alpha}}-\frac{1}{16e^{4\alpha}}+\frac{1}{16}$$

$$=\pi\left(-\frac{\alpha^2}{4e^{4\alpha}}-\frac{\alpha}{8e^{4\alpha}}-\frac{1}{32e^{4\alpha}}+\frac{1}{32}\right)$$

$$\therefore V(\alpha)=\pi\left(\frac{1}{32}-\frac{8\alpha^2+4\alpha+1}{32e^{4\alpha}}\right)\cdots\cdots ②\cdots(答)$$

②より，求める極限 $\lim_{\alpha\to\infty}V(\alpha)$ は，

$$\lim_{\alpha\to\infty}V(\alpha)=\lim_{\alpha\to\infty}\pi\left(\frac{1}{32}-\frac{1}{4}\cdot\underbrace{\frac{\alpha^2}{e^{4\alpha}}}_{0}-\frac{1}{8}\cdot\underbrace{\frac{\alpha}{e^{4\alpha}}}_{0}-\frac{1}{32}\cdot\underbrace{\frac{1}{e^{4\alpha}}}_{0}\right)$$

⇦ $\lim_{\alpha\to\infty}\frac{\alpha^2}{e^{4\alpha}}=\frac{中位の\infty}{強い\infty}=0$

$\lim_{\alpha\to\infty}\frac{\alpha}{e^{4\alpha}}=\frac{中位の\infty}{強い\infty}=0$

$=\dfrac{\pi}{32}$ である。…………………………(答)

体積計算(Ⅲ)

元気力アップ問題138　難易度 ★★　CHECK 1　CHECK 2　CHECK 3

だ円 $C:\dfrac{x^2}{a^2}+\dfrac{y^2}{b^2}=1$ ……① $(a>0,\ b>0)$ を x 軸のまわりに回転してできる回転体の体積を V とおくと，$V=\dfrac{4}{3}\pi ab^2$ であることを示せ。

ヒント！ x 軸のまわりの回転体の体積の公式 $V=\pi\displaystyle\int_{-a}^{a}y^2dx$ を使えば，楽に結果が導けると思う。ここでは，別解として $x=a\cos\theta$，$y=b\sin\theta$ と媒介変数表示されている場合についても，その解法を解説しよう。いい練習になると思う。

解答＆解説

だ円 $C:\dfrac{x^2}{a^2}+\dfrac{y^2}{b^2}=1$ ……① $(a>0,\ b>0)$ を変形して，

$$\frac{y^2}{b^2}=1-\frac{x^2}{a^2}\qquad \therefore\ y^2=b^2\left(1-\frac{x^2}{a^2}\right)\cdots\cdots①'$$

よって，このだ円 C を x 軸のまわりに回転してできる回転体の体積 V は，

$$V=2\times\pi\int_0^a y^2dx=2\pi\int_0^a b^2\left(1-\frac{x^2}{a^2}\right)dx\qquad(①'\text{より})$$

[2 × (半分の回転体 0～a)]

$$=2\pi b^2\left[x-\frac{x^3}{3a^2}\right]_0^a=2\pi b^2\left(a-\frac{a^3}{3a^2}\right)$$

$$=2\pi b^2\times\frac{2}{3}a$$

$\left(a-\dfrac{a}{3}=\dfrac{2}{3}a\right)$

$\therefore\ V=\dfrac{4}{3}\pi ab^2$ である。……………………………(終)

ココがポイント

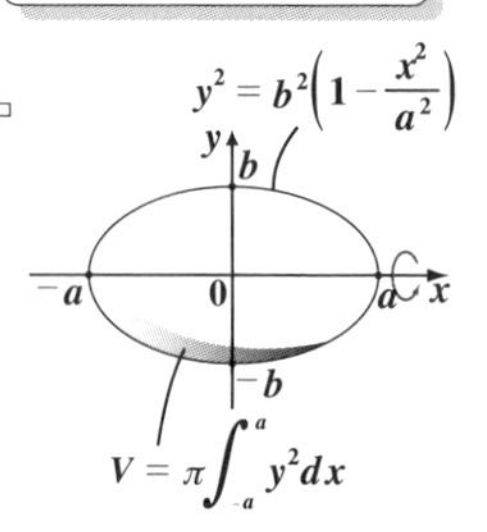

⇦①は，y 軸に対称なので，積分区間 $0\leqq x\leqq a$ で半分の体積を求め，それを 2 倍すればいいね。

別解

①が，媒介変数 θ を使って，$\begin{cases}x=a\cos\theta\cdots\cdots②\\ y=b\sin\theta\cdots\cdots③\end{cases}$ $(0\leqq\theta<2\pi)$ と表されてい

る場合について，同様に，x 軸のまわりの回転体の体積 V を求めてみよう。②より，

$dx = -a\sin\theta\, d\theta \cdots$②´ であり，また右図より，

($x' \cdot dx = (a\cos\theta)' d\theta$)

$x : 0 \to a$ のとき，$\theta : \frac{\pi}{2} \to 0$ となるので，

$$V = 2\pi\int_0^a \underbrace{y^2}_{(b\sin\theta)^2} \underbrace{dx}_{-a\sin\theta\, d\theta} = 2\pi\int_{\frac{\pi}{2}}^0 b^2\sin^2\theta \cdot (-a)\sin\theta\, d\theta$$

($(b\sin\theta)^2$（③より）), ($-a\sin\theta\, d\theta$（②´より）)

$$= 2\pi ab^2\int_0^{\frac{\pi}{2}} \underbrace{\sin^3\theta}_{\frac{1}{4}(3\sin\theta - \sin3\theta)} d\theta$$

3倍角の公式

$\sin3\theta = 3\sin\theta - 4\sin^3\theta$ より，

$4\sin^3\theta = 3\sin\theta - \sin3\theta$

$\sin^3\theta = \frac{1}{4}(3\sin\theta - \sin3\theta)$

$$= \frac{1}{2}\pi ab^2\int_0^{\frac{\pi}{2}}(3\sin\theta - \sin3\theta)d\theta$$

$$= \frac{\pi}{2}ab^2\left[-3\cos\theta + \frac{1}{3}\cos3\theta\right]_0^{\frac{\pi}{2}}$$

$$= \frac{\pi}{2}ab^2\left\{-3\underbrace{\cos\frac{\pi}{2}}_{0} + \frac{1}{3}\underbrace{\cos\frac{3}{2}\pi}_{0} - \left(-3\underbrace{\cos0}_{1} + \frac{1}{3}\underbrace{\cos3\cdot0}_{\cos0=1}\right)\right\}$$

$$= \frac{\pi}{2}ab^2\underbrace{\left(3 - \frac{1}{3}\right)}_{\frac{8}{3}} = \frac{\pi}{2}ab^2 \times \frac{8}{3}$$

$\therefore V = \frac{4}{3}\pi ab^2$ となって，同じ結果が導けるんだね。大丈夫だった？

曲線の長さ(Ⅰ)

元気力アップ問題 139	難易度 ★★	CHECK 1	CHECK 2	CHECK 3

次の曲線の長さ l を求めよ。

(1) $y = 2x\sqrt{x}$　$\left(\frac{1}{3} \leqq x \leqq \frac{5}{3}\right)$

(2) $y = \log x$　$(\sqrt{3} \leqq x \leqq 2\sqrt{2})$　　（小樽商大＊）

ヒント！ (1), (2) 共に，$y = f(x)$ の形の曲線なので，この曲線の長さ l は公式：$l = \int_a^b \sqrt{1 + \{f'(x)\}^2}\,dx$ を利用して求めればいいんだね。この積分計算が勝負だ！

解答＆解説

(1) 曲線 $y = f(x) = 2x^{\frac{3}{2}}$ ……①　$\left(\frac{1}{3} \leqq x \leqq \frac{5}{3}\right)$ の長さ l を求める。まず，①を x で微分して，

$f'(x) = 2 \cdot \frac{3}{2} \cdot x^{\frac{1}{2}} = 3\sqrt{x}$ より，求める曲線の長さ l は，

$$l = \int_{\frac{1}{3}}^{\frac{5}{3}} \sqrt{1 + \{f'(x)\}^2}\,dx \quad \left(\{f'(x)\}^2 = (3\sqrt{x})^2 = 9x\right)$$

$$= \int_{\frac{1}{3}}^{\frac{5}{3}} \sqrt{1 + 9x}\,dx = \frac{2}{27}\left[(1 + 9x)^{\frac{3}{2}}\right]_{\frac{1}{3}}^{\frac{5}{3}}$$

$$= \frac{2}{27}\left\{\left(1 + 9 \cdot \frac{5}{3}\right)^{\frac{3}{2}} - \left(1 + 9 \cdot \frac{1}{3}\right)^{\frac{3}{2}}\right\}$$

$$= \frac{2}{27}\left(16^{\frac{3}{2}} - 4^{\frac{3}{2}}\right) = \frac{2 \cdot (64 - 8)}{27} = \frac{112}{27} \text{ である。}$$

（$16^{\frac{3}{2}} = 4^3 = 64$，$4^{\frac{3}{2}} = 2^3 = 8$）

………(答)

(2) 曲線 $y = g(x) = \log x$ ……②　$(\sqrt{3} \leqq x \leqq 2\sqrt{2})$ の長さ l を求める。まず，② を x で微分して，

$g'(x) = \frac{1}{x}$ より，求める曲線の長さ l は，

ココがポイント

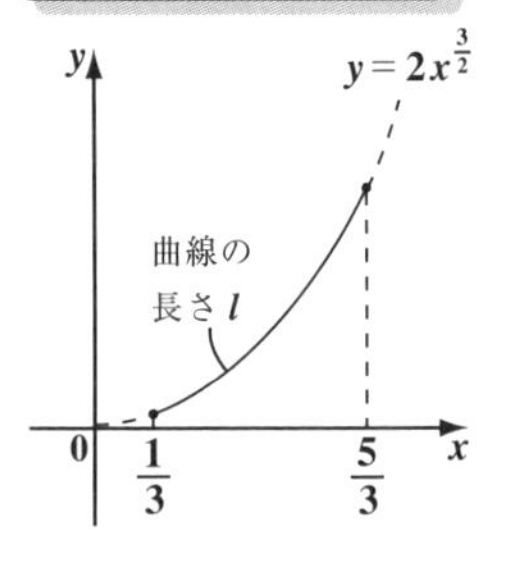

⇦ $\left\{(1 + 9x)^{\frac{3}{2}}\right\}' = \frac{3}{2}(1 + 9x)^{\frac{1}{2}} \cdot 9 = \frac{27}{2}\sqrt{1 + 9x}$ より，

$\int \sqrt{1 + 9x}\,dx = \frac{2}{27}(1 + 9x)^{\frac{3}{2}}$ となる。

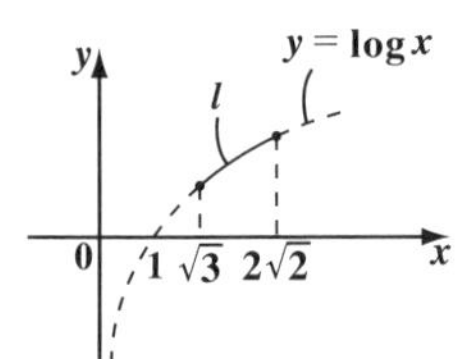

$$l=\int_{\sqrt{3}}^{2\sqrt{2}}\sqrt{1+\{g'(x)\}^2}\,dx=\int_{\sqrt{3}}^{2\sqrt{2}}\sqrt{1+\frac{1}{x^2}}\,dx$$

$\{g'(x)\}^2 = \left(\frac{1}{x}\right)^2=\frac{1}{x^2}$

$$=\int_{\sqrt{3}}^{2\sqrt{2}}\frac{\sqrt{x^2+1}}{x}\,dx \cdots\cdots ③$$ となる。

⇦ $\sqrt{1+\frac{1}{x^2}}=\sqrt{\frac{x^2+1}{x^2}}=\frac{\sqrt{x^2+1}}{x}\quad(\because x>0)$

ここで，$\sqrt{x^2+1}=t$ とおくと，$x^2+1=t^2$

$\therefore x^2=t^2-1$　また，

$2x\,dx=2t\,dt$ より，　$dx=\frac{t}{x}\,dt$

($2x\,dx = (x^2+1)'dx$，$2t\,dt = (t^2)'dt$)

⇦ 置換積分にもち込む。今回は，$\sqrt{x^2+1}=t$ とおくとうまくいく！

また，$x:\sqrt{3}\to2\sqrt{2}$ のとき，$t:2\to3$ より，③は

⇦ $t:\sqrt{3+1}\to\sqrt{8+1}$ より，$t:2\to3$ となる。

$$l=\int_2^3\frac{t}{x}\cdot\frac{t}{x}\,dt=\int_2^3\frac{t^2}{t^2-1}\,dt$$

($t^2-1 = x^2$)

$$=\int_2^3\left(1+\frac{1}{t^2-1}\right)dt$$

$$=\int_2^3\left\{1+\frac{1}{2}\left(\frac{1}{t-1}-\frac{1}{t+1}\right)\right\}dt$$

$$=\left[t+\frac{1}{2}(\log|t-1|-\log|t+1|)\right]_2^3$$

$$=\left[t+\frac{1}{2}\log\left|\frac{t-1}{t+1}\right|\right]_2^3$$

$$=3+\frac{1}{2}\log\frac{2}{4}-2-\frac{1}{2}\log\frac{1}{3}$$

⇦ $\frac{t^2}{t^2-1}=\frac{t^2-1+1}{t^2-1}=1+\frac{1}{t^2-1}=1+\frac{1}{(t-1)(t+1)}=1+\frac{1}{2}\left(\frac{1}{t-1}-\frac{1}{t+1}\right)$

部分分数に分解

$\therefore l=1+\frac{1}{2}\log\frac{3}{2}$ である。……………………(答)

⇦ $3-2+\frac{1}{2}\left(\log\frac{1}{2}-\log\frac{1}{3}\right)=1+\frac{1}{2}\log\left(\frac{1}{2}\times3\right)=1+\frac{1}{2}\log\frac{3}{2}$

曲線の長さ(II)

元気力アップ問題140　難易度 ★★　CHECK 1　CHECK 2　CHECK 3

曲線 $C\begin{cases} x=\theta-\sin\theta \\ y=1-\cos\theta \end{cases}$ $\left(\dfrac{\pi}{2}\leqq\theta\leqq\dfrac{3}{2}\pi\right)$の長さ$l$を求めよ。

ヒント！ これは，サイクロイド曲線の1部の長さを求める問題だね。媒介変数表示された曲線の長さlは，公式 $l=\displaystyle\int_\alpha^\beta\sqrt{\left(\frac{dx}{d\theta}\right)^2+\left(\frac{dy}{d\theta}\right)^2}\,d\theta$ を使って求めればいい。

解答＆解説

曲線 $C\begin{cases} x=\theta-\sin\theta\cdots① \\ y=1-\cos\theta\cdots② \end{cases}$ $\left(\dfrac{\pi}{2}\leqq\theta\leqq\dfrac{3}{2}\pi\right)$ について，

$\cdot\dfrac{dx}{d\theta}=(\theta-\sin\theta)'=1-\cos\theta$ ……①′

$\cdot\dfrac{dy}{d\theta}=(1-\cos\theta)'=\sin\theta$ …………②′ より，

$$\left(\frac{dx}{d\theta}\right)^2+\left(\frac{dy}{d\theta}\right)^2=(1-\cos\theta)^2+\sin^2\theta$$

$$=1-2\cos\theta+\underbrace{\cos^2\theta+\sin^2\theta}_{1}=2\underbrace{(1-\cos\theta)}_{2\sin^2\frac{\theta}{2}}$$

$\sin^2\dfrac{\theta}{2}=\dfrac{1-\cos\theta}{2}$

$$=4\sin^2\frac{\theta}{2}\quad\cdots\cdots③$$

曲線の長さlの計算では，この$\sqrt{\ }$をとって積分するため，このように，2乗の形にまとめると計算がうまくいくんだね。

よって，③より，求める曲線Cの長さlは，

$$l=\int_{\frac{\pi}{2}}^{\frac{3}{2}\pi}\sqrt{\left(\frac{dx}{d\theta}\right)^2+\left(\frac{dy}{d\theta}\right)^2}\,d\theta=\int_{\frac{\pi}{2}}^{\frac{3}{2}\pi}\sqrt{4\sin^2\frac{\theta}{2}}\,d\theta\ (③より)$$

$$=2\int_{\frac{\pi}{2}}^{\frac{3}{2}\pi}\sin\frac{\theta}{2}\,d\theta=2\cdot2\left[-\cos\frac{\theta}{2}\right]_{\frac{\pi}{2}}^{\frac{3}{2}\pi}$$

$$=4\Big(\underbrace{-\cos\frac{3}{4}\pi}_{\left(-\frac{1}{\sqrt{2}}\right)}+\underbrace{\cos\frac{\pi}{4}}_{\frac{1}{\sqrt{2}}}\Big)=4\cdot\frac{2}{\sqrt{2}}=4\sqrt{2}\quad\cdots\cdots\cdots(答)$$

ココがポイント

⇦サイクロイド曲線 $\begin{cases} x=\theta-\sin\theta \\ y=1-\cos\theta \end{cases}$ の$\dfrac{\pi}{2}\leqq\theta\leqq\dfrac{3}{2}\pi$ に対応する部分の曲線の長さlのことだ。

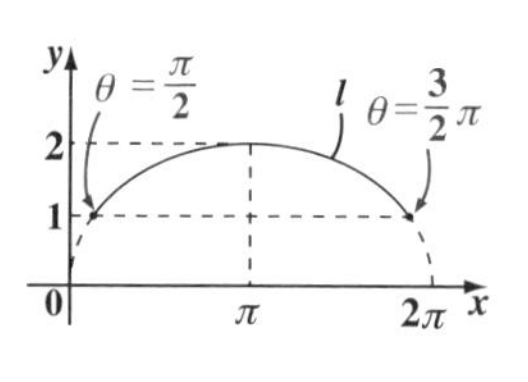

⇦$\sqrt{4\sin^2\dfrac{\theta}{2}}=2\left|\sin\dfrac{\theta}{2}\right|$ ⊕ $\left(\because\dfrac{\pi}{4}\leqq\dfrac{\theta}{2}\leqq\dfrac{3}{4}\pi\right)$ $=2\sin\dfrac{\theta}{2}$

位置と道のり

元気力アップ問題 141	難易度 ★★	CHECK 1	CHECK 2	CHECK 3

x 軸上を動く動点 P があり，時刻 $t=0$ のとき，位置 $x_0=4$ である。P の速度は $v=e^{1-t}-1 \quad (t \geqq 0)$ である。(i) $t=3$ のときの位置 X と，(ii) $0 \leqq t \leqq 3$ の範囲で，P が動いた道のり L を求めよ。

ヒント！ (i) $t=3$ のときの位置 X は，$X=4+\int_0^3 v\,dt$ で求め，(ii) $0 \leqq t \leqq 3$ の範囲で動点 P が動いた道のり L は，$L=\int_0^3 |v|\,dt$ で計算すればいい。

解答&解説

(i) $t=0$ のとき $x_0=4$ であり，速度 $v=e^{1-t}-1$ より，$t=3$ における位置 X は，

$$X=4+\int_0^3 v\,dt=4+\int_0^3 (e^{1-t}-1)\,dt$$

$$=4+\left[-e^{1-t}-t\right]_0^3$$

$$\int e^{1-t}dt=e\int e^{-t}dt=e(-e^{-t})=-e^{1-t}$$

$$=4-e^{-2}-3+e^1+0$$

$$=1+e-e^{-2} \quad \text{である。}\cdots\cdots\cdots\cdots(\text{答})$$

(ii) 次に，$0 \leqq t \leqq 3$ の範囲で動点 P が移動した道のり L は，

$$L=\int_0^3 |v|\,dt$$

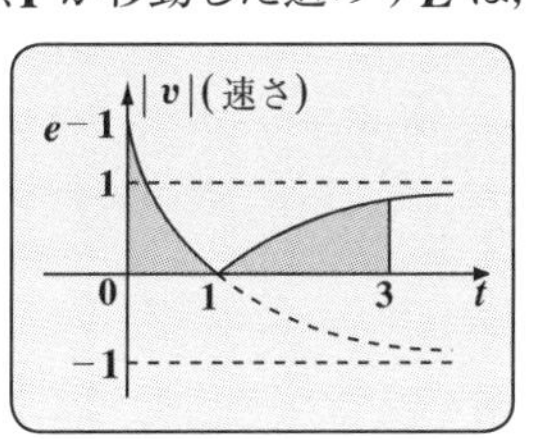

$$=\int_0^1 v\,dt-\int_1^3 v\,dt$$

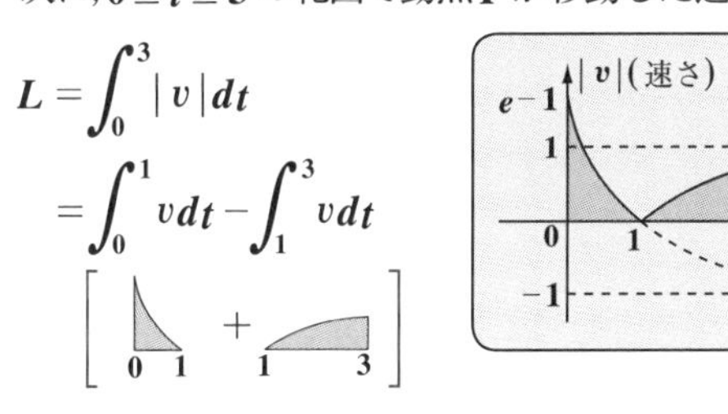

$$=\int_0^1 (e^{1-t}-1)\,dt-\int_1^3 (e^{1-t}-1)\,dt$$

$$=\left[-e^{1-t}-t\right]_0^1-\left[-e^{1-t}-t\right]_1^3$$

$$=-e^0-1+e^1+0+e^{-2}+3-e^0-1$$

$$=-1-1+e+e^{-2}+3-1-1$$

$$=e+e^{-2}-1 \quad \text{である。}\cdots\cdots\cdots\cdots(\text{答})$$

ココがポイント

⇦

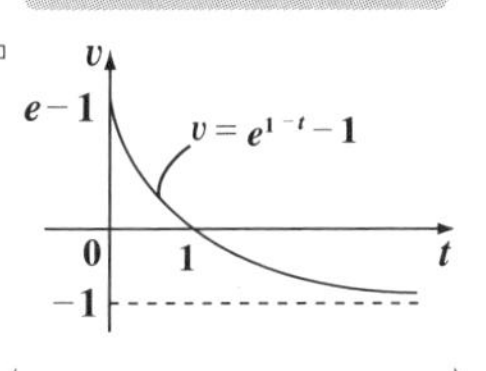

$t=0$ のとき，$v=e-1$
$t=1$ のとき，$v=1-1=0$
$t\to\infty$ のとき，$v\to-1$

⇦ 位置 X と道のり L のイメージ

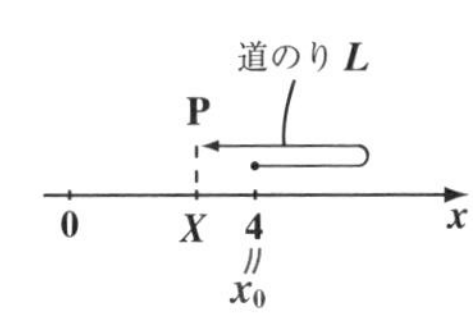

動点 P の道のり

元気力アップ問題 142	難易度 ★★	CHECK 1	CHECK 2	CHECK 3

xy 平面上を動く動点 $\mathrm{P}(x,\ y)$ の座標が，時刻 t により

$$\begin{cases} x = \sin t & \cdots\cdots\cdots ① \\ y = t + \cos t & \cdots\cdots ② \end{cases}$$ （時刻 $t \geqq 0$）で与えられているとき，

$0 \leqq t \leqq \dfrac{\pi}{2}$ の範囲で，動点 P が動いた道のり L を求めよ。

ヒント！ xy 平面上の動点 P の道のり L は，公式 $L = \displaystyle\int_\alpha^\beta \sqrt{\left(\frac{dx}{dt}\right)^2 + \left(\frac{dy}{dt}\right)^2}\,dt$ を用いて求めればいい。これは曲線の長さの公式と本質的に同じものなんだね。

解答＆解説

①，②を t で微分して，

・$\dfrac{dx}{dt} = (\sin t)' = \cos t$ ………… ①′

・$\dfrac{dy}{dt} = (t + \cos t)' = 1 - \sin t$ ……②′ $\left(0 \leqq t \leqq \dfrac{\pi}{2}\right)$ より，

$$\left(\frac{dx}{dt}\right)^2 + \left(\frac{dy}{dt}\right)^2 = (\cos t)^2 + (1 - \sin t)^2$$

$$= \underbrace{\cos^2 t + \sin^2 t}_{1} - 2\sin t + 1 = 2(\underbrace{1}_{\cos^2\frac{t}{2} + \sin^2\frac{t}{2}} - \underbrace{\sin t}_{2\sin\frac{t}{2}\cdot\cos\frac{t}{2}})$$

$$= 2\left(\cos^2\frac{t}{2} - 2\cos\frac{t}{2}\sin\frac{t}{2} + \sin^2\frac{t}{2}\right)$$

$$= 2\left(\cos\frac{t}{2} - \sin\frac{t}{2}\right)^2 \cdots\cdots ③$$

よって，③より，求める道のり L は，

$$L = \int_0^{\frac{\pi}{2}} \sqrt{\left(\frac{dx}{dt}\right)^2 + \left(\frac{dy}{dt}\right)^2}\,dt = \int_0^{\frac{\pi}{2}} \sqrt{2\left(\cos\frac{t}{2} - \sin\frac{t}{2}\right)^2}\,dt$$

$$= \sqrt{2}\int_0^{\frac{\pi}{2}} \left(\underbrace{\cos\frac{t}{2}}_{\text{大}} - \underbrace{\sin\frac{t}{2}}_{\text{小}\left(\because 0 \leqq \frac{t}{2} \leqq \frac{\pi}{4}\right)}\right)dt = \sqrt{2}\left[2\sin\frac{t}{2} + 2\cos\frac{t}{2}\right]_0^{\frac{\pi}{2}}$$

$$= \sqrt{2}\underbrace{\left(2\cdot\frac{1}{\sqrt{2}} + 2\cdot\frac{1}{\sqrt{2}} - 2\cdot 0 - 2\cdot 1\right)}_{(2\sqrt{2} - 2)} = 4 - 2\sqrt{2}$$ である。

……(答)

ココがポイント

⇦2 倍角の公式

$\sin t = 2\sin\dfrac{t}{2}\cos\dfrac{t}{2}$

を用いると，

$1 - \sin t$

$= \cos^2\dfrac{t}{2} + \sin^2\dfrac{t}{2}$

$\quad - 2\cos\dfrac{t}{2}\sin\dfrac{t}{2}$

$= \left(\cos\dfrac{t}{2} - \sin\dfrac{t}{2}\right)^2$

とうまく 2 乗の式にまとめられるんだね。この式変形は，元気力アップ問題 140 (P218) と比較しながら学ぶと，実力がつくはずだ！

第 8 章●積分法とその応用の公式の復習

1. 積分は微分と逆の操作

$F'(x) = f(x)$ のとき，$\int f(x)\,dx = F(x) + C$ （C：積分定数）

2. 部分積分法

(1) $\int f' \cdot g\,dx = f \cdot g - \underline{\int f \cdot g'\,dx}$ ← 簡単化！

(2) $\int f \cdot g'\,dx = f \cdot g - \underline{\int f' \cdot g\,dx}$ ← 簡単化！

3. 区分求積法

$$\lim_{n\to\infty}\frac{1}{n}\sum_{k=1}^{n} f\left(\frac{k}{n}\right) = \int_0^1 f(x)\,dx$$

4. 面積の積分公式

$a \leqq x \leqq b$ の範囲で，2 曲線 $y = f(x)$ と $y = g(x)$ $[f(x) \geqq g(x)]$ とではさまれる図形の面積 S は，

$$S = \int_a^b \{\underbrace{f(x)}_{上側} - \underbrace{g(x)}_{下側}\}\,dx$$

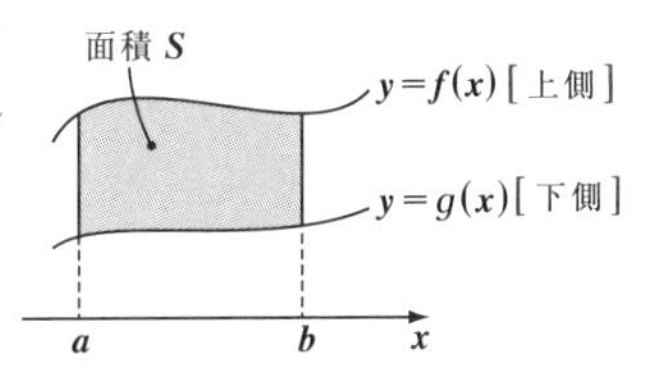

5. 体積の積分公式

$a \leqq x \leqq b$ の範囲にある立体の体積 V は，

$$V = \int_a^b S(x)\,dx \quad (S(x)：断面積)$$

x 軸のまわりや y 軸のまわりの回転体の体積計算が多い。

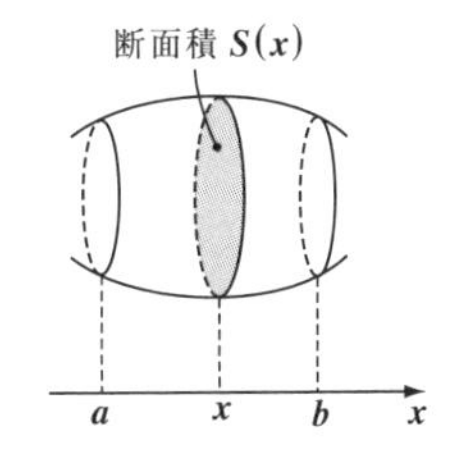

6. 曲線の長さの積分公式

（ⅰ）$y = f(x)$ の場合，曲線の長さ l は

$$l = \int_a^b \sqrt{1 + \{f'(x)\}^2}\,dx$$

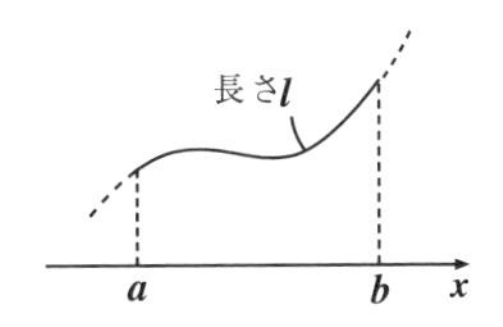

（ⅱ）$\begin{cases} x = f(\theta) \\ y = g(\theta) \end{cases}$ （θ：媒介変数）の場合，曲線の長さ L は

$$L = \int_\alpha^\beta \sqrt{\left(\frac{dx}{d\theta}\right)^2 + \left(\frac{dy}{d\theta}\right)^2}\,d\theta$$

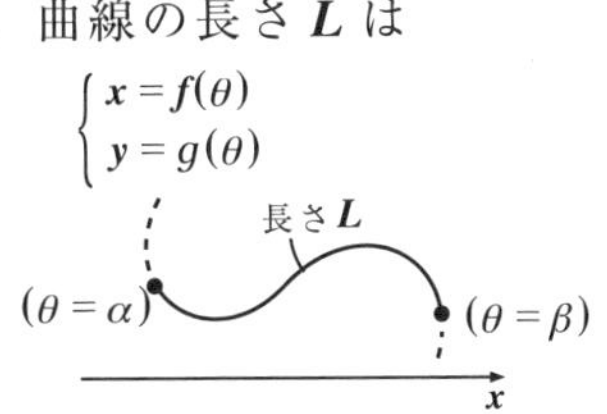

メモ

メモ

スバラシク伸びると評判の
元気に伸びる 数学III・C 問題集
新課程

マセマ

著　者　馬場 敬之
発行者　馬場 敬之
発行所　マセマ出版社
〒 332-0023 埼玉県川口市飯塚 3-7-21-502
TEL 048-253-1734　FAX 048-253-1729
Email：info@mathema.jp
https://www.mathema.jp

編　集　山﨑 晃平
校閲・校正　高杉 豊　馬場 貴史　秋野 麻里子
制作協力　久池井 茂　栄 瑠璃子　木津 祐太郎
奥村 康平　三浦 優希子　間宮 栄二
町田 朱美
カバーデザイン　児玉 篤　児玉 則子
ロゴデザイン　馬場 利貞
印刷所　中央精版印刷株式会社

令和 5 年 1 月 21 日　初版発行

ISBN978-4-86615-281-3 C7041
落丁・乱丁本はお取りかえいたします。